数智技术丛书

高性能架构之道

分布式、并发编程、数据库调优、缓存设计、IO 模型、前端优化、高可用

（第 2 版）

易哥 ◎ 著

电子工业出版社·

Publishing House of Electronics Industry

北京·BEIJING

内 容 简 介

本书是一本理论联系实际的软件架构设计指导书，旨在帮助读者完成高性能软件系统的架构设计工作。本书先阐明了高性能与架构的概念，然后从分流设计、服务并行设计、运算并发设计、输入输出设计、数据库设计与优化、缓存设计、可靠性设计、应用保护设计、前端高性能设计等方面，全面介绍了高性能架构的理论和实践知识。内容涵盖 CDN 与反向代理，分布式系统，并发编程，IO 模型，数据库范式、索引、调优、分库分表，Redis 原理与应用，Elasticsearch 原理与应用，图数据库，缓存更新清理机制与风险解决方案，服务熔断、降级、隔离、限流、恢复，Hystrix 框架应用，前端性能分析与调优等知识。

本书还总结了常用的架构设计理论，并运用书中知识展现了一个实际软件项目的架构设计步骤，向读者展示高性能架构设计的项目实践全貌。

本书适合软件架构师、工程师、学生阅读，也可作为教材，以帮助读者完善软件开发知识体系和提升软件架构设计能力。

图书在版编目（CIP）数据

高性能架构之道：分布式、并发编程、数据库调优

、缓存设计、IO 模型、前端优化、高可用 / 易哥著.

2 版. -- 北京：电子工业出版社，2025. 1. --（数智技

术丛书）. -- ISBN 978-7-121-49245-7

Ⅰ. TP311.1

中国国家版本馆 CIP 数据核字第 2024FJ3703 号

责任编辑：李　冰
印　　刷：三河市鑫金马印装有限公司
装　　订：三河市鑫金马印装有限公司
出版发行：电子工业出版社
　　　　　北京市海淀区万寿路 173 信箱　　邮编：100036
开　　本：787×1 092　1/16　印张：18.25　字数：467 千字
版　　次：2021 年 3 月第 1 版
　　　　　2025 年 1 月第 2 版
印　　次：2025 年 1 月第 1 次印刷
定　　价：89.00 元

凡所购买电子工业出版社图书有缺损问题，请向购买书店调换。若书店售缺，请与本社发行部联系，联系及邮购电话：（010）88254888，88258888。

质量投诉请发邮件至 zlts@phei.com.cn，盗版侵权举报请发邮件至 dbqq@phei.com.cn。

本书咨询联系方式：libing@phei.com.cn。

第 2 版前言

转眼间，本书第 1 版在 2021 年 3 月出版，已经发行 3 年多了。期间，书籍收到了不错的反响，多次登上畅销榜并发行了繁体版。作为作者，我很是欣慰，也感谢大家对本书的认可。

在此期间，出版社和我也收到了不少反馈，了解到许多高校将本书作为教材，许多学生和编程初学者将本书作为架构入门书籍。出版社也联系我编写本书的第 2 版。针对以上情况，本书主要进行了如下两点更新。

首先，为方便高校师生获取书籍示例代码，第 2 版提供下面两种免费下载途径。

• 示例代码的开源项目：https://github.com/yeecode/PerformanceDemo
• 我的主页：https://yeecode.top

其次，为了帮助学生、编程初学者更容易地理解软件架构与高性能开发方面的知识，本书对非关系型数据库、应用保护框架等内容进行了更详细的介绍，并附带具体的实践指导。

在本书出版之际，我还是想回顾下几年前我为什么要写作本书第 1 版。

当时，我已经出版了《通用源码阅读指导书——MyBatis 源码详解》一书，向大家分享源码阅读相关的知识和技巧。书籍面市后，收到了不错的反响，有的读者表示学到了许多编程知识，有的读者表示理解透彻了 MyBatis 的源码，有的读者表示终于迈入了源码阅读的大门。这让我感觉每个坐在计算机前十指连弹的夜晚都是值得的。

然而，我也发现很多开发者在进行软件架构设计时缺乏体系化思维，于是，只能在试错、总结中不断摸索提升，痛苦而缓慢，并且这种提升方式容易留下知识盲区。但是，这些都很难通过源码阅读来补足。

于是，当时的我决定写一本体系化的架构书籍。书籍中不仅要包含理论知识、实践技巧、工程方案，更要将这些知识体系化地连接起来，以帮助大家建立一个完备的知识体系。

这就是几年前我写作本书的原因。

在书中，我们将从"高性能架构"这一点出发，体系化地介绍高性能架构相关的各个方面。

书中涉及很多理论知识，我尽量通过示例使它们简单易懂；书中有很多架构技巧，我尽量通过总结使它们清晰明了。本书的最后，还会以书中的架构体系为依据，融会贯通开发一套高性能的分布式权限系统。

从理论知识，到架构技巧，再到项目实践，本书力求给出一套完整的知识体系，指引大家完成高性能系统的架构设计。

经过这次更新后，进一步扩充了本书的内容，共 13 章，整体结构如下。

第 1 章介绍了高性能和架构这两个概念，包括高性能代表的具体指标，架构的具体含义和主要内容。

第 2 章介绍了分流设计，即如何使用内容分发网络、多地址直连、反向代理等手段将用户的请求分散到不同的系统上，从而降低每个系统的并发数。

第 3 章介绍了与服务并行相关的设计。首先介绍了并行与并发的概念；然后在此基础上介绍了集群系统、分布式系统、微服务系统，包括各类系统的特点、实现难点等。服务并行设计能够进一步将系统内的请求进行分流，从而提升系统性能。

第 4 章介绍了多进程、多线程、多协程等运算并发手段，并给出了相应的示例。尤其是对常见的多线程进行了深入的介绍，包括线程的状态转换、应用场景、使用方法、协作方法等。运算并发设计，能够显著提升系统的并发能力。

第 5 章介绍了输入输出设计。首先介绍了 IO 的分类维度、层级；然后详细介绍了常见的 5 种 IO 模型，包括这些模型之间的演化逻辑，并给出了这些模型的实际使用示例。

第 6 章介绍了数据库设计与优化手段。从最基本的关系型数据库设计开始，介绍了关系型数据库的设计范式、反范式。在此基础上，本章介绍了各类索引的原理、使用条件，以及各类锁的特点、死锁的产生与解除、事务及其隔离级别等。本章最后还介绍了面向巨量存储数据时数据库该如何优化。

第 7 章介绍了各类非关系型数据库，包括键值数据库、文档数据库、宽列存储数据库、图数据库、面向对象数据库，并对常用的数据库 Redis 和 Elasticsearch 进行了详细的讲解。

第 8 章介绍了缓存设计的方法和技巧。这一章从缓存的收益说起，推导提升缓存收益的方法。然后在此基础上给出了提升缓存收益的具体实施手段，包括缓存要素的设计、更新机制的设计、清理机制的设计、风险点的处理、位置的设计等。最后，本章介绍了写缓存的收益计算和实践方案。

第 9 章介绍了系统可靠性设计的相关知识。首先介绍了可靠性的概念与具体的衡量指标，然后在此基础上介绍了提升系统可靠性的手段。这一章将帮助我们构建高可靠性的系统。

第 10 章介绍了应用保护的基础知识和实践手段，并深入剖析了 Hystrix 框架的原理与使用方法。这些知识和手段能提升应用在突发状况下的工作状况。

第 11 章介绍了前端高性能的相关知识。这是一个相对独立的章节，首先分析了前端工作过程中的性能关键点，然后针对这些关键点给出了前端性能优化的手段。本章具有较强的概括性和指导性。

第 12 章介绍了架构设计中软件架构设计风格和软件生命周期这两个方面的基本知识。这些知识将指导我们体系化地进行软件架构设计工作。

第 13 章是一个项目实践章节。该章以前面各章介绍的高性能架构知识为依据，完整地开展了一个高性能软件系统的架构工作，包括理论推导、模型设计、概要设计、详细设计等各个环节，向读者展示了一个完整的高性能架构过程。本章内容能帮助读者学会如何在实践中灵活运用前面各章的知识。

本书力求理论联系实践，既给出了高性能架构的相关理论与推导，又给出了具体的实施策略与技巧，还通过项目实践完成了一个高性能软件的架构设计。希望大家在阅读本书后能够建立高性能架构的完整知识体系。

本书的写作出版经历了很长的过程，从规划到研究，从初稿到终稿，从编辑到印刷，从几年前的第 1 版到现在的第 2 版。在这个过程中，我要感谢许多人。期间，我得到了领导的大力支持和鼓励，得到了国内外学术及工程领域多位专家的指导。性能领域的资深专家童庭坚百忙中审阅了书籍初稿，并为本书第 1 版作序。在本书资料收集、图片绘制等方面，崔宝顺老师贡献颇多。电子工业出版社的众多编辑也为本书倾力付出。谢谢！

在本书的筹备和写作过程中，家中也迎来了聪明可爱、萌气十足的小宝宝。

以此书献给进进小朋友，祝他健康快乐成长。

易哥

2024 年 8 月于上海

目　　录

第 1 章

高性能架构

01

现代软件对性能的要求越来越高，因此必须在软件架构过程中着重提升软件的性能指标，即对软件开展高性能架构。

然而高性能架构的开展是一项涉及理论、实践、工程等多领域的工作。软件开发者知识体系中的任何欠缺都可能给软件带来设计上的缺陷，导致软件性能指标的下降。这使得软件架构成为一项高度依赖知识和经验的工作。

本书旨在提升软件开发者在高性能架构方面的知识和经验。书中包含相关理论知识的阐述，并在理论知识的基础上推导出具体的实践方案，最后还向大家展示了一个完整的项目架构过程。本书由理论到实践、由实践到工程，帮助读者建立软件架构的完整知识体系，快速提升读者的高性能架构能力。

本章先介绍软件架构和软件质量这两个概念，并在此基础上明确"高性能"的具体定义。之后，我们会进一步分析软件的性能指标，以及各指标之间的关系，为后续各章节做好铺垫。

1.1 软件架构

架构是一个来源于传统领域的古老概念，是指对房屋、桥梁等实体物理结构的设计与研究。后来，架构的概念被引入软件系统领域，是指对软件系统总体结构的设计。

我们可以类比传统工程设计领域的概念，将软件系统领域的研究由上到下地分为以下三个层面。

- 理念层面：研究软件系统开发中的理念和思想，如研究软件的开发模型、评价指标、架构风格等。类比于传统工程领域研究建筑质量标准、研究商业区与居住区的分布关系等。

- 架构层面：研究如何协调和组织软件系统、子系统、模块之间的关系，从而指导系统实现并提升各类质量指标。类比规划和设计建筑物的承重结构、功能结构等，并协调各结构的关系。
- 技术层面：研究如何高效、可靠、经济地实现软件系统、子系统、模块等。类比于搭建建筑物中的楼梯、墙体、阳台等。

可见软件架构位于承上启下的中间层。因此，做出良好的架构，需要我们对理念层面和技术层面的知识都有较为深刻的认识。理念层面的知识为我们的架构提供了思路和目标上的指引，技术层面的知识为我们的架构提供了手段和工具上的支撑。

在软件开发过程中，架构发生在需求之后、规划之前。经过需求、架构、规划、开发几个主要步骤后，一个软件便从最初模糊的需求演变为最终可运行的实体。

软件架构是在软件系统结构、行为和属性的高级抽象基础之上展开的全面的系统设计，其主要内容包括概要设计和详细设计两大步骤。概要设计，研究构成系统的抽象组件，以及组件之间的连接规则；详细设计，将这些抽象组件细化为模块、类、对象等实际的组件，并通过设计通信规则完成它们之间的连接。

软件系统架构的好坏，对软件的质量有着重要的影响。在算法研究中，我们常使用时间复杂度和空间复杂度等指标来衡量算法的性能。然而，在一个完整的软件项目中，算法的研究与优化只是软件开发阶段的一个小环节，其对系统质量的影响是有限的。相比于算法优化，软件系统架构则从顶层对软件系统的软硬件结构进行设计，其设计的好坏对系统质量的影响更为重大。

因此，要想搭建高性能的系统，要先从架构层面出发，对软件进行高性能架构，而不应将责任直接推给算法设计和代码优化。

在了解什么是高性能架构之前，我们需要先了解什么是软件的质量。

1.2 软件的质量

作为一名软件开发者和用户，我们经常在工作和生活中接触各种各样的软件，也会从不同的维度对软件进行评判。例如，我们会使用"界面漂亮""好用""容易崩溃""功能强大"等词语来描述一个软件，其实这都从不同的维度反映了一个软件的质量。

那有没有确切的标准来衡量一个软件的质量呢？

ISO/IEC 25010:2023 标准给出了软件的产品质量模型（Product Quality Model）并将软件的产品质量划分成了九个特性维度，如图 1.1 所示。

产品质量模型
Product Quality Model

功能性 Functional Suitability	效率 Performance Efficiency	兼容性 Compatibility
交互性 Interaction Capability	可靠性 Reliability	防御性 Security
可维护性 Maintainability	灵活性 Flexibility	安全性 Safety

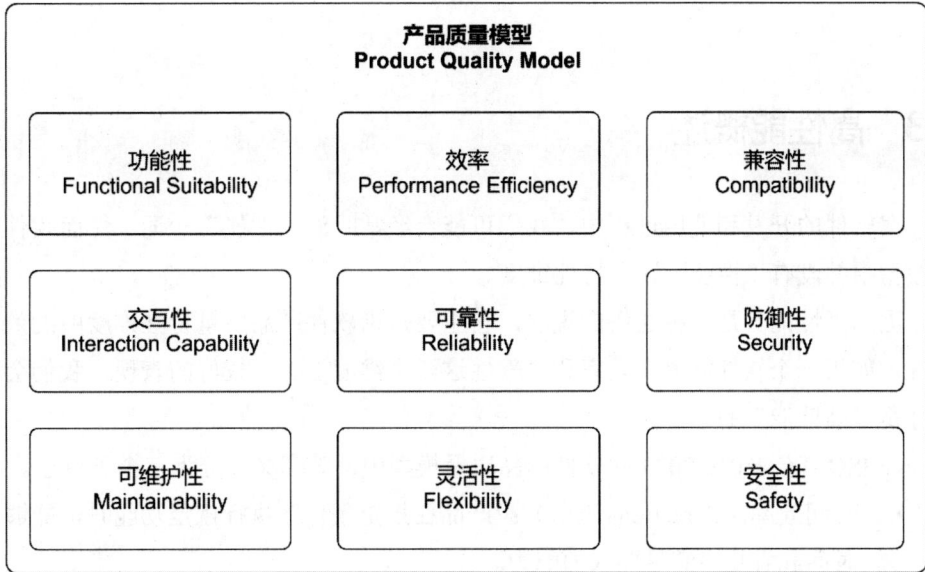

图 1.1　软件质量的九个特性维度

这九个特性维度简要介绍如下。

- 功能性（Functional Suitability）：产品在规定条件下使用时，提供满足用户所需的预期功能的能力。
- 效率（Performance Efficiency）：包括产品的时间效率，以及对资源的利用率。
- 兼容性（Compatibility）：产品与其他产品交换信息或共享资源的能力。
- 交互性（Interaction Capability）：产品与用户交互的友好程度。
- 可靠性（Reliability）：产品在指定条件下、指定时间内执行指定功能而不会出现中断和故障的能力。
- 防御性（Security）：产品抵御恶意攻击和保护信息与数据的能力。
- 可维护性（Maintainability）：产品是否可以被维护人员高效修复或修改。
- 灵活性（Flexibility）：产品适应需求变化、使用环境变化、系统环境变化的能力。
- 安全性（Safety）：产品在规定条件下避免危及人类生命、健康、财产、环境安全的能力。

以上九个特性维度共同构成了软件的质量。例如，我们所说的"好用""界面漂亮"是从交互性维度来评价软件质量，"容易崩溃"是从可靠性维度来评价软件质量，"功能强大"是从功能性维度来评价软件质量。

在软件架构设计过程中，我们应该尽量保证设计的软件能够在以上九个维度都有较好的表现。当然也有很多时候，我们不得不做出取舍，为了某些重要的特性维度指标而牺牲一些次要的指标。

1.3　高性能概述

在软件的开发和使用过程中，我们可能会经常听说"性能"一词。然而软件产品质量模型中并没有"性能"这一特性维度。

因为"性能"是一种通俗的说法，它主要是指软件产品质量特性维度中的效率和可靠性。如果一个软件能够在效率和可靠性这两个维度上有着较好的表现，我们会称这个软件是"高性能"的。

在 ISO/IEC 25010:2023 的软件产品质量模型中，效率又被分为三个子特性。

- 时间效率（Time Behaviour）：产品在规定条件下执行规定功能时，能够使响应时间和吞吐率满足要求的能力。

- 资源利用率（Resource Utilization）：产品在规定条件下使用不超过规定数量的资源来执行其功能的能力。

- 容量（Capacity）：产品能够最大程度满足某些指标要求的能力。这里的指标可以是存储的项目数、并发用户数、通信带宽、事务吞吐量和数据库大小等。

可靠性又被分为以下四个子特性。

- 故障率（Faultlessness）：产品在正常操作条件下无故障执行规定功能的能力。

- 可用性（Availability）：产品在需要被使用期间，能够持续提供操作和访问的能力。

- 容错性（Fault Tolerance）：当存在硬件或软件故障时，产品仍能按预期运行的能力。

- 可恢复性（Recoverability）：产品在发生中断或故障时，恢复受影响的数据并重新建立系统所需状态的能力。

因此，高性能的软件需要在以上七个子特性上具有优良表现。通俗来说就是系统处理能力强、所需资源少、容量大、故障率低、持续可用、不容易崩溃、崩溃后恢复快。

我国互联网用户十分庞大。因此，众多软件尤其是互联网软件需要承载巨量用户的访问。这需要软件能够在更短的时间内响应用户操作，使用更少的资源服务更多的用户，存储更多用户的数据等。这对相关软件的性能提出了极高的要求。

1.4　软件性能指标

根据软件质量标准，我们已经对"性能"所涉及的软件质量特性进行了了解。在这一节中，我们将详细了解几个与性能相关的指标。

1.4.1　吞吐量

"吞吐量"一词通常用来衡量电信网络在通信信道上单位时间能成功传递的平均数据量，用在软件系统中是指软件系统单位时间内能够接收和发出的数据量。不同的系统、请求所对应的数据量不同，操作复杂度也不同。因此，吞吐量是一个模糊的概念，很难用它来进行系统间的横向比较。

在软件系统中，常用一些更为具体的指标来代表吞吐量，如 TPS 和 QPS。

- TPS（Transaction Per Second）即每秒进行的事务的数目。这里的事务一般是指某项具体的包含请求、变更、返回等全流程的操作。
- QPS（Queries Per Second）即每秒进行的查询操作数目。

TPS 和 QPS 是关联的，但它们之间的关联关系也不是恒定的。例如，我们把呈现某个页面作为要进行的事务，则一个 TPS 包含多个 QPS，因为一个页面往往需要进行 HTML、CSS、图片等多个资源的查询。可见 TPS 和 QPS 之间的换算关系必须由具体的业务场景来决定。

不同系统处理的具体事务不同，查询的内容也不同，所以 TPS 和 QPS 很难用来精确比较不同系统之间的性能优劣，而常用来衡量同一个系统在不同时间、环境下性能的变化。本书不对特定系统指标数值展开定量计算，因此，统一使用"吞吐量"一词来代表系统处理用户请求的能力。

1.4.2　并发数

"并发数"也是一个宽泛的概念，通常包括并发用户数、并发连接数、并发请求数、并发线程数。

并发用户数是指同时使用软件功能的用户的人数。然而，这些正在使用软件的用户中，有一些用户可能只是登录，而并未展开操作。

并发连接数是指软件承载的连接的数目，这些连接中可能有一些正在进行数据的传输，而有一些仅仅保持了连接。

并发请求数是指软件承载的并发请求的数目，而这些请求中有的可能只是请求静态资源，而有的可能需要读写操作。

并发线程数是一个用来衡量系统内部运行情况的指标，指软件内部运行的线程的数目。不同的业务操作触发的线程数目是不同的。

因此，以上四者都不是绝对清晰和准确的。

本书不会对特定系统在特定运行条件下的不同并发数展开具体计算。因此，统一使用"并发数"一词来代表系统同时服务的调用方的多少。

1.4.3 平均响应时间

吞吐量和并发数是衡量软件系统的重要指标，但作为系统的用户（可能是人，也可能是其他系统）感知不到。用户作为一个个体，并不知道他所访问的系统的吞吐量的高低，也不知道此时系统的并发数是多少。用户能够感受到的是另一个指标——响应时间。

响应时间是指用户发出系统的调用请求到收到系统的回应之间的时间，这个时间越短则用户的体验越好。

反映在系统上，对应的指标就是平均响应时间，即系统服务的所有请求的响应时间的平均值。

系统内部可能包含多个模块，具体到每个模块也会有自己的响应时间。当我们提升系统的平均响应时间时，通常是从提升模块的平均响应时间入手的。这时会涉及阿姆达尔定律（Amdahl's Law 或 Amdahl's Argument）。

阿姆达尔定律描述了当系统中某一模块的执行速度提升时，系统整体执行速度提升的情况。

阿姆达尔定律首先定义了加速比的概念。假设我们优化了某个模块 m，使之平均响应时间由 $T_{m,\text{old}}$ 缩短为 $T_{m,\text{new}}$，则这次优化带来的加速比 r_m 计算如下：

$$r_m = \frac{T_{m,\text{old}}}{T_{m,\text{new}}}$$

在某个模块优化之后，系统的平均响应时间也会变短。系统平均响应时间的变化取决于下面两个因素。

- 增强比例 p：在优化之前，被优化的模块的平均响应时间占系统平均响应时间的比例。该值总是小于等于 1。
- 模块加速比 r_m：对模块进行优化后给模块带来的加速比。

这样，整个系统新的平均响应时间 $T_{s,\text{new}}$ 计算公式如下：

$$T_{s,\text{new}} = T_{s,\text{old}} \times \left[(1-p) + \frac{p}{r_m} \right]$$

其中 $T_{s,\text{old}}$ 是系统原来的平均响应时间。

模块的优化给整个系统带来的加速比 r_s 计算如下：

$$r_s = \frac{T_{s,\text{old}}}{T_{m,\text{new}}} = \frac{1}{\left[(1-p) + \dfrac{p}{r_m}\right]}$$

根据上述公式，我们知道要想提高系统的加速比，应该重点关注平均响应时间占比高的模块（增大 p），并尽可能地提升这些重点模块的加速比（增大 r_m）。

1.4.4　可靠性指标

用来衡量软件可靠性的指标很多，包括可靠度、失效强度、失效率、平均无故障时间等，我们将在第 9 章对这些指标进行详细介绍。

在上述指标中，平均无故障时间是一个容易直观感受的可靠性衡量指标，它表示软件开始运行后，到第一次发生故障的运行时间的平均值。

软件平均无故障时间 θ 的计算公式如下：

$$\theta = \int_0^{+\infty} R(t)\,\mathrm{d}t$$

其中，$R(t)$ 是软件的可靠度，它表示在指定的运行条件下，软件在规定的时间内不发生故障的概率。若 $R(0)=1$，则软件在初始运行时刻一定是无故障的；若 $R(+\infty)=0$，则任何软件都是有故障的，在无限长时间运行后一定会发生故障。

1.5　性能指标之间的关系

我们已经对衡量软件系统性能常见的几个指标进行了介绍，然而这些指标并不是孤立的，而是互相影响的。这一节我们将对各个性能指标之间的关系进行探讨。

1.5.1　并发数对吞吐量的影响

当一个软件系统没有收到任何请求时（并发数为 0），则不会有吞吐。随着请求慢慢增加，系统的吞吐量便会渐渐上升。然而系统的能力是有上限的，当吞吐量增加到系统上限时，便开始维持稳定，不再随着并发数的增长而增长。如果并发数继续增加，则系统会因为负担过重而导致吞吐量下降。同时，如果并发数继续增加，系统软硬件持续高负荷运转，可能最终导致系统崩溃。

为了证明上述结论，我们使用 Tomcat、MyBatis 搭建了一个包含逻辑运算、数据库读写操作的典型应用，其结构如图 1.2 所示。

然后我们逐渐增加该系统的并发请求数，查看系统的 TPS 变化，最终得到图 1.3 所示的实验结果。

图 1.2　应用结构

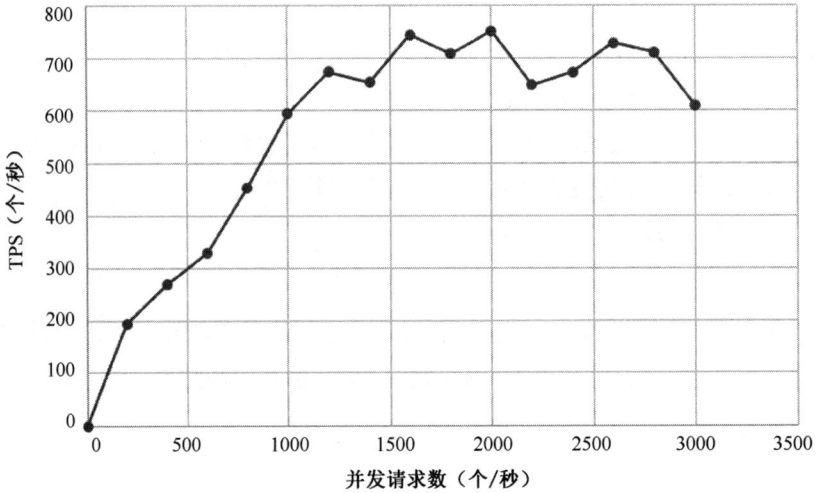

图 1.3　TPS 与并发请求数关系数据

可见实验结果和我们预想的结果近似。实验数据中的 TPS 代表了系统的吞吐量，并发请求数代表了系统的并发数。

我们对实验结果进一步抽象，可以得到图 1.4 所示的吞吐量与并发数关系模型。

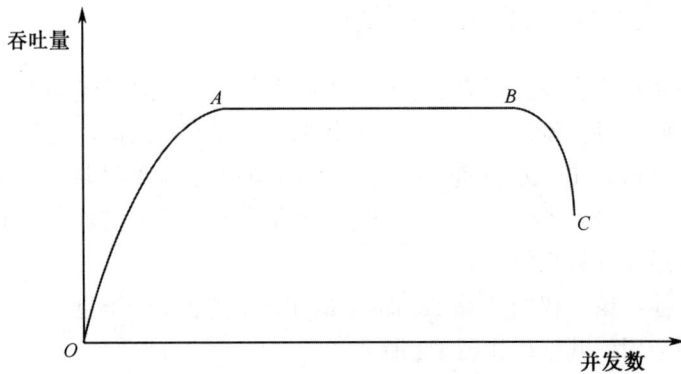

图 1.4　吞吐量与并发数关系模型

在图 1.4 中，我们可以将软件系统的工作区间划分为以下三段。

- *OA* 段：这是吞吐量的上升段。在这一阶段中，并发数较低，系统部分能力是闲置的。随着外界请求的增加，系统的吞吐量将随之上升。
- *AB* 段：这是吞吐量的恒定段。在这一阶段中，系统已经发挥了最大的能力。此时，无论外界请求如何增加，系统的吞吐量均无法再提升。
- *BC* 段：这是吞吐量的下降段。在这一阶段中，系统因为负载过高而导致吞吐量下降。如果并发数继续增加，则系统可能崩溃。

1.5.2　并发数对平均响应时间的影响

当并发数较小时，系统有充足的资源响应外部请求，因此对请求的响应十分迅速。而当并发数加大时，系统的资源紧张，无法对请求进行快速响应，从而导致请求的响应时间变长。

假设一个系统平均单位时间内处理的最大请求数为 N，则每个请求的平均处理时间为 $\frac{1}{N}$。现在假设系统在单位时间内收到 n 个请求，且这 n 个请求的到达时间间隔服从指数分布。请求的到达时间间隔服从指数分布，则请求的到达便服从泊松分布。这时我们可以通过下面的公式推导来计算系统的平均响应时间。

首先，系统的平均利用率 ρ 为

$$\rho = \frac{n}{N}, \ \rho < 1$$

系统的平均响应时间 t_{res} 为

$$t_{\text{res}} = \frac{\frac{1}{N}}{1-\rho} = \frac{1}{N-n}, \ n < N$$

即随着系统单位时间内收到的请求数 n 的增加，系统的平均响应时间增加。

我们可以继续使用图 1.2 所示的系统来证明这一点。最终得到了图 1.5 所示的平均响应时间和并发请求数的实验数据。

在图 1.5 中，并发请求数代表了系统的并发数。于是我们对实验结果进一步抽象，得到了图 1.6 所示的平均响应时间与并发数关系模型。

在图 1.6 中，我们可以将软件系统的工作区间划分为两段。

- *AB* 段：在这一阶段，系统的平均响应时间随着并发数的增加而增加，但增加趋势相对平缓。
- *BC* 段：在这一阶段，系统的平均响应时间随着并发数的增加而急剧增加。

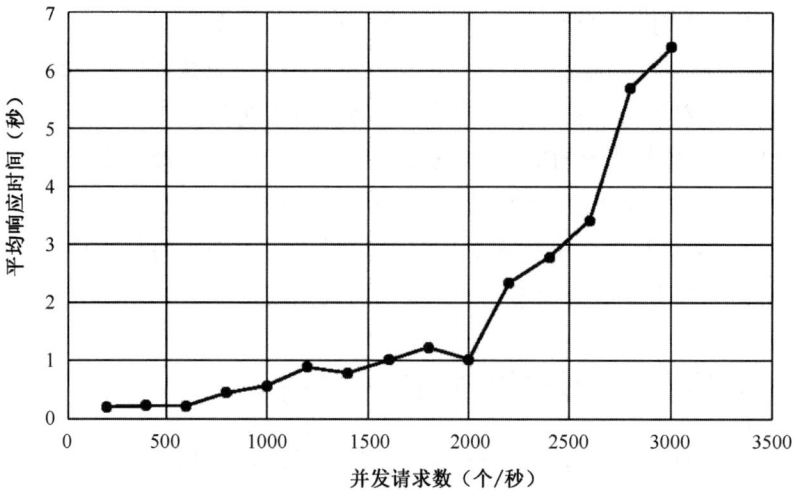

图 1.5　平均响应时间与并发请求数关系数据

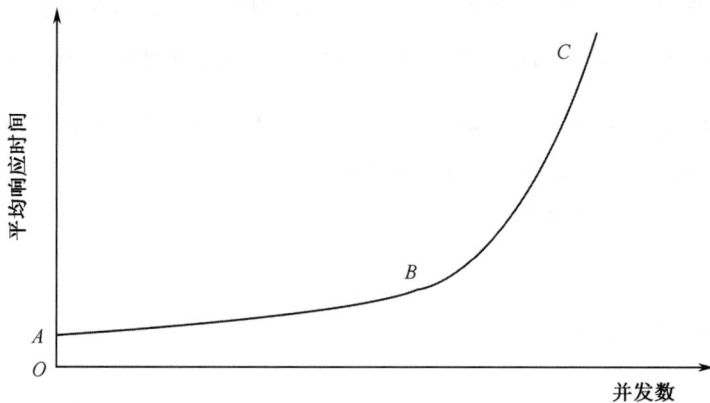

图 1.6　平均响应时间与并发请求数关系模型

1.5.3　平均响应时间对并发数的影响

通常我们认为系统的操作请求是由用户发出的，其请求多少不受系统左右，因此系统的并发数不会受系统各个指标的影响。

从并发请求数的角度来看，上述结论是正确的。然而从系统内部并发数的角度来看，上述结论却是错误的。

假设存在一个多线程的系统，以一定的频率收到外部请求，如图 1.7 所示。在图 1.7 左图中，系统的平均响应时间较短，这时我们可以看到系统的并发线程数为 2。而在图 1.7 右图中，仅仅增加系统的平均响应时间，系统的并发线程数变为 4。可见，并发线程数会随着平均响应时间的增加而增加。

从图 1.7 中可以得出结论，在外界访问请求量一定的情况下，系统平均响应时间增加，会导致系统内部的并发线程数增加。结合 1.5.2 节论证的关系，并发线程数的增加会导致平均响应时间的进一步增加，从而引发恶性循环。

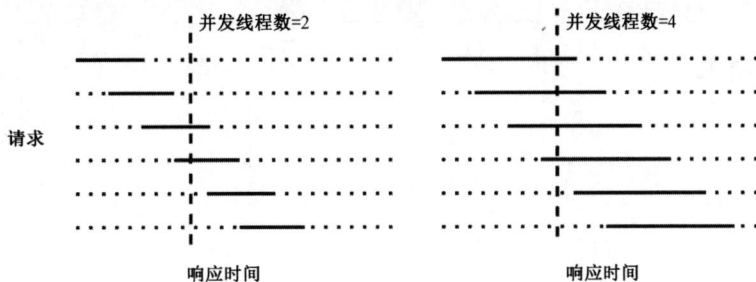

图 1.7　并发线程数与平均响应时间的关系

在实际生产中，上述恶性循环将更为显著。这是因为当用户发出的请求长时间无法收到回复时，用户会不断重试，从而导致外界请求增加。

1.5.4　可靠性指标与其他指标的关系

当系统的并发数、吞吐量提升时，系统的硬件系统压力会增大，如导致 CPU 温度上升、硬盘电机转速提升、风扇负载提升等，增加了系统硬件发生故障的概率，也增加了系统发生故障的概率。因此，系统的并发数、吞吐量的提升会降低系统的可靠度。

当系统因为各种原因发生故障时，吞吐量会降低或直接降为 0，平均响应时间会变长，甚至直接变为无穷大。因此，系统可靠性的降低会直接导致吞吐量的降低、平均响应时间的增加。

1.6　高性能架构总结

高性能架构不是一个特殊的架构流程，它是指在架构过程中注重与性能相关的指标，并采用相关架构知识、技巧来提升软件的性能指标。

在本书的后续章节中，我们将逐一介绍高性能架构的相关知识和技巧。在第 12 章中我们将详细介绍架构设计的流程，在第 13 章中我们将利用书中介绍的高性能架构知识和技巧完成一个软件的架构设计工作，为大家展现高性能架构的全过程。

高性能架构能大幅提升软件的性能指标。但也要明确，提升软件性能是一个涉及架构、规划、开发、测试等全流程的工作，高性能架构只是其中的一个环节。在进行高性能架构之后，我们还需要通过设计高效数据结构，设计低时间复杂度、空间复杂度算法，开展性能测试并进行参数调优等手段全面提升软件的性能。

第 2 章

分流设计

在第 1 章中我们了解到高并发数会造成系统吞吐量的下降和平均响应时间的增加，还可能增大系统崩溃的概率。因此，防止系统的并发数过高是高性能架构设计中非常重要的部分。

要想降低系统的并发数，一个简单有效的手段便是对请求进行分流，使得原本涌向一个系统的请求分散到不同的系统上。系统的分流设计就是基于这个思路展开的。

通常一个系统的请求是从不同的地理位置、网络拓扑位置发出，然后在网络上不断转发、汇聚，最后到达系统的。我们可以在请求发出后，在请求到达系统前的各个阶段对请求进行分流。本章主要介绍相关的技术。

2.1　内容分发网络

我们部署的软件系统处在互联网的某个节点上，如图 2.1 所示，通常这个节点由一个 IP 地址标定。所有指向该系统的请求，都会在网络上经过多次路由后到达该节点。

如果我们在网络的多个位置部署系统，便可以使请求分配到多个系统上，减少每个系统的并发请求数。不仅如此，我们还可以让每个用户的请求落到与该用户最近的一个系统上，这样便降低了网络延时，从而减小了平均响应时间，可谓一举两得。

这里所说的"最近"不是地理位置上的最近，而是网络拓扑结构上的"最近"。在网络拓扑结构中，一个节点与另一个节点的距离会根据网络负载情况、内容的可用性、设备工作状况等发生变化，因此这种"最近"的关系是实时变动的。

但是上述系统会带来一个严重的维护问题：如果同一个系统被部署到不同的位置，则我们需要同时部署和维护不同位置的多个系统，会带来很高的系统间协作成本和部署维护成本。因此，在实际生产中，会将图片、视频、附件等对流量消耗大且不经常改变的静态资源部署到网络的多个位置，而核心系统只部署在一个位置。这就构成了我们常见的内容分发网络（Content Delivery Network，CDN）。

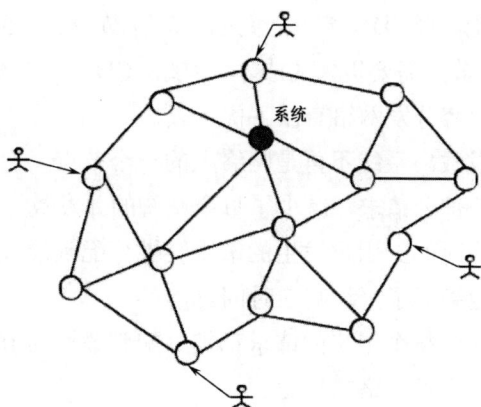

图 2.1　网络上的系统

2.1.1　内容分发网络的结构

图 2.2 是内容分发网络的示意图。在内容分发网络中，部署核心系统的节点被称为源站，它是所有静态信息和动态信息的来源。部署图片、视频、附件等静态资源的节点叫 CDN 节点、缓存节点或边缘节点。

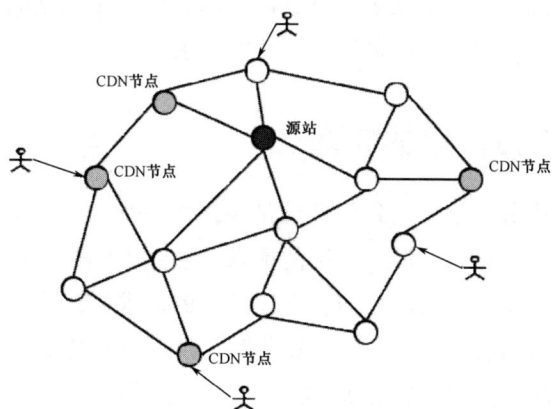

图 2.2　内容分发网络示意图

边缘节点是相对于网络的复杂结构而提出的一个概念，它是指与接入的用户之间具有较少中间环节的网络节点。因此，相比于源站，用户请求到达边缘节点的网络延迟更小。

当用户请求边缘节点的内容时，边缘节点会判断自身是否缓存了用户要请求的内容。如果该内容已经缓存，则边缘节点直接将内容返给用户；如果该内容尚未缓存，则边缘节点会去源站请求内容，再发给用户，并且还会根据设置决定自身是否将该内容缓存一份。因此，边缘节点中存储的只是源站中部分内容的备份。

边缘节点或者 CDN 节点的数目，对内容分发网络的效率有较大的影响。当 CDN 节点数目越多时，用户与最近的 CDN 节点之间的中间环节越少，通信时延也越小。但在互联网上部署众多的 CDN 节点需要极大的成本，因此，CDN 节点多由专门的 CDN 服务商部署并对外提供服务。内容分发网络有以下优点。

- 减小了系统并发数。系统不再是网络上的一个节点，而是多个节点。这样每个系统都只承担一部分请求，减少了每个系统的并发数。
- 缩短了平均响应时间。用户发生的请求会被分配到最近的节点上，减小了请求的网络延迟，也缩短了平均响应时间。
- 减少了网络拥堵。每个用户的请求都被分配到最近的节点上，而无须经过骨干网络，减少了对骨干网络的压力。

但是 CDN 节点中只能缓存静态内容，一些涉及动态内容的请求仍然需要源站处理。通常我们会通过 CDN 控制中心为各个 CDN 节点配置规则列表，CDN 节点会根据规则列表对请求的内容进行分类。

- 对于静态内容：CDN 节点会在从源站获取到该内容后，在自身缓存一定的时间。接下来再收到针对同样内容的请求时，CDN 节点直接返回缓存的内容。
- 对于动态内容：CDN 节点对这些内容不作缓存，而是直接将请求转交给源站处理。

内容分发网络为源站分担了大量静态资源请求，降低了源站的并发请求数，使得同样软硬件配置的源站可以承担起更多的外部并发请求。

2.1.2　内容分发网络的原理

调用方请求一个服务时给出的目的地址是源站的地址，它对应了网络中源站所在的节点。内容分发网络如何将指向源站地址的请求分散到不同的 CDN 节点上呢？这是内容分发网络要解决的一个核心问题，即将发往源站的请求拦截给 CDN 节点。

这一过程与域名解析有关。域名解析就是将域名解析为 IP 地址的过程。IP 地址标志了网络中节点的位置，通过 IP 地址我们可以在网络中寻址找到对应的节点，如"185.199.108.153"就是一个 IP 地址。域名则是为了 IP 地址更容易被记住而设置的一个代称，如"yeecode.top"就是一个网站域名。

域名解析由域名系统（Domain Name System，DNS）来完成，可以把它看作一个保存了域名和 IP 地址对应关系的数据库。域名解析是从域名系统这一数据库中查找某个域名对应的 IP 地址的过程。

域名和 IP 地址的对应关系记录称为 A 记录。域名系统不仅能够存储 A 记录，还能存储多种其他记录类型，如 MX 记录、CNAME 记录、NS 记录、TXT 记录等，每种记录都是一种对应关系。在这些记录类型中，最常用的是 A 记录和 CNAME 记录。

- A 记录：这是最常用的记录类型，它记录了域名和 IP 地址的对应关系。通过它可以将一个域名转为 IP 地址，如将 "yeecode.top" 转为 "185.199.108.153"。

- CNAME 记录：它也被称为别名记录，它记录了域名和域名的对应关系。通过它我们可以将一个域名转为另一个域名，如将 "yeecode.github.io" 转为 "yeecode.top"。

我们可以通过域名解析服务商向域名系统中写入相关域名的记录，图 2.3 展示了某域名解析服务商提供的域名记录管理界面。图 2.3 所示界面中的设置可以将 "example.yeecode.org" 使用 A 记录转发到某 IP 地址上，将 "www.yeecode.org" 和 "yeecode.org" 使用 CNAME 记录转发到地址 "yeecode.top" 上。

Type	Name	Content	TTL	Proxy status	
A	example	185.199.	Auto	Proxied	×
CNAME	www	yeecode.top	Auto	Proxied	×
ⓘ CNAME	yeecode.org	yeecode.top	Auto	Proxied	×
TXT	yeecode.org	google-site-verific	Auto	DNS only	×

图 2.3　域名记录管理界面

内容分发网络要将指向源站的请求分散到各个 CDN 节点上，也就是说需要将一个域名解析成多个 IP 地址。要想了解这一点如何实现，我们需要先了解域名解析的细节。

域名记录并不是存放在一个域名服务器上的，而是以分布式集群的形式存放在多个域名服务器上的，这些域名服务器的组成结构如图 2.4 所示。其中，处在顶端的是根 DNS 服务器，在世界上共有 13 台。

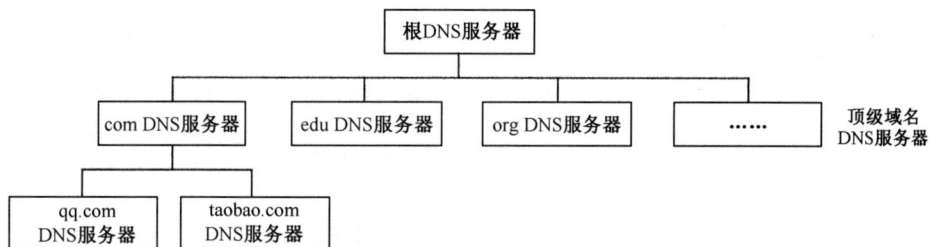

图 2.4　域名服务器的组成结构

域名解析是一个递归查找的过程。用户在访问某个域名（以 yeecode.top 为例）时，先向 TCP/IP 中设置的首选 DNS 服务器查询域名对应的 IP 地址，这个 DNS 服务器又叫作本地 DNS 服务器（Local DNS）。如果本地 DNS 服务器中恰好负责管理该记录或缓存了该记录，则将结果 IP 地址返回给用户，域名解析结束。如果本地 DNS 服务器中没有记录，则本地 DNS 服务器把请求转发给根 DNS 服务器，根 DNS 服务器会判断该地址的顶级域名（.top）由哪台顶级域名 DNS 服务器负责，并将请求转发给对应的顶级域名 DNS 服务器。顶级域名 DNS 服务器如果存有记录则将其解析，如果不存有对应记录则继续转发给下一级的 DNS 服务器。最终，找到负责管理该域名的 DNS 服务器，由它完成域名的解析，给出一个 IP 地址。可见，经过层层指派后，最终负责管理该域名的 DNS 服务器具有域名的最终解析权。

在使用内容分发网络时，需要使用 CNAME 记录将源站域名指向 CDN 服务商指定的域名，而后者的解析由 CDN 服务商的 DNS 服务器负责。于是源站域名的最终解析权就交到了 CDN 服务商提供的 DNS 服务器手中。

CDN 服务商的 DNS 服务器并不会简单地给出一个固定的 IP 地址，而是根据用户请求的源 IP 等信息，寻找出一个距离当前用户最近的 CDN 节点的 IP 地址后返回给用户。这样，用户解析源站的域名，拿到的却是 CDN 节点的地址。

之后，用户请求便前往该 CDN 节点获取内容。接下来 CDN 节点则会分析用户请求，如果是静态资源请求则由 CDN 节点直接返回，如果是动态资源请求则由 CDN 节点转发给源站处理。

图 2.5 展示了当我们使用内容分发网络时的域名解析过程。

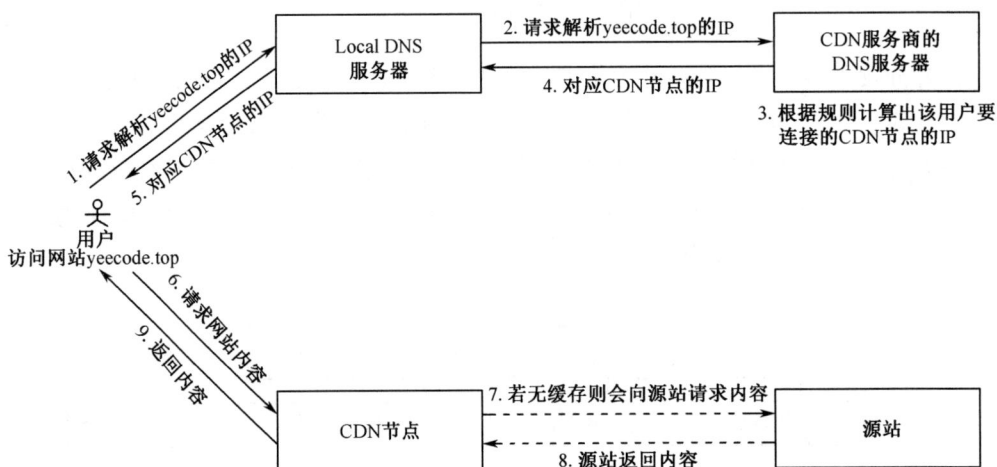

图 2.5　内容分发网络的工作原理

经过 CDN 服务商的处理，网络上众多的指向源站的请求，实际已经被分散到了不同的 CDN 节点上。对于用户而言，这一切是无法感知的，他们总感觉自己在访问同一个域名。

现实中，众多网站都使用 CDN 服务商的服务，为自身网站的静态资源建立了缓存。因此，我们在浏览网站时获得的静态资源，多是从 CDN 节点上直接获取的。

内容分发网络的局限性也是明显的，它只能缓存静态内容而不能缓存动态内容。对动态内容的请求最终还是要到源站处理，如果源站的动态请求过多，则需要通过其他策略对请求进行分流。

2.2　多地址直连

在内容分发网络中，无论是源站还是 CDN 节点，都在为用户提供某种服务。进一步抽象，我们可以把内容分发网络的工作原理简化为地址获取和内容请求两大步。

- 用户向服务注册中心获取能提供某项服务的系统的具体地址。在这一步，服务注册中心可以为不同的用户提供不同的地址。
- 用户前往提供服务的具体地址获取内容。

上述流程是可以学习借鉴的，在没有使用 CDN 服务器或部署了多个源站的情况下，我们也可以基于上述流程自行搭建系统实现用户请求的分流。在这个系统中，有三个核心角色。

- 用户：在获取某个服务前需要先向服务注册中心请求服务地址，然后再前往服务地址获取服务。
- 服务节点：能为用户提供某项服务的节点，但在对外提供服务前需要将自己注册给服务注册中心，以便于用户查找自身的地址。
- 服务注册中心：负责维护服务列表。在用户请求服务地址时，根据一定规则返回某一个或某几个服务的地址。

整个系统的结构如图 2.6 所示。

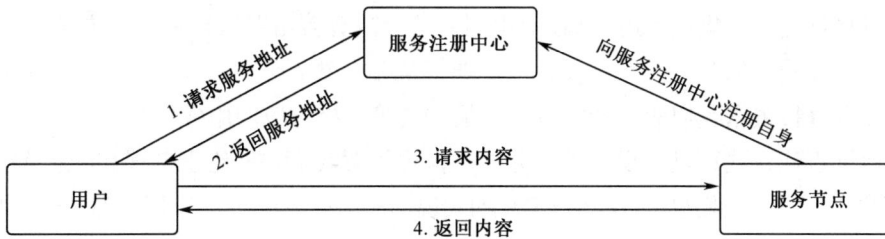

图 2.6　基于注册中心的直连系统

在这种结构下，服务节点可以向服务注册中心注册，也可以从服务注册中心删除注册。因此，对外提供服务的节点可以灵活地变动。这种请求分流的方式很常见，如开源高性能服务框架 Dubbo 就采用这种方式将服务消费者的请求分配到服务提供者上。

图 2.6 所示的系统可以进一步简化成如图 2.7 所示的形式。在这种方案中，用户直接向规则中心请求地址分配规则，然后根据规则确定服务节点的地址。在这种模型中，地址分配的规则是人为设定的，在服务节点加入和退出时需要手动修改服务地址的规则，而不需要服务节点前往规则中心注册。用户获取规则后，根据规则判断自身应该去哪个地址请求服务。一般我们还会设置保底默认服务节点，来保证当某些服务节点缺失时系统的可用性。

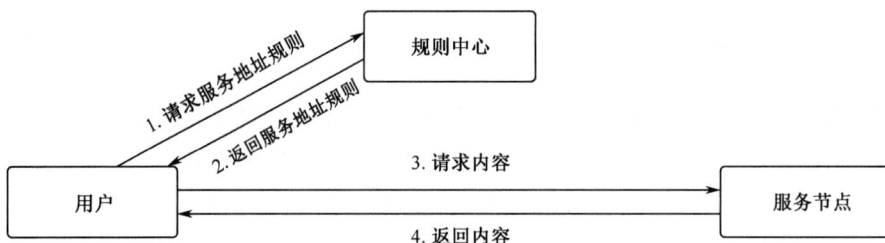

图 2.7 基于规则中心的直连模型

这种基于规则中心的直连分流方式也有很多用武之地，如在发布移动端 App 时，可以在 App 中内置一套规则解析程序，App 在获取服务前会去规则中心请求最新的规则，并根据 App 所处的地理位置、网络位置、用户 ID 等的不同，将自身请求分配到不同的服务节点上去。

在基于注册中心的直连模型和基于规则中心的直连模型中，服务注册中心和规则中心将用户的请求进行了分流。在这个过程中，真正的服务请求并不需要服务注册中心和规则中心的中转，而是直接在用户和服务节点间传递。服务注册中心和规则中心仅需要处理简单的地址解析请求或规则获取请求即可。

图 2.6 和图 2.7 所示的系统要求用户每一次请求内容前都需要访问服务注册中心，因此服务注册中心需要负载全量的查询请求。上述两种模型还可以继续简化，直接去除规则中心或将规则中心集成到用户端，而由用户选择或直接由用户端决定要访问哪个服务。例如，在下载资源的时候，网站会让用户选择从哪个站点下载；在登录网游的时候，游戏客户端会直接根据我们的终端类型、登录方式等连接对应的服务器等。

多地址直连方式可以实现请求的分流，但也需要我们在网络上部署和维护多个系统来提供服务。当然，我们也可以模仿 CDN 的实现，部署多个缓存节点，而只部署一个源站。

2.3　反向代理

经过内容分发网络或多地址直连方式的分流后，用户的请求已经分散到了不同的系统上。这里所说的一个系统指它对外呈现唯一的 IP 地址。

通常来说，一个确定的 IP 地址代表着一台确定的机器（节点），但这不是绝对的。通过代理可以让多个节点对外表现出唯一的 IP 地址。

代理是在软件架构和网络设计中都常接触的概念。例如，用户端可以设置代理服务器，让所有的请求由代理服务器发出。这样一来，从外部看，所有的请求都由代理服务器发出，无法判断代理服务器代理了多少用户端。这种代理方式叫作正向代理，如图 2.8 所示。

同样地，服务端也可以设置代理服务器。所有的请求都由代理服务器接收，然后再由代理服务器分发给后方的服务器。这样一来，从外部看，所有的请求都由代理服务器处理，无法判断代理服务器后方到底有多少服务器。这种代理方式叫作反向代理，如图 2.9 所示。

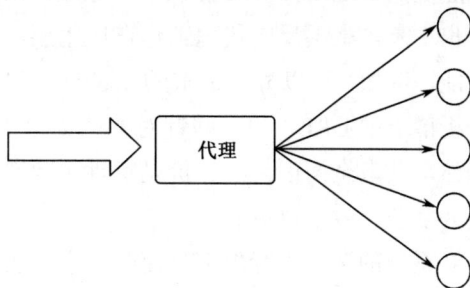

图 2.8　正向代理　　　　　　　　　图 2.9　反向代理

反向代理可以用来对请求进行分流，将请求分流到系统内部的多个节点上，从而减少每个节点的并发数。而这些节点在外界看来是一个系统，表现出唯一确定的 IP 地址。

实现反向代理的手段有很多，可以根据反向代理工作层级的不同将它们分为两类：四层反向代理和七层反向代理。这里所说的层级是 OSI 参考模型的层级。OSI 参考模型将通信功能划分为七个层级，每一层向相邻上层提供一套确定的服务，并使用与之相邻的下层所提供的服务实现当前层级的功能和协议。OSI 参考模型的层级划分和各层级功能如图 2.10 所示。

在 OSI 参考模型中，第四层是传输层，TCP 协议和 UDP 协议等就工作在这一层；第七层是应用层，HTTP 协议和 FTP 协议等就工作在这一层。了解了这些之后，我们可以梳理清楚四层反向代理和七层反向代理的工作原理，如下所示。

层级	功能
应用层	负责为用户的应用程序提供网络服务。
表示层	负责通信系统之间的数据格式变换、数据加解密等。
会话层	负责维护两个会话主机之间连接的建立、管理，并进行数据交换。
传输层	为分布在不同地理位置的计算机提供可靠的端对端链接与数据传输服务。
网络层	通过执行路由选择算法，为报文分组通过通信子网选择最合适的路径。
数据链路层	在通信实体之间建立数据链路连接，传送以帧为单位的数据。
物理层	利用传输介质建立、管理物理连接，实现比特流的传输。

图 2.10　OSI 参考模型的层级划分和各层级功能

- 四层反向代理：可以根据用户请求的 IP 地址和端口号进行转发。
- 七层反向代理：可以根据 FTP 请求、HTTP 请求中的具体内容进行转发。例如，可以根据 HTTP 请求的请求方法、URL、请求首部、请求正文等信息进行转发。

四层反向代理处在 OSI 协议的更底层，所掌握的信息更少，实现原理更为简单，运行效率也更高。七层反向代理工作在应用层，可以收集到更多的信息，因此它可以做得更为智能。例如，可以分析请求的 cookie 信息，针对不同的 cookie 进行不同的处理，也可以分析请求的 URL，将一些针对特殊资源（如图像资源）的请求转发到特定的服务器上。当然，获取全面信息的代价是牺牲了效率，相比于四层反向代理，七层反向代理的实现更为复杂，效率也更低。

在对系统的请求进行内部分流时，七层反向代理的应用最为广泛。通过七层反向代理可以对外表现出完全一致的 IP 地址和端口，然后根据请求的具体内容进行分流。Nginx 就是一种典型的七层反向代理软件。接下来我们以 Nginx 为例简要介绍反向代理的实现。

当使用 Nginx 搭建反向代理时，主要使用其 upstream 模块。upstream 即上游的意思，是指 Nginx 后方的服务节点。Nginx 只需要将请求以某种策略转发给后方服务节点即可。

利用 Nginx 的转发策略可以实现后方服务节点间的负载均衡，Nginx 支持的策略有轮询、加权轮询、请求源 IP 地址哈希。此外，Nginx 还支持用户自己扩展策略。其中，轮询策略是指平均地为后方的服务节点分配请求；加权轮询策略是指按照一定的比例为后方服务节点分配请求；请求源 IP 地址哈希策略是指根据请求来源 IP 地址的哈希结果将请求分配到后方服务节点上。请求源 IP 地址哈希策略有一个优点是，只要请求方的 IP 地址不变，则服务它的后方服务节点也不变，这利于进行 Session 等信息的维护。

Nginx 的配置在其 nginx.conf 文件中。例如，下面代码所示的配置就表示 Nginx 将监听自身的 80 端口，当收到路径以 "/" 开头的请求时，以 1:2 的比例转发给名为 yeecode.top 的上游组中的两个服务节点处理。

```
http
{
    # 这是一个虚拟的主机，该主机监听 localhost:80
    server
    {
    listen      80;
    server_name localhost;
    root html;
    index index.html index.htm;

    # 如果请求的地址以 "/" 开头，则转发到 yeecode.top
    location ^~ /
    {
      proxy_pass http://yeecode.top;
```

```
    }
  }

  # 设置一组上游服务器
  upstream yeecode.top
  {
      server 192.168.2.1:80 weight=1;
      server 192.168.2.2:80 weight=2;
  }
}
```

上述代码所示的反向代理转发策略是固化到配置文件中的，而 Nginx 也可以通过嵌入脚本的方式动态完成请求的转发。在下面的配置中，Nginx 在遇到路径以"/abouts/"开头的请求时会调用 lua 脚本，然后根据 lua 脚本中给出的结果进行跳转。这样一来，我们可以在脚本中完成分析请求的详细信息、查询数据库等复杂操作，从而实现更为灵活的转发。

```
location ^~ /abouts/ {
access_log off;

#定义一个变量
set $app_proxy "";

#调用 lua 脚本
access_by_lua_file "router.lua";

#按照 lua 脚本给出的变量值跳转
proxy_pass http://$app_proxy;
}
```

反向代理使请求到达系统内部后，仍然可以被继续分流，这为第 3 章所述服务并行设计的实施创造了条件。

第 3 章

服务并行设计

在请求到达系统前，我们通过分流设计对用户的请求进行了分流。在请求到达系统之后，我们仍然可以使用反向代理等手段在系统内部对请求进行分流，让系统内的多个节点共同处理用户的请求。

在系统内设置多个节点可以对请求进行进一步的分散，但也会引入数据同步、请求分配等问题。本节我们将详细了解这方面的知识。但在此之前，我们需要先区分并行与并发的概念。

3.1　并行与并发

并行与并发是我们在架构设计与软件开发中经常涉及的概念，不过两者的意义并不完全相同。

并行（Parallesim）是指在同一时刻有多个任务同时进行。例如，你在家中一边读书一边听歌，则"既读书又听歌"描述的就是并行。因为读书和听歌这两件事情是同时发生的，如图 3.1 所示。

并发（Concurrency）是指多个任务中的每个任务都被拆分成细小的任务片，从属于不同任务的任务片被轮番处理。因此，任意时刻都只有一个任务在进行。但是从宏观上看，这些任务像是被同时处理的。例如，你在家中一边读书一边看综艺节目，则"既读书又看综艺节目"描述的就是并发。因为在任意时刻，你要么在低头读书，要么在抬头看综艺节目，这两件事情实际上是交替进行的，如图 3.2 所示。

所以说，并行是一种真正意义上的"并"，而并发只是宏观表现上的"并"。

不过要注意的是，并发和并行的区分仅限于微观。从宏观上看，并发或并行的任务都像是同时开展的。以并发请求为例，在同一时刻向某个系统发送大量请求，这些请求几乎会被同时处理。这些请求在系统内部是被"并行"处理还是被"并发"处理的，则无法从系统外部判断出来。因此，我们宏观上常常将"并行"和"并发"统称为"并发"。

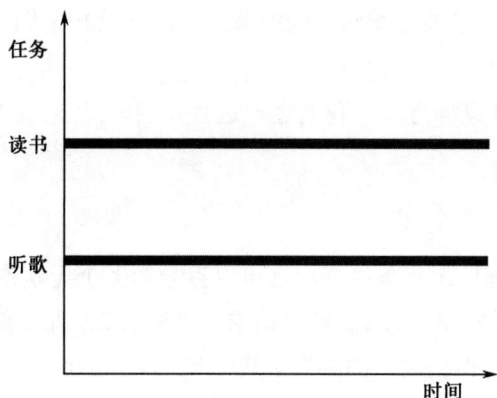

图 3.1　并行

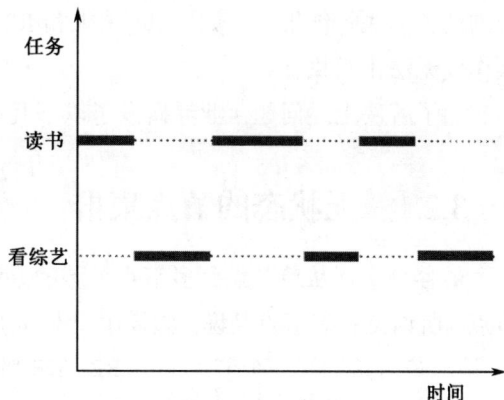

图 3.2　并发

本节介绍如何将单节点系统拆分为多节点系统。在拆分后的系统中，每个节点都有独立的处理器。因此，各个节点之间的处理操作一定是并行的。

3.2　集群系统

集群系统是实现系统内分流的一种最简单的方法。这种集群系统中，可以部署多个节点，每个节点都是同质的（有同样的配置，运行同样的程序），共同对外提供服务。可以通过反向代理等手段将外界请求分配到系统的节点上。集群系统的结构如图 3.3 所示。

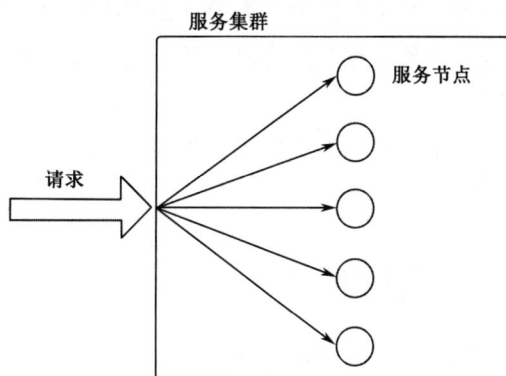

图 3.3　集群系统的结构

这样的集群系统也会带来一些问题。一个最明显的问题是同一个用户发出的多个请求可能会落在不同的节点上，打破服务的连贯性。例如，用户发出 R1、R2 两个请求，且 R2 请求的执行要依赖 R1 请求的信息（例如，R1 请求会触发一个任务，而 R2 请求用来查询任务的执行结果）。如果 R1 请求和 R2 请求被分配到不同的节点上，则 R2 请求的操作便无法正常执行。

为了解决上述问题，业界研发了以下几种集群方案，我们逐一进行介绍。

3.2.1 无状态的节点集群

最容易实现从单节点到多节点扩展的系统是无状态系统，它可以拆分为多个无状态节点。所谓无状态节点是说，假设用户 U 先后发出 R1、R2 两个请求，则无论 R2 请求和 R1 请求是否落到同一个节点上， R2 请求都能得到同样的结果。某个节点给出的结果与该节点之前是否收到 R1 请求完全无关。

很多节点是有状态的。例如，某个节点接收到外部请求后修改了某对象的属性，那后面的请求在查询对象属性时便可以读取到修改后的结果，如果后面的请求落到了其他节点上，则读取到的是修改前的结果。

要想让系统满足无状态，必须保证其所有的接口都是恒等类接口，即接口被调用前后，系统状态不能发生任何改变。显然只有查询类接口能够满足这个需要。

即便是由多个无状态节点组成的系统，也会出现协作问题。典型的就是并行唤醒问题。例如，我们需要为一个包含多个无状态节点的系统增加定时功能，在每天凌晨对外发送一封邮件。我们会发现该集群中的所有节点都会在凌晨被同时唤醒，并各自发送一封邮件。

我们希望整个系统对外发送一封邮件，而不是让每个节点都发送一封邮件。可集群的节点确实会这样工作，因为所有节点是同质的，它们运行的程序是一致的。

我们可以通过外部请求唤醒来解决无状态节点集群的并行唤醒问题。在指定时刻，由外部系统发送一个请求给服务集群触发定时任务。因为该请求最终只会交给一个节点处理，因此实现了独立唤醒。

无状态节点集群设计简单，可以方便地进行扩展。但其只适合满足无状态要求的系统，应用范围比较受限。

3.2.2 单一服务节点集群

许多服务是有状态的，用户的历史请求在系统中组成了上下文，系统必须结合用户上下文对用户的请求进行回应。在聊天系统中，用户之前的对话（是通过过去的请求实现的）便是上下文；在游戏系统中，用户之前购买的装备、晋升的等级（也是通过过去的请求实现的）便是该用户的上下文。

要想让一个系统是有状态的，则必须要在处理用户的每个请求时能读取和修改用户的上下文信息。这在单一节点的系统中是容易实现的，只要将每个用户的信息都保存在这个节点上即可，而在节点集群中，这一切就变得复杂起来。其中一个最简单的办法是在节点和用户之间建立对应关系，图 3.4 展示了这种对应关系。

- 任意用户都有一个对应的节点，该节点上保存了该用户的上下文信息。
- 用户的请求总是落在与之对应的节点上的。

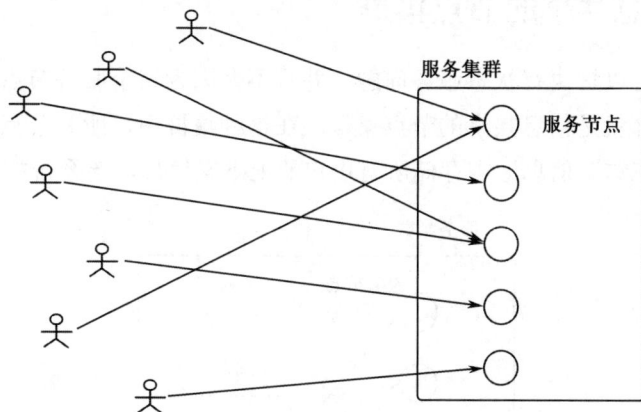

图 3.4　用户与指定节点的对应关系

这种系统的一个非常大的特点就是各个节点是隔离的。这些节点运行同样的代码，有同样的配置，然而保存了不同用户的上下文信息，各自服务自身对应的用户。

虽然集群包含多个节点，但是从用户角度看服务某个用户的始终是同一个节点，因此我们将这种集群称为单一服务节点集群。

实现单一服务节点集群要解决的一个最重要的问题便是如何建立和维护用户与节点之间的对应关系。具体的实现有很多种，下面我们列举常用的几种。

- 在用户注册时由用户选择节点，很多游戏服务就采用这种方式。
- 在用户注册时根据用户所处的网络分配节点，一些邮件服务采用的就是这种方式。
- 在用户注册时根据用户 ID 分配节点，许多聊天系统采用这种方式。
- 在用户登录时随机或根据规则分配节点，然后将分配结果写入 cookie，接下来根据请求中的 cookie 将用户请求分配到指定节点。

其中，最后一种方式与前几种方式略有不同。前几种方式能保证用户对应的节点在整个用户周期内不会改变，而最后一种方式则只保证用户对应的节点在一次会话周期内不会改变。最后一种方式适合用在两次会话之间无上下文关系的场景下。例如，一些登录系统、权限系统等，只需要维护用户这次会话的上下文信息。

无论采用哪种方式，都保证了用户在会话过程中对应的节点不会改变。系统只需要在会话中将用户的请求路由到对应的节点即可。该路由操作根据系统分流方案的不同由反向代理、规则中心等组件完成。

单一服务节点集群方案能够解决有状态服务的问题。但因为各个节点之间是隔离的，无法互相备份，当某个服务节点崩溃时，该节点对应的用户将会失去服务。因此，这种设计方案的容错性比较差。

3.2.3 信息共享的节点集群

有一种方案可以解决有状态服务问题，并且不会因为某个服务节点崩溃而造成某些用户失去服务，那就是信息共享的节点集群。在这种集群中，所有节点连接到一个公共的信息池中，并在这个信息池中存储所有用户的上下文信息，该系统如图 3.5 所示。

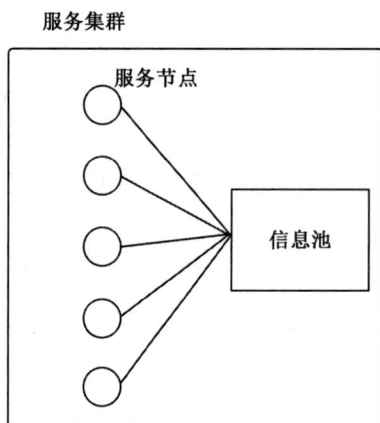

图 3.5 信息共享的节点集群

这是一种非常常见的将单节点系统扩展为多节点系统的方式。通常，服务节点和信息池分别部署在不同的机器上，我们可以通过部署和启动多个服务节点的方式来扩展集群。

数据库常作为信息池使用。任何一个节点接收到用户请求后，都从数据库中读取该用户的上下文信息，然后根据用户请求进行处理。在处理结束后，立刻将新的用户状态写回数据库中。除了传统数据库，也可以是其他类型的信息池。例如，使用 Redis 将信息池作为共享内存，存储用户的 Session 信息。

在信息共享的节点集群中，每个节点都从信息池中读取和写入用户状态，因此对于用户而言，每个节点都是等价的。用户的请求落在任意一个节点上都会得到相同的结果。

在这种集群中，节点之间的信息是互通的，因此可以使用分布式锁解决并发唤醒等节点间的协作问题。一种简单的做法是在定时任务被触发时，每个节点都向信息池中以同样的键写入一个不允许覆盖的数据。最终肯定只有一个节点能够写入成功，这个写入成功的节点获得执行定时任务的权限。

信息共享的节点集群通过增加服务节点而提升了集群的计算能力。但因为多个节点共享信息池，受到信息池容量、读写性能的影响，系统在数据存储容量、数据吞吐能力等方面的提升并不明显。

3.2.4　信息一致的节点集群

对于信息共享的节点集群而言，其运算能力是分散到各个节点上的，但其存储能力是集中在信息池中的。这使得信息池成了故障单点和性能瓶颈。

为了避免信息池成为整个系统的瓶颈，我们可以让每个节点独立拥有自身的信息池。为了继续保证系统提供有状态的服务，我们必须确保各个信息池中的数据信息是一致的，如图 3.6 所示。

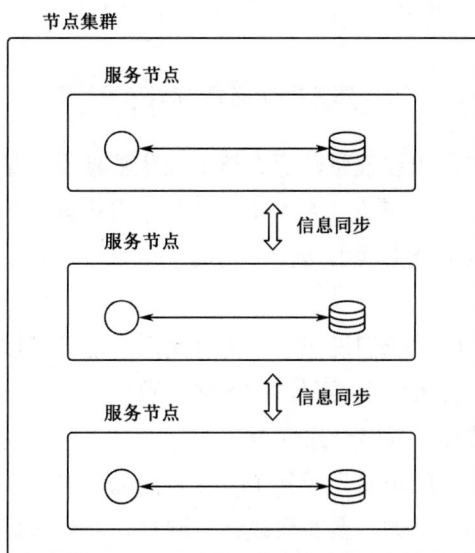

图 3.6　信息一致的节点集群

这种信息一致的节点集群通常也会被称为分布式系统，但从严格意义上讲，它仍然是集群。因为分布式系统中的节点是异构的，不同的节点可能从属系统中的不同模块。而这里的节点是同构的，它们的出现是为了分担并发数高带来的压力。但是，信息一致的节点集群也需要面对分布式系统中经常面对的问题——分布式一致性问题。

分布式一致性要求用户在分布式系统的某个节点上进行了变更操作，并在经过一定时间后能够从系统中的每个节点上读取到这个变更。

我们可以通过图 3.7 所示的例子来简单了解分布式一致性问题。

在图 3.7 中，调用方首先通过节点集群将变量 a 的值设置为 5，然后读取变量 a 的值，结果读取到变量 a 的值为 3。这种情况是完全有可能发生的，因为用户的两次读写操作可能访问的是两个节点，只要节点之间的信息不同步或同步存在时延，便会出现这种情况。

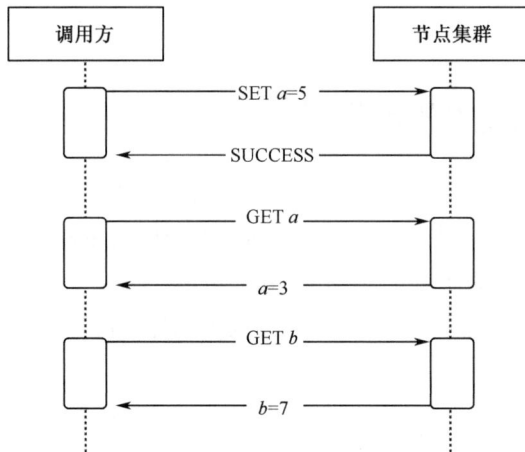

图 3.7　分布式一致性

如果图 3.7 所示的情况可能发生，那么该节点集群便不满足一致性（至少是不满足线性一致性）。如果节点集群不满足一致性，那么从集群中读出的任何值都不是可信的。例如，某个调用方从节点集群中读出 b=7，则这个结果不可信，因为其他的调用方完全可能在同一时刻读到 b=8。

在定义一致性的概念时，我们说在"一定时间后"能够读取到变更。根据"一定时间"的长短可以将一致性分为许多类型，如严格一致性、线性一致性（又叫强一致性、原子一致性）、因果一致性、最终一致性等。

要实现分布式一致性，就是要完成各个节点之间的信息同步。根据要实现一致性的强度不同，其成本也不同。例如，要实现线性一致性，我们可以使用两阶段提交算法、三阶段提交算法等，这些算法的实施会对各个节点的吞吐量造成较大影响；要实现最终一致性，我们可以使用具有重试功能的异步消息中心等，这种方式对节点的吞吐量影响较小，但是集群可能会出现读写不一致的情况。具体采用哪种信息同步方式达到哪种级别的一致性，需要我们根据实际的应用场景定夺。

信息一致的节点集群适合用在读多写少的场景下。在这种场景下，较少发生节点间的信息同步，并且能充分发挥多个信息池的吞吐能力优势。

3.3　分布式系统

集群系统将一个节点的并发请求分散到多个节点上，降低了每个节点的压力。在集群系统中，各个节点是同质的，各自运行一套完整且相同的应用程序。如果应用程序比较复杂，则其性能会受到硬件资源的制约。

应用从诞生之初便不断发展，在这个发展过程中，应用的功能可能会增加，应用的边界可能会扩展，进而包含越来越多的模块。最终，应用可能会变为一个包含众多功能模块的单体应用（Monolithic Application）。当这样的应用运行在物理节点上时，便会因为 CPU 资源、内存资源、IO 资源等的不足导致性能降低。这种性能的降低不是由并发数高引发的，而是由系统自身的复杂性引发的。

除了效率问题，单体应用也带来了开发维护、可靠性方面的问题。

- 业务逻辑复杂：应用中包含了众多功能模块，而每个模块都可能和其他模块存在耦合。应用开发者必须了解系统的所有模块的业务逻辑后才可以展开开发工作。这给开发者，尤其是新开发者带来了挑战。
- 变更维护复杂：应用中任何一个微小的变动与升级都必须重新部署整个系统，随之而来的还有各种全量测试、回归测试等工作。
- 难以分拆升级：应用中不同组件需要的软硬件资源可能不同，但是因为它们都被整合进了系统中，所以难以对它们进行单独的升级。
- 可靠性变差：任何一个功能模块的异常都可能导致应用宕机，进而使整个应用不可用。但应用模块众多，又会使应用很难在短时间内恢复。

为了解决以上问题，我们可以将单体应用拆分成多个子应用，让每个子应用部署到单独的机器上，以此来提升系统的效率、可靠性。这时，单体应用变成分布式应用，如图 3.8 所示。

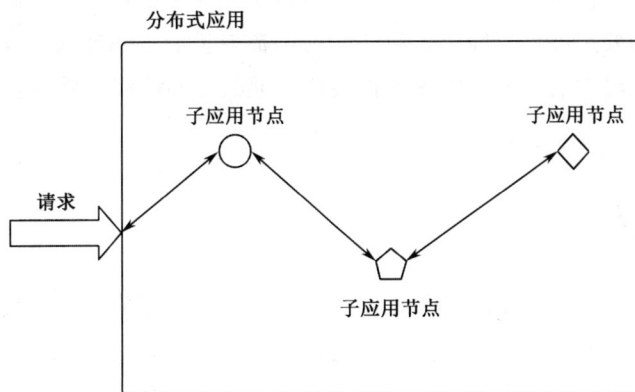

图 3.8　分布式应用

分布式应用通过拆分子应用，将原本集中在一个应用、机器上的压力分散到多个应用、机器上，进一步提升了系统的压力承载能力。分布式应用还便于单体应用内部模块之间的解耦，使得这些子应用可以独立地开发、部署、升级和维护。

当然，分布式应用也要解决分布式一致性问题。例如，在一个分布式系统中，子应用 A1 负责完成商品订单管理功能，子应用 A2 负责完成库存管理功能。当外部购买请求到达分布式应用后，如果子应用 A1 完成了订单生成工作，则子应用 A2 也应该完成库存扣减工作，即两个子应用之间的状态变化应该是一致的。其具体实现方法和 3.2.4 节中介绍的方法相同，此处不再赘述。

在实际生产中，应该优先对大的单体应用进行拆分，将其拆分为分布式系统。当拆分后的分布式系统因为并发数过高而遇到性能瓶颈时，再将并发数过高的子应用按需部署成为分布式集群系统，如图 3.9 所示。

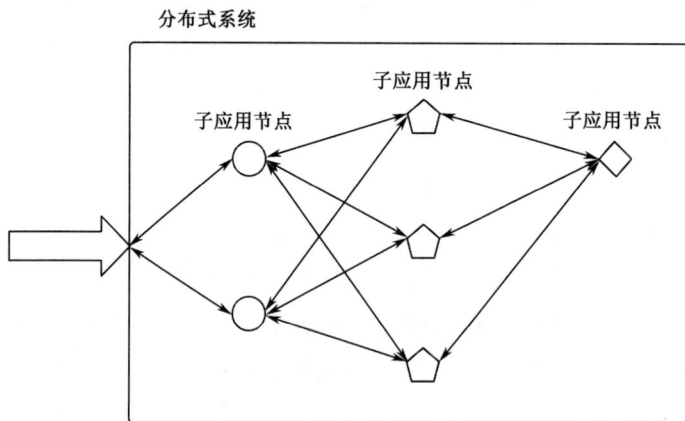

图 3.9 分布式集群系统

这种演进方式使得每个子应用都能够根据自身工作情况针对制约因素进行扩展。例如，有的子应用需要扩展计算能力，有的子应用需要扩展存储能力，有的子应用则不需要扩展。这避免了对大的单体应用进行扩展所造成的资源浪费，更为合理和高效。

3.4 微服务系统

在分布式应用中，每个子应用存在的目的是完成分布式应用中的部分功能。子应用和应用之间存在严格的从属关系。然而，这种严格的从属关系可能造成性能的浪费。

例如，存在一个应用 A，它包含三个子应用，分别是负责完成商品订单管理功能的子应用 A1、负责完成库存管理功能的子应用 A2 和负责完成金额核算功能的子应用 A3。当我们需要进行销售金额核算（涉及订单管理和金额核算）时，需要调用应用 A。此时，应用 A 下的子应用 A2 与这次操作请求无关，它是闲置的。这就意味着，当应用 A 在执行一些操作时，与操作无关的相关子应用是闲置的，无法发挥其性能。

这就相当于商店只提供汉堡、可乐、薯片组成的套餐，而当我们不需要可乐时，购买这种套餐便造成了浪费，而避免浪费的方式是允许我们自由组合购买。

于是，我们可以在进行销售金额核算（涉及订单管理和金额核算）时直接调用子应用 A1 和子应用 A3，而在进行库存资产核算（涉及库存管理和金额核算）时直接调用子应用 A2 和子应用 A3。这样，我们不需要在子应用的外部封装一个应用 A，而是直接让各个子应用对外提供服务。外部的调用者则可以根据需要自由地选择服务。这便组成了微服务（MicroServices）系统。

在微服务集群中，每个微服务子应用都是完备的、可独立对外服务的，也可以自由组合后对外提供服务，具有很高的灵活性。图 3.10 展示了微服务集群。

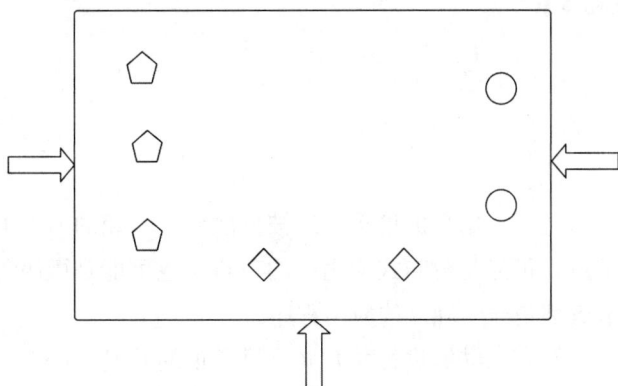

图 3.10　微服务集群

每个微服务子应用对各类资源的依赖程度是不同的，被调用的频次也是不同的，因此，我们可以针对每个微服务子应用进行资源配置、集群配置，从而提升每个微服务子应用的时间效率、资源利用率、容量。

在单体应用内部，任何一个模块都有可能和其他模块存在耦合。在微服务集群中，每个微服务的内聚性很高，而和其他微服务的耦合程度很低。因此，对于某个微服务而言，只要保证对外接口不变，就可以自由修改内部逻辑。这使每个微服务可由独立的团队开发、维护、升级，而不需要了解其他微服务的实现细节。这有利于提升系统的成熟度、可用性、容错性和可恢复性。

第 4 章

运算并发设计

经过服务并行设计之后，用户的请求已经被分散到了系统的节点上，这里的节点可能是集群系统中的节点，可能是分布式应用中的节点，也可能是微服务系统中的节点。但无论如何，每个节点都是一个独立的应用程序。

在节点的内部，依然可以继续进行并发（这里所说的并发是广义的并发，也包括并行）设计，以便让用户的请求能被高效地处理。节点内部的并发设计主要分为三个层次：多进程、多线程和多协程。接下来我们会逐层对它们展开介绍。

4.1 多进程

首先我们要清楚，如果一个程序是多进程的，那么多个进程之间的运算可能是并行的也可能是并发的。这取决于运行程序的 CPU 的核数。如果 CPU 是单核的，则一定是并发的；如果 CPU 是多核的，则在 CPU 的调度下可能并行也可能并发。

进程是资源分配的最小单位，拥有独立地址空间，因此进程之间的切换需要对地址空间进行切换。进程间切换的开销很大。在 Linux 中，当进行进程切换时，系统会先进入内核态，并在内核态完成地址空间的切换，以及寄存器、程序计数器、线程栈的切换等工作，然后切换回用户态。另外，进程切换会导致缓存中原来的旧数据失效，需要重新预热缓存。

也正因为每个进程的资源独立，因此进程之间存在很强的隔离性。当一个进程因为资源耗尽等崩溃时，不会影响其他进程。

我们需要用多进程的形式运行一个应用时，往往不需要对这个应用进行特殊开发，只需要修改应用的服务端口，并在某台机器上多次启动即可。例如，我们有一个最大内存使用量为 7GB 的应用，则可以把该应用在内存为 16GB 的机器上启动两次，并为两次启动指定不同的服务端口。这样，我们在充分利用硬件资源的基础上得到了两个独立的逻辑节点。这两个独立的逻辑节点各自占有一个进程，各自有独立的端口、内存资源，运行在同一硬件机器上。

多进程应用中各个进程之间的通信比较复杂，因此较难实现进程之间的协作。通常我们在应用中使用多进程是为了使用进程间的隔离特性。

4.2　多线程

每个进程内都有一个或多个线程。进程内的线程间共享内存，因此线程之间的切换效率更高。

同一个进程内的多个线程在执行时，可能是并行的也可能是并发的，这同样取决于 CPU 的调度。当 CPU 资源比较缺乏时，多个线程可能由一个核来执行，这时多个线程会共享 CPU 的时间片，此时多个线程是并发的；当 CPU 资源比较充足时，多个线程可能由多个核来执行，这时多个线程便是并行的。

即便执行过程是并发的而不是并行的，多线程也能提高运算的效率，这是因为多线程提高了 CPU 计算资源的利用率，并且多线程之间的通信比较简单，更容易实现协作。因此，多线程是一种最常用的运算并发方式。

接下来我们以 Java 为例介绍多线程的使用。

4.2.1　线程的状态及转换

线程共分为以下五种状态。

- 新建（New）：新创建的线程处于这一状态，这时线程具有自身的内存空间，在被触发后会进入可运行状态。
- 可运行（Runnable）：处在这一状态的线程具备了运行条件，正在等待 CPU 资源。获得 CPU 资源后，线程转入运行中状态。
- 运行中（Running）：处在这一状态的线程占有 CPU 资源，并正在处理线程内的任务。它可能因为任务执行结束而转入结束状态；可能因为等待用户输入、等待锁、等待其他线程执行完毕等，进入阻塞状态。
- 阻塞（Blocked）：处在这一状态的线程释放了 CPU 资源，需要等待某些条件满足后才能继续获得 CPU 资源。阻塞状态又可以分为以下三种子状态。
  - 等待阻塞：对线程的锁对象执行等待方法后，持有锁的线程会进入等待阻塞。直到等待时间到，或者被重新唤醒后，处在该状态的线程才会进入同步阻塞。
  - 同步阻塞：处在该状态的线程需要获得同步锁，才能进入可运行状态。
  - 其他阻塞：处在这一状态的线程需要用户输入、等待其他线程执行结束等，之后会转入可运行状态。

- 结束（Dead）：处在这一状态的线程已经执行结束。

图 4.1 给出了线程状态转化图，并给出了线程状态转化对应的 Java 操作。在下面的 Java 操作中，t 表示线程对象，Thread 表示线程类、o 代表对象。

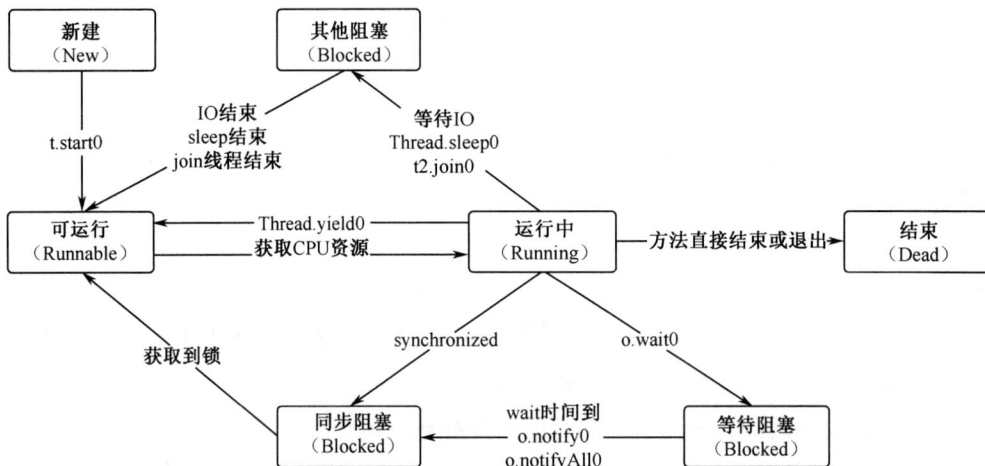

图 4.1　线程状态转化图

在以上各个状态中，只有处在运行中状态的线程才会占用 CPU 资源。当某个线程阻塞时，CPU 资源便会让渡给其他线程，提升了 CPU 的利用率，也就提升了程序的运行效率。每个线程都有一个优先级属性，优先级高的线程获得 CPU 使用权的概率更大，而优先级低的线程也并不是没有机会获得 CPU 的使用权。

4.2.2　多线程的应用场景

使用多线程的目的显然是并发，但从应用场景上区分主要可以分为两类：一类是通过并发提升效率；另一类是通过并发实现异步操作。

1. 用以提升效率

通过并发提升效率的应用场景被提及的次数比较多。例如，存在一个任务，工作过程包括占用 IO 的数据读入、占用 CPU 的数据处理、占用 IO 的数据写出三个部分。当使用多线程时，可以使得多个线程的数据处理部分依次占用 CPU，防止在单线程情况下 CPU 在 IO 操作时的闲置。

在这种场景下，任务的总执行用时是要考虑的主要指标，这取决于最后一个完成的任务。因此，我们主要关注执行时间最长的线程。

2. 用以实现异步操作

通过并发来实现异步操作是为了提前释放主线程。例如，前端请求让后端处理一个长耗时任务。在不使用多线程的情况下，后端只能在任务结束后再回应前端，如图 4.2（左）所示。这会导致前端请求被长时间阻塞。这种情况增加了请求的响应时间，而维持请求也会带来资源的浪费。

使用多线程，我们可以调起一个新的线程来处理长耗时任务，而让主线程快速回应请求后关闭，整个过程如图 4.2（右）所示。

在这种应用场景下，主线程的执行用时是要考虑的主要指标，而副线程的执行用时并不重要。

在这种异步操作场景下，前端可以使用 11.2 节所述的短轮询、长连接、长轮询、后端推送等各种方式来获取后端任务的执行状态。图 4.2（右）所示为基于后端推送的异步操作方式。

异步操作除了能够实现主线程的快速返回，还能够帮助主线程剥离非核心操作。有时我们需要在主任务外进行一些无关紧要或对时效性无要求的操作，便可以在主线程中调起新的线程异步完成这些操作，而让主线程专注于核心操作。例如，我们需要在操作中记录日志，则日志记录操作可以在一个新的线程中展开，它的时效性，甚至成功或失败对主线程都不会造成影响。

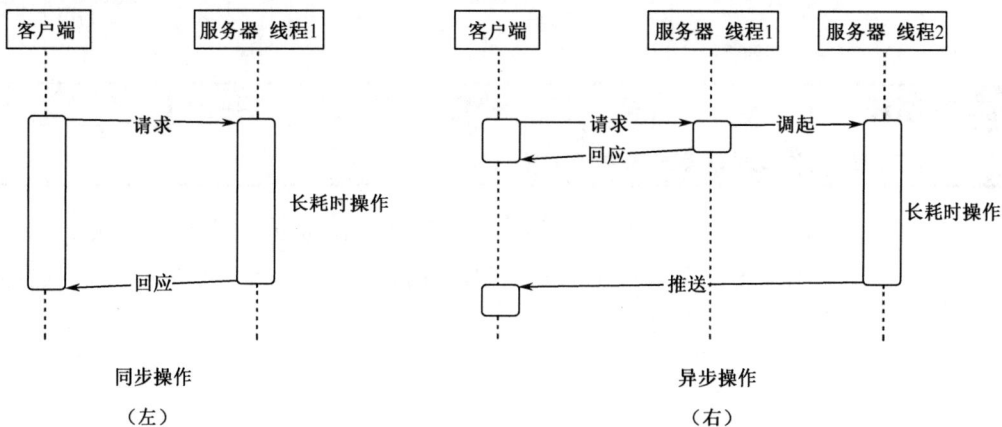

图 4.2　请求操作的异步执行

4.2.3　多线程的创建

了解了多线程在各种场景下的优势后，我们讨论如何创建多线程。

1. 继承 Thread 类

最简单的创建新线程的方式是继承 Thread 类。Thread 类就是 Java 中的线程类，直接创建一个线程类便可以启动新的线程。在下面的代码中，NewThread 类继承了 Thread 类，并重写了 run 方法。在 run 方法中可以写入该线程需要执行的工作。

```java
class NewThread extends Thread {
    @Override
    public void run() {
        System.out.println("run function is in Thread :" +    Thread.currentThread().getName());
        for (int i = 0; i < 3; i++) {
            System.out.println("Thread " + Thread.currentThread().getName() + " print : " + i);
        }
    }
}
```

然后我们在主线程中生成 NewThread 的实例，并调用实例的 start 方法，便可以启动新线程，并让新线程完成自身定义的工作。

```java
public static void main(String[] args) {
    System.out.println("main function is in Thread :" + Thread.currentThread().getName());
    NewThread newThread = new NewThread();
    // 启动新线程
    newThread.start();
    for (int i = 0; i < 3; i++) {
        System.out.println("Thread " + Thread.currentThread().getName() + " print : " + i);
    }
}
```

备注

该示例的完整代码请参考本书示例项目 1。

运行上述代码可以得到图 4.3 所示的结果。可以看出，main 方法运行在 main 线程中，而 run 方法处在了一个新线程 Thread-0 中，且新线程 Thread-0 可以和 main 线程并发执行。

```
Run:    Main ×
    main function is in Thread :main
    run function is in Thread :Thread-0
    Thread main print : 0
    Thread Thread-0 print : 0
    Thread main print : 1
    Thread Thread-0 print : 1
    Thread main print : 2
    Thread Thread-0 print : 2

    Process finished with exit code 0
```

图 4.3　示例执行结果

但是要注意，一定要调用新线程实例的 start 方法，而不要直接调用 run 方法。start 方法会启动新的线程，并在新的线程中执行 run 方法。直接调用 run 方法就转变成最基本的对象方法调用，无法启动新的线程。

2. 基于 Runnable 接口

继承 Thread 类确实可以实现多线程，但是不建议这样使用，因为这种使用方法中 Thread 的职责不明晰。在继承 Thread 类的示例中，我们在线程子类的 run 方法中写入了线程要执行的操作。但是，线程对象应该只代表线程，而不应该和它要执行的操作绑定。

因此，更为合理的办法是先创建一个任务对象，然后将任务对象装载到线程对象中。任务对象可以由实现 Runnable 接口的类实例化得到。声明任务类的方法如下所示。

```java
class Task implements Runnable {
    @Override
    public void run() {
        System.out.println("run function is in Thread :" +  Thread.currentThread().getName());
        for (int i = 0; i < 3; i++) {
            System.out.println("Thread " + Thread.currentThread().getName() + " print : " + i);
        }
    }
}
```

在新线程中启动任务的操作如下所示。

```java
public static void main(String[] args) {
    System.out.println("main function is in Thread :" + Thread.currentThread().getName());
    // 创建一个线程并将任务载入
    Thread thread = new Thread(new Task());
    // 启动新线程
    thread.start();
    for (int i = 0; i < 3; i++) {
        System.out.println("Thread " + Thread.currentThread().getName() + " print : " + i);
    }
}
```

备注

该示例的完整代码请参考本书示例项目 2。

整个程序的运行结果和图 4.3 完全一致。只不过这种实现方法从面向对象的角度来看更为合理，而且这种方式实现了任务和线程的解耦。我们可以在定义一个任务之后，将其装载到多个线程中执行。

3. 基于 Callable 接口

在有些场景下，主线程在触发子线程之后，还需要获得各个子线程的执行结果。这时，基于 Runnable 接口的实现方式便无法满足要求，而要基于 Callable 接口实现。

在 Runnable 接口中，任务需要写在 run 方法中，而 run 方法并没有返回值。在 Callable 接口中，任务需要写在 call 方法中，call 方法提供一个 Object 类型的返回值写入线程的执行结果。主线程可以获取这个返回值。

不过 Callable 接口的实例不能直接装载到线程对象中执行，而需要使用 FutureTask 类进行包装。FutureTask 类是一个包装器，它同时实现了 Future 接口和 Runnable 接口。Future 接口中定义了查询任务是否完成、取消任务、获得任务结果等操作方法。

基于 Callable 接口实现多线程时，任务定义如下所示。它只是将 Runnable 接口改成了 Callable 接口，将 run 方法改成了 call 方法，并增加了返回值。

```java
class Task implements Callable {
    @Override
    public Object call() {
        System.out.println("run function is in Thread :" +   Thread.currentThread().getName());
        for (int i = 0; i < 3; i++) {
            System.out.println("Thread " + Thread.currentThread().getName() + " print : " + i);
        }
        // 该任务的返回值
        return "result from " + Thread.currentThread().getName();
    }
}
```

启动新线程，并拿到新线程返回结果的操作，如下所示。

```java
public static void main(String[] args) {
    System.out.println("main function is in Thread :" + Thread.currentThread().getName());
    // 使用 FutureTask 包装任务
    FutureTask futureTask = new FutureTask(new Task());
    // 创建一个线程并将任务载入
    Thread thread = new Thread(futureTask);
    // 启动新线程
    thread.start();
    for (int i = 0; i < 3; i++) {
        System.out.println("Thread " + Thread.currentThread().getName() + " print : " + i);
    }
    // 获取新线程的返回值
    try {
        System.out.println("return value form new thread : " + futureTask.get());
    } catch (Exception e) {
        e.printStackTrace();
    }
}
```

备注

该示例的完整代码请参考本书示例项目 3。

执行上述操作我们可以得到图 4.4 所示的结果。

```
Run:    Main ×
 ▶ ↑   main function is in Thread :main
 ⬛ ↓   run function is in Thread :Thread-0
 🗁 ⇥   Thread Thread-0 print : 0
 🖽 🔢   Thread main print : 0
 ⬛ 🖶   Thread Thread-0 print : 1
 ★ 📌   Thread main print : 1
        Thread Thread-0 print : 2
        Thread main print : 2
        return value form new thread : result from Thread-0

        Process finished with exit code 0
```

图 4.4　示例执行结果

4.2.4　线程池

相比于进程，线程的创建成本比较低，但也需要进行空间的初始化等工作。线程池则提供了线程回收利用的途径，减少了线程创建、销毁带来的性能损失。

线程池，顾名思义就是一个存放线程的池子，当需要线程时可以从线程池中取出线程，当不需要线程时也不需要销毁线程，只需要将线程归还到线程池即可。线程池带来了以下的优点：

- 通过线程的给出与收回实现了线程的重复利用，从而减少了线程频繁创建与销毁带来的性能损耗。
- 获得线程不需要创建，而只需要从线程池取出。这提升了获取线程的速度。

图 4.5 给出了线程池相关类的类图。了解这些类的关系能帮助我们更好地厘清线程池的结构。

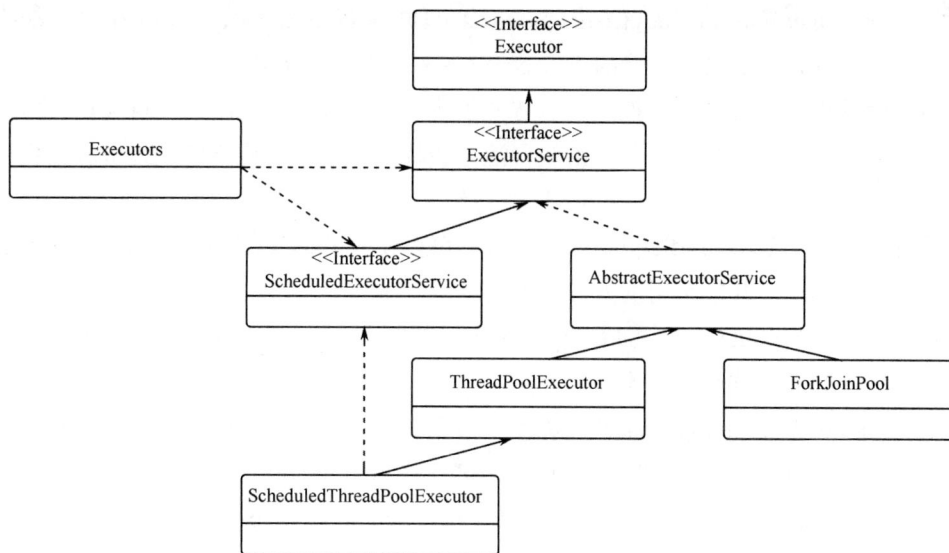

图 4.5　线程池相关类的类图

其中，Executor 是一个顶层的线程池接口，而 ExecutorService 接口则在 Executor 接口的基础上定义了更多的方法，包括提交任务、执行任务、关闭线程池等多种方法。而最终的线程池都是 ExecutorService 的实现类，我们可以使用 ExecutorService 中的方法控制线程池。

ExecutorService 有一个子接口 ScheduledExecutorService，该接口定义了按照计划执行的接口，因而继承了它的 ScheduledThreadPoolExecutor 类具有按照计划唤醒线程池内线程的功能。如果我们不需要使用计划执行功能，则可以使用 ThreadPoolExecutor 类作为线程池。

在 Executor 的子类中，非抽象的类只有 ScheduledThreadPoolExecutor 类、ThreadPoolExecutor 类、ForkJoinPool 类，前两者我们已经厘清了。ForkJoinPool 类我们将在 4.2.5 节介绍。

Executors 类是一个工厂类，通过它我们可以创建各种线程池。其常用的方法如下所示。

- ExecutorService newSingleThreadExecutor()：该方法给出一个只包含一个线程的线程池。
- ExecutorService newFixedThreadPool(int nThreads)：该方法返回一个包含 nThreads 个线程的线程池。
- ExecutorService newCachedThreadPool()：该方法给出一个可根据需求状况调整容量的线程池。
- ScheduledExecutorService newSingleThreadScheduledExecutor()：该方法给出一个具有计划执行功能的包含一个线程的线程池。
- ScheduledExecutorService newScheduledThreadPool(int corePoolSize)：该方法给出一个具有计划执行功能的包含 corePoolSize 个线程的线程池。

线程池的出现不仅提升了性能，也方便了我们的编程。我们不需要再关注具体的线程，而只需要将并发进行的任务交给线程池，线程池则会协调内部的线程资源帮我们完成任务。

线程池实现了 ExecutorService 接口，我们可以使用 ExecutorService 接口中的方法来控制和使用线程池。其中常用的方法如下所示。

- Future<T> submit(Callable<T> var1)：向线程池提交一个 Callable 任务，并能通过返回的 Future 对象拿到运行结果。
- Future<?> submit(Runnable var1)：向线程池提交 Runnable 任务，因为 Runnable 任务没有返回值，所以通过 Future 对象拿到的为 null。
- List<Future<T>> invokeAll(Collection<? extends Callable<T>> var1)：向线程池提交多个任务。

- void shutdown()：关闭线程池，需要注意的是关闭线程池而不是关闭线程池里的线程。该操作会使线程池不再接受新的任务，直到已有任务全部执行完成后才会关闭。
- List<Runnable> shutdownNow()：立刻关闭线程池。该操作会使线程池不再接受新的任务，而已经接受的任务可能会被执行完，也可能会被放弃。这取决于关闭线程池时各个任务的状态。

使用线程池完成操作并不复杂，具体可以分为三步：

- 创建线程池。
- 向线程池提交任务，线程池会协调内部线程，并发完成这些任务。
- 关闭线程池，表明不再提交新的任务。

下面的代码给出了线程池的使用示例。其中，RunnableDemo 实现了 Runnable 接口的一个类，CallableDemo 实现了 Callable 接口的一个类。

```
public static void main(String[] args) {
    // 创建一个具有三个线程的线程池
    ExecutorService executorService = Executors.newFixedThreadPool(3);
    // 向线程池中提交任务
    Future futureOfRunnableDemo = executorService.submit(new RunnableDemo());
    Future futureOfCallableDemo = executorService.submit(new CallableDemo());
    // 关闭线程池
    executorService.shutdown();
    // 获取任务结果
    try {
        System.out.println("result of RunnableDemo :" + futureOfRunnableDemo.get());
        System.out.println("result of CallableDemo :" + futureOfCallableDemo.get());
    } catch (Exception e) {
        e.printStackTrace();
    }
}
```

备注

该示例的完整代码请参考本书示例项目 4。

运行上述代码，可以得到图 4.6 所示的结果。

通过执行结果可以得出以下几个结论：首先，虽然线程池中包含三个线程，但因为我们只提交了两个任务，因此只有两个线程参与了工作；其次，参与工作的两个线程确实是并发的；最后，可以向线程池提交 Runnable 的任务，也可以提交 Callable 的任务，而 Callable 的任务在运行结束后可以给出返回值。

```
Run:    Main
  ▶ ↑   call function is in Thread :pool-1-thread-2
  ■ ↓   run function is in Thread :pool-1-thread-1
  ◎ ⚏   Thread pool-1-thread-2 print : 0
  ⊡ ⚏   Thread pool-1-thread-1 print : 0
  ▦ ⊟   Thread pool-1-thread-2 print : 1
  ⚏      Thread pool-1-thread-1 print : 1
         Thread pool-1-thread-2 print : 2
         Thread pool-1-thread-1 print : 2
         result of RunnableDemo :null
         result of CallableDemo :CallableDemo result from pool-1-thread-2

         Process finished with exit code 0
```

图 4.6   示例执行结果

线程池的使用既提高了并发的效率，又简化了并发编程的难度，是多线程编程中一种非常好的手段。

4.2.5   多线程资源协作

在前面的多线程介绍中，各个线程独立工作，并没有进行线程之间的协作。线程之间的协作是经常发生的，其主要表现为两种形式：一种是资源上的协作，主要表现为竞争；另一种是进度上的协作，又叫作同步。

本节我们先介绍多线程的资源协作。

前面已经提到过，同一进程内的各个线程是共享资源的，但这也带来了一个问题，即资源竞争。当某个线程在操作某个对象时，如果另一个线程也操作此对象，则可能造成被操作对象的混乱。

如图 4.7 所示，一个 User 对象的属性 i 的初始值为 3，两个线程均对其进行一次 i++ 操作，则对象的值应该变为 5。但最终因为两个线程操作冲突，i 的值变成了 4。这是因为 i++ 表面上看是一个操作，但实际上包含了读、写两步操作。当多个线程同时操作一个变量时，各个线程的操作可能会穿插进行，从而导致结果的混乱。

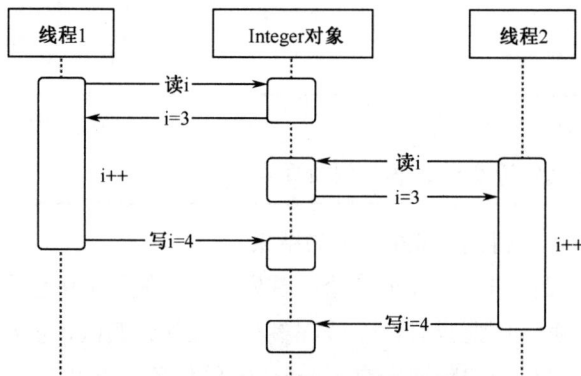

图 4.7   多线程冲突

因此，在操作资源时，多个线程之间必须要协作才能避免冲突。

1. 内存模型

为了了解多线程资源冲突的原因，我们需要先了解 Java 内存模型。

Java 内存模型将 Java 内存分为主内存和工作内存两类，如图 4.8 所示。主内存是各个线程共享的，而工作内存是线程独有的。线程在进行工作时，不能直接操作主内存，只能操作自身的工作内存。工作内存可以读入主内存的数据，也可以将数据写入主内存。

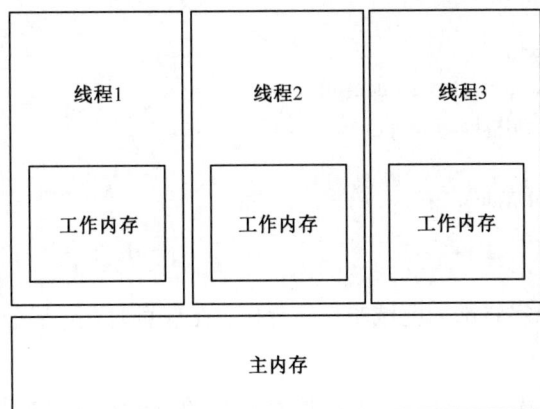

图 4.8　Java 内存模型

Java 内存模型实际是对 Java 内存中的堆、栈的进一步抽象，主内存对应了 Java 内存中的堆，而工作内存对应了各个线程的栈空间。对象、静态域、数组元素均存在于主内存中，而工作内存中可以存有这些数据的引用或副本。

线程要想操作对象，必须先将对象从主内存中读入工作内存，然后进行操作。操作完成后再把工作内存中的对象写入主内存。如果一个线程读入某个对象时，另一个线程已经读入并正在操作这个对象，则此时对象的状态可能出现混乱。

2. 禁止并发修改

出现图 4.7 中多线程冲突的根本原因是多个线程同时修改了一个对象。

如果对象能够保证在任意时刻最多只能被一个线程修改，那么图 4.7 中的问题便不会出现。

仍然以 User 对象为例。如果下面代码中的 getAndAdd 方法在任意时刻最多只能被一个线程调用，就从被操作对象的角度出发，避免了多线程冲突。因为只有一个线程调用完成后，下一个线程才能被调用，因此永远不会出现多个线程交叉操作的情况。

```
class User {
    private Integer i;
    public Integer getAndAdd() {
```

```
            Integer oldValue = i;
            i = i+1;
            return oldValue;
        }
    }
```

Java 中的 synchronized 关键字就是为了解决多线程冲突而设计的。如下面的代码所示，只要使用 synchronized 关键字修饰一个方法，则这个方法在任意时刻最多只能被一个线程调用。

```
class User {
    private Integer i;
    public synchronized Integer getAndAdd() {
        Integer oldValue = i;
        i = i+1;
        return oldValue;
    }
}
```

synchronized 关键字修饰的区域叫作临界区。在任意时刻，某个对象的临界区内最多只能有一个线程。

这时我们再思考另一个问题，下面所示的对象 User 中，如果一个线程正在调用 getAndAdd 方法，那么同一时刻能否有另一个线程调用被 synchronized 关键字修饰的 getJ 方法呢？

```
class User {
    private Integer i;
    private Integer j;
    public synchronized Integer getAndAdd() {
        Integer oldValue = i;
        i = i+1;
        return oldValue;
    }
    public synchronized Integer getJ() {
        return j;
    }
    public Integer getI() {
        return i;
    }
}
```

答案是不能。因为 getAndAdd 方法内部是 User 对象的临界区，getJ 方法内部也是 User 对象的临界区。一个线程只要进入了 User 对象的临界区，则它获得的是整个 User 对象的操作权限。不可能有另一个线程进入 User 对象的任何临界区。但是，其他线程可以操作 getI 方法，因为该方法内部不是临界区，不受限制。

synchronized 关键字不仅可以修饰方法，还可以直接修饰一段代码，并指定这段代码是哪个对象的临界区。

```
synchronized(object){
    // object 对象的临界区

}
```

临界区实际上是在主内存中给被操作对象加了排他锁，当已经有线程进入临界区时，任何妄图再次进入临界区的其他线程都会被挂起。

临界区的设立对并发性能的损耗很大，所以我们在使用时要慎重，尽量缩小临界区的范围。例如，如果对象的某个方法中只有几行代码会引发多线程冲突，则使用 synchronized 关键字修饰这几行代码，而不要直接修饰整个方法。

既然 synchronized 修饰符是在给对象加锁以实现线程同步的，那我们也可以显式地使用锁来完成这一切。常见的，ReentrantLock 类就是一个这样的锁。另外，可以使用 volatile 修饰符来修饰可能被多个线程操作的变量，它可以看作针对变量级别的 synchronized 修饰符。

3. 线程安全对象

Java 从避免被操作对象被并发修改的角度出发，解决多线程冲突。如果一个对象的所有操作都不会引发线程冲突，那么这个对象就被称为线程安全对象。不需要额外的机制，多个线程可以放心地共同操作同一个线程安全对象而不会引发混乱。

Java 准备了许多线程安全对象供我们在进行多线程编程时使用，典型的是原子对象。例如，其中的 AtomicInteger，对它进行 i++（对应于其 getAndIncrement 方法）则是一个不可再分的原子操作，绝对不会出现多线程冲突，而且该原子操作也不是通过加锁实现的，而是通过更高效的 CAS 操作完成的。

Java 对内置提供的线程安全对象进行了效率方面的优化和更多安全角度的考量。我们应当优先从其中选用，这能提升我们软件的性能。

4. 线程独享资源

多线程要进行资源协作的根本原因是线程间的资源共享。如果资源是线程独享的，便避免了这一问题。Java 中确实提供了机制来实现线程对资源的独享，那就是 ThreadLocal。

我们可以把 ThreadLocal 当作一个包装类，任何经过该类包装的对象都属于线程独有，而不会在线程之间共享。在下面的代码中，我们设置了 selfNumber 和 selfString 两个 ThreadLocal 变量，然后在主线程、Task01 所在线程、Task02 所在线程中分别操作这两个变量。

```
public class Main {
    static ThreadLocal<Integer> selfNumber = new ThreadLocal<>();
```

```java
static ThreadLocal<String> selfString = new ThreadLocal<>();

public static void main(String[] args) {
    try {
        String threadName = Thread.currentThread().getName();
        Thread thread01 = new Thread(new Task01());
        Thread thread02 = new Thread(new Task02());
        thread01.start();
        thread02.start();
        Thread.sleep(2L);
        System.out.println(threadName + "   selfNumber :" + selfNumber.get());
        System.out.println(threadName + "   selfString :" + selfString.get());
    } catch (Exception ex) {
        ex.printStackTrace();
    }
}

private static class Task01 implements Runnable {
    public void run() {
        String threadName = Thread.currentThread().getName();
        System.out.println(threadName + "   selfNumber :" + selfNumber.get());
        System.out.println(threadName + "   selfString :" + selfString.get());
        selfNumber.set(3001);
        selfString.set("hello");
        System.out.println(threadName + "   selfNumber :" + selfNumber.get());
        System.out.println(threadName + "   selfString :" + selfString.get());
    }
}

private static class Task02 implements Runnable {
    public void run() {
        String threadName = Thread.currentThread().getName();
        System.out.println(threadName + "   selfNumber :" + selfNumber.get());
        System.out.println(threadName + "   selfString :" + selfString.get());
        selfNumber.set(8002);
        selfString.set("world");
        System.out.println(threadName + "   selfNumber :" + selfNumber.get());
        System.out.println(threadName + "   selfString :" + selfString.get());
    }
}
```

备注

该示例的完整代码请参考本书示例项目 5。

可以得到图 4.9 所示的运行结果。可见，上述三个线程的操作互不干扰。

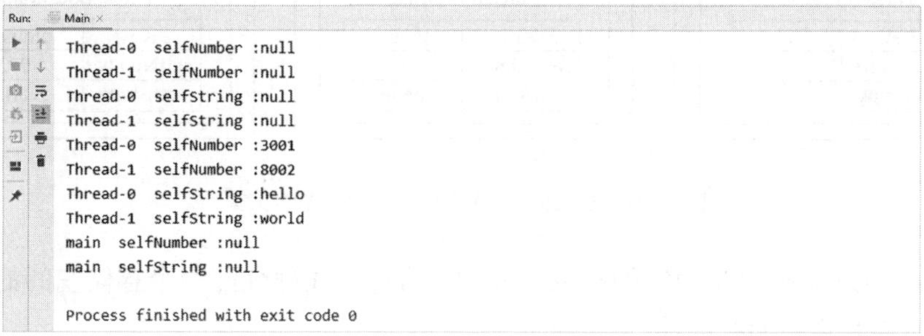

```
Run:    Main ×
        Thread-0 selfNumber :null
        Thread-1 selfNumber :null
        Thread-0 selfString :null
        Thread-1 selfString :null
        Thread-0 selfNumber :3001
        Thread-1 selfNumber :8002
        Thread-0 selfString :hello
        Thread-1 selfString :world
        main  selfNumber :null
        main  selfString :null

        Process finished with exit code 0
```

图 4.9　示例结果

经过 ThreadLocal 包装的对象会被线程独享是因为每个线程都有一个独有的空间，经过 ThreadLocal 包装的对象会被放入这个空间中。这个独有的空间是 Thread 类的一个属性，叫作 ThreadLocalMap。当我们为某个线程写入任意的 ThreadLocal 变量时，该变量的名和值会作为 Map 的键和值存储到线程的 ThreadLocalMap 属性中。

通过 ThreadLocal 的源码可以看到变量的名和值在 ThreadLocalMap 中存储的情况。下面为 ThreadLocal 的 get 方法的源码。

```
/**
 * 获取当前线程的 ThreadLocal 的值
 */
public T get() {
    // 获取当前线程
    Thread t = Thread.currentThread();
    // 读取当前线程对应的 ThreadLocalMap
    ThreadLocalMap map = getMap(t);
    if (map != null) {
        // 读取变量名对应的值
        ThreadLocalMap.Entry e = map.getEntry(this);
        if (e != null) {
            @SuppressWarnings("unchecked")
            T result = (T)e.value;
            return result;
        }
    }
    return setInitialValue();
}
```

因此，我们可以用图 4.10 表示上面代码中的赋值语句运行结束后，线程与各变量值的关系。

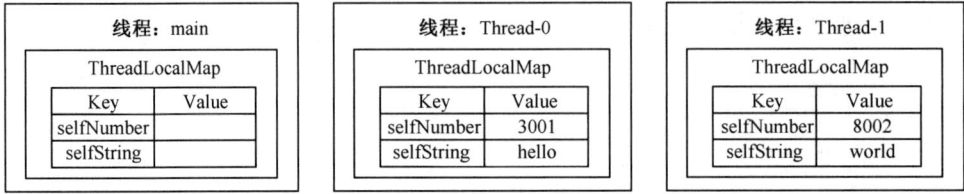

图 4.10　ThreadLocal 中变量与线程的关系

ThreadLocal 实际上是用空间换取时间的。给每个线程分配一个存储空间的方式，避免了线程访问共享资源时的等待。

使用 ThreadLocal 时有一点需要特别注意。每个 ThreadLocal 属于一个线程，而当这个线程被线程池回收时，其 ThreadLocal 不会发生变化。因此，从线程池中取出的线程的 ThreadLocal 并不一定是空的，而可能带有上次运行时的 ThreadLocal 数据。通常，我们需要在从线程池中取出线程后，再对其 ThreadLocal 变量进行一次初始化。

4.2.6　多线程进度协作

多个线程之间不仅需要围绕资源进行协作，还需要进行进度的协作。实现多线程间进度协作的机制是多线程同步机制。通过这一机制，我们可以协调多个线程执行的相对顺序。

图 4.11 所示的同步非常简单，很容易实现。但是，在很多场景下会有一些更为复杂的同步要求，我们简要介绍其中的几种，并给出它们在 Java 中对应的实现类。最后，我们还会介绍实现多线程同步的利器——信号量。

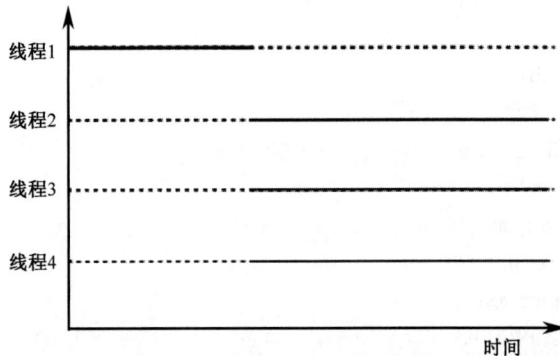

图 4.11　总分式同步示例

1. 分总式同步

图 4.12 展示了分总式同步，即必须要等线程 1、线程 2、线程 3 中运行最慢的一个结束后，才可以运行线程 4。我们将其称为分总式同步，即几个线程均完成工作后，才可以共同触发后续的一个或多个线程开展工作。

图 4.12　分总式同步示例

这是一种非常常见的同步方式，例如，某几个线程分别完成各个部分的工作，等各部分的工作全部完成之后，才能由一个或几个线程进行汇总。

CountDownLatch 类可以帮助我们实现这种多线程同步方式。CountDownLatch 中包含的方法很简单，主要有以下几个。

- CountDownLatch(int count)：该类唯一的构造方法，传入的数字表示需要被计数几次后才能激活特定的线程。
- void await()：调用该方法的线程将会被挂起，直到 CountDownLatch 计数达到指定次数后才会被唤醒。
- boolean await(long timeout, TimeUnit unit)：调用该方法的线程将会被挂起，直到 CountDownLatch 计数达到指定次数或达到 timeout 指定的时间才会被唤醒。
- void countDown()：进行一次计数。
- long getCount()：读取已经计数了多少次。

基于 CountDownLatch 我们可以通过下面的代码实现图 4.12 中的汇总触发式协作。在下面的代码中，我们以 PostTask 线程作为线程 4，将 CountDownLatch 的阈值设为 3，然后启动了三个运行 Task 任务的线程。这样，只有当三个 Task 任务都完成后，PostTask 所在的线程才能被唤醒。

```
public class Main {
    // 设置 CountDownLatch 的计数阈值为 3
    private static CountDownLatch countDownLatch = new CountDownLatch(3);
```

```java
public static void main(String[] args) {
    try {
        // 启动需要被唤醒的线程
        Thread postTaskThread = new Thread(new PostTask());
        postTaskThread.start();
        // 启动三个前置线程
        for (int i = 0; i < 3; i++) {
            Thread thread = new Thread(new Task());
            thread.start();
        }
    } catch (Exception ex) {
        ex.printStackTrace();
    }
}

private static class Task implements Runnable {
    public void run() {
        try {
            String threadName = Thread.currentThread().getName();
            System.out.println(threadName + " starts running.");
            // 睡眠一个随机的时间，模拟线程的执行时间差异
            Thread.sleep((long) (Math.random() * 100));
            countDownLatch.countDown();
            System.out.println(threadName + " completed.");
        } catch (Exception e) {
            e.printStackTrace();
        }
    }
}

private static class PostTask implements Runnable {
    public void run() {
        try {
            String threadName = Thread.currentThread().getName();
            // 挂起，并等待唤醒
            countDownLatch.await();
            // 只有当线程重新被 countDownLatch 唤醒后，才能执行下面的语句
            System.out.println(threadName + " is activated.");
        } catch (Exception e) {
            e.printStackTrace();
        }
    }
}
```

```
        }
    }
```

备注

该示例的完整代码请参考本书示例项目 6。

运行后的结果如图 4.13 所示。

图 4.13　示例代码运行结果

2. 栅栏式同步

在有些场景下，每个线程都有一个栅栏，先运行到栅栏处的线程必须等待，直到运行到栅栏处的线程数达到一定数目时，各个线程才能一起越过栅栏继续运行，如图 4.14 所示。

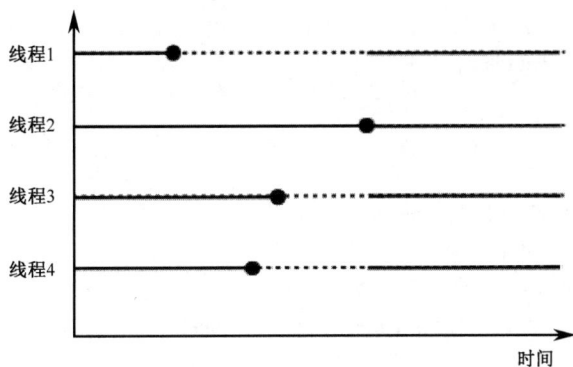

图 4.14　栅栏式同步示例

现实生活中的团购、拼购就是这样的过程，先准备购买的人必须等待。直到要购买的人数达到一定值时，才能作为一批一起购买。

CyclicBarrier 类可以帮助我们完成这种方式的同步。该类的主要方法如下。

- CyclicBarrier(int parties)：构造方法，传入的参数表明必须在栅栏处凑齐 parties 数目的线程后，才会将这些线程放行。

- CyclicBarrier(int parties, Runnable barrierAction)：构造方法，必须在栅栏处凑齐 parties 数目的线程后，才会将这些线程放行，而且凑齐数目的这些线程中的最晚到达的一个线程会在放行前运行一次 barrierAction 操作。
- int await()：当线程到达栅栏时，需要调用该函数表明自身到达栅栏并开始等待。返回值表明线程的到达顺序，最先到达的返回（parties-1），最后到达的一个返回 0。当返回 0 时，也意味着栅栏将要放行了。

我们可以使用 CyclicBarrier 实现图 4.14 中的栅栏式同步。如下面代码所示，必须要凑够 4 个线程才能通过栅栏，而我们开启了 5 个线程，这意味着最晚完成第一阶段的线程将永远无法集齐足够的线程再开启栅栏。另外，我们还在放行栅栏前，给最后到达的线程安排了一个额外的 Action 任务。

```java
public class Main {
    // 每一批次要凑够 4 个线程
    private static CyclicBarrier cyclicBarrier = new CyclicBarrier(4,new Action());

    public static void main(String[] args) {
        try {
            // 我们开启 5 个线程
            for (int i = 0; i < 5; i++) {
                Thread thread = new Thread(new Task());
                thread.start();
            }
        } catch (Exception ex) {
            ex.printStackTrace();
        }
    }

    private static class Task implements Runnable {
        public void run() {
            try {
                String threadName = Thread.currentThread().getName();
                Thread.sleep((long) (Math.random() * 100));
                System.out.println(threadName + " 完成第一阶段工作");
                // 到达栅栏
                System.out.println(threadName + "到达，栅栏倒计数： " + cyclicBarrier.await());
                System.out.println(threadName + " 进入第二阶段工作");
            } catch (Exception e) {
                e.printStackTrace();
            }
        }
    }
}
```

```
private static class Action implements Runnable {
    public void run() {
        try {
            String threadName = Thread.currentThread().getName();
            System.out.println(threadName + " 进行额外任务");
        } catch (Exception e) {
            e.printStackTrace();
        }
    }
}
```

备注

该示例的完整代码请参考本书示例项目 7。

运行后的结果，如图 4.15 所示。

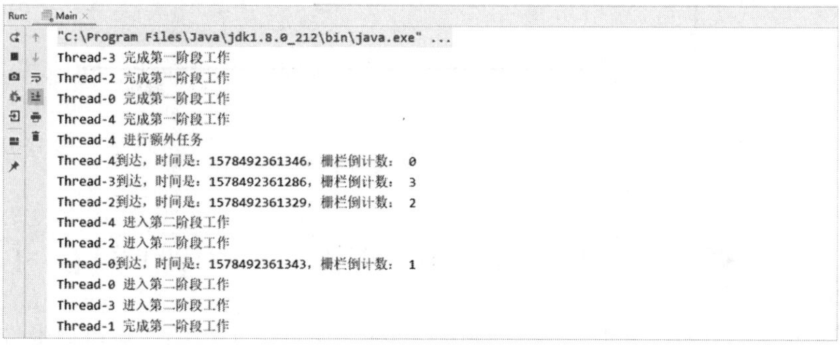

图 4.15　示例代码运行结果

在示例结果中，前 4 个到达栅栏的线程依次是 Thread-3、Thread-2、Thread-0、Thread-4，注意这里要以 cyclicBarrier.await()给出的结果，或者打印出的时间戳为准，而不要以输出到控制台上的顺序为准。这是因为各个线程在到达栅栏并运行 await 方法之后，立刻被挂起了。它们打印到控制台上的"Thread-4 到达，时间是：1578492361346，栅栏倒计数：0"等语句是在它们被同时唤醒时进行的。

这四个线程中最晚到达的 Thread-4 线程还需要执行额外任务，即 Action 类中定义的任务。

所有线程中最晚到达的 Thread-1 在执行完 await 方法之后也被立刻挂起，但再也不会凑够四个线程将其唤醒了。

所以基于 CyclicBarrier，我们可以很方便地实现每凑够固定数目的线程唤醒一批线程的功能。

3. 总分总式同步

总分总式同步是一种非常常见的同步方式，如图 4.16 所示。线程 1 进行的是主任务，然后拆分成为线程 2、线程 3、线程 4 三个子任务并发运行，并发运行结束后，再由总任务继续执行。

基于总分总式同步，我们可以充分利用现代 CPU 的多核性，使用分治法完成一些较为复杂的计算工作。要想基于 Java 快速完成这种形式的同步，可以使用 ForkJoinPool 类。ForkJoinPool 类是在图 4.5 中提及的 AbstractExecutorService 的一个子类。

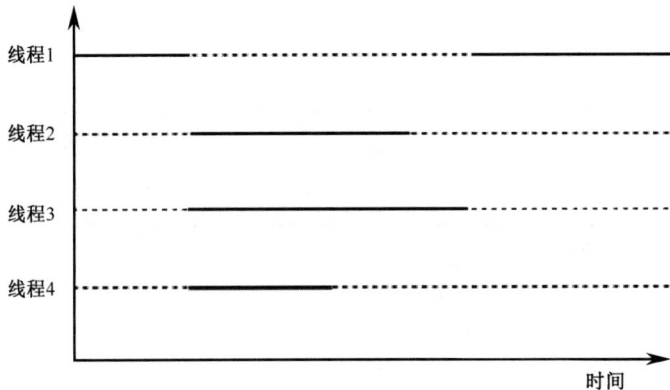

图 4.16　总分总式同步示例

例如，我们想要计算一个数字 n 的阶乘，那我们实际上可以计算 $\prod_1^{\left[\frac{n}{2}\right]} \times \prod_{\left[\frac{n}{2}\right]+1}^{n}$，这样，我们就把一个大的计算拆分为两个小的计算。而这两个小的计算可以继续拆分，直到达到一个可以计算的大小，然后再将所有的结果汇总起来。这其实就是一个分治的过程，ForkJoinPool 可以帮助我们快速完成该过程。

下面展示了基于 ForkJoinPool 实现并发迭代计算 n 的阶乘的源码。

```
public class Main {
    public static void main(String[] args) {
        try {
            // 创建线程池
            ForkJoinPool forkJoinPool = new ForkJoinPool();
            // 计算某个数字的阶乘
            Integer num = 7;
            Future<Integer> result = forkJoinPool.submit(new FactorialCalculator(num));
            System.out.println(num +"! = "+result.get());
        } catch (Exception e) {
            e.printStackTrace();
```

```
        }
    }

    private static class FactorialCalculator extends RecursiveTask<Integer> {
        private static final long serialVersionUID = 1L;
        private static final int THRESHOLD = 2;
        private int start;
        private int end;

        public FactorialCalculator(int end) {
            this.start = 1;
            this.end = end;
        }

        public FactorialCalculator(int start, int end) {
            this.start = start;
            this.end = end;
        }

        @Override
        public Integer compute() {
            String threadName = Thread.currentThread().getName();
            int result = 1;
            if ((end - start) < THRESHOLD) {
                for (int i = start; i <= end; i++) {
                    result *= i;
                }
                System.out.println(threadName + "计算完成[" + start +"," + end+"]之间的乘积,
得到结果为: "+result);
            } else {
                int middle = (start + end) >>> 1;
                // 进行任务的拆分与分别计算
                System.out.println(threadName + "将[" + start +"," + end+"]任务拆分为[" + start
+"," + middle+"] 和 [" +   (middle+1) +"," + end+"] 两个子任务");
                FactorialCalculator leftPartCalculator = new FactorialCalculator(start, middle);
                FactorialCalculator rightPartCalculator = new FactorialCalculator(middle + 1, end);
                leftPartCalculator.fork();
                rightPartCalculator.fork();
                // 合并任务结果
                result = leftPartCalculator.join() * rightPartCalculator.join();
                System.out.println(threadName + "将[" + start +"," + middle+"] 和 [" +
(middle+1) +"," + end+"] 两个子任务的结果进行了合并, 得到[" + start +"," + end+"]之间的乘
```

```
积，得到结果为："+result);
                    }
                    return result;
                }
            }
        }
```

备注

该示例的完整代码请参考本书示例项目 8。

运行后，我们可以得到图 4.17 所示的结果。

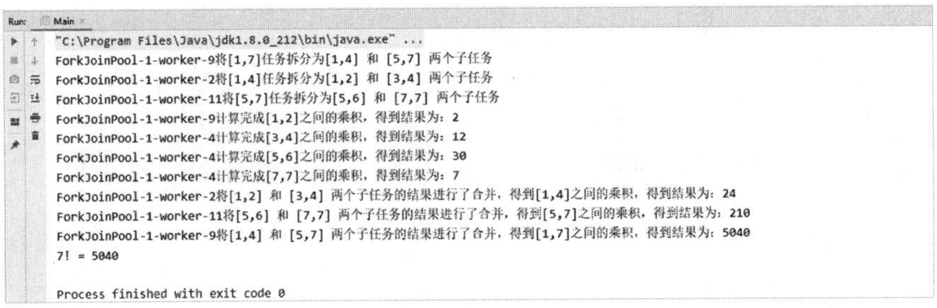

```
Run:  Main
"C:\Program Files\Java\jdk1.8.0_212\bin\java.exe" ...
ForkJoinPool-1-worker-9将[1,7]任务拆分为[1,4] 和 [5,7] 两个子任务
ForkJoinPool-1-worker-2将[1,4]任务拆分为[1,2] 和 [3,4] 两个子任务
ForkJoinPool-1-worker-11将[5,7]任务拆分为[5,6] 和 [7,7] 两个子任务
ForkJoinPool-1-worker-9计算完成[1,2]之间的乘积，得到结果为：2
ForkJoinPool-1-worker-4计算完成[3,4]之间的乘积，得到结果为：12
ForkJoinPool-1-worker-4计算完成[5,6]之间的乘积，得到结果为：30
ForkJoinPool-1-worker-4计算完成[7,7]之间的乘积，得到结果为：7
ForkJoinPool-1-worker-2将[1,2] 和 [3,4] 两个子任务的结果进行了合并，得到[1,4]之间的乘积，得到结果为：24
ForkJoinPool-1-worker-11将[5,6] 和 [7,7] 两个子任务的结果进行了合并，得到[5,7]之间的乘积，得到结果为：210
ForkJoinPool-1-worker-9将[1,4] 和 [5,7] 两个子任务的结果进行了合并，得到[1,7]之间的乘积，得到结果为：5040
7! = 5040

Process finished with exit code 0
```

图 4.17　示例代码运行结果

可见我们基于 ForkJoinPool 将一个任务拆分成了多个子任务进行了并行计算，然后又将并行计算的结果进行了汇总。这就是一个总分总式同步的过程。

4. 信号量

在多线程的进度协作中，最强大和灵活的类应该是信号量 Semaphore 了。信号量 Semaphore 维护了一个许可集合，每个线程可以向 Semaphore 中释放许可，也可以从 Semaphore 中申请许可。如果一个线程没有申请到自己需要的许可数目，则这个线程会被挂起。直到该线程被分配到足够的许可时才会被唤醒，然后继续运行。

我们用 S 来表示信号量中许可的数目，则恒有 $S \geqslant 0$。通过信号量 Semaphore 中许可数目 S 的增减，多个线程间可以实现同步。

Semaphore 类的常用方法如下。

- Semaphore(int permits)：构造方法，用来创建一个带有 permits 个初始许可的信号量。
- void acquire(int permits)：线程调用该方法，该操作会从信号量中取走 permits 个许可。如果当前的许可不足 permits 个，则线程会被挂起，直到存在足够多的许可分配给它时，它才会唤醒。
- void release(int permits)：线程调用该方法，向信号量增加 permits 个许可。

另外，Semaphore 类还支持非阻塞的许可获取和释放方法，也支持设置许可发放规则等。

基于信号量可以很方便地实现图 4.18 所示的生产者消费者协作。只要让生产者线程负责生产许可，消费者线程负责消费许可即可。

然而信号量的功能不仅如此，基于信号量可以实现分总式同步、栅栏式同步、总分总式同步等上述所述的各种同步方式，以及一些更为复杂的同步，从而完成各种进度协作。

不仅如此，基于信号量也能实现资源协作。这是因为信号量本身就是为解决包括资源协作和进度协作在内的并发协作问题而设计的。

图 4.18　生产者消费者式协作示例

信号量的概念由荷兰计算机科学家艾兹赫尔·戴克斯特拉（Edsger W. Dijkstra）提出，他还给出了信号量的两种操作。

- P 操作：获取一个许可，即令 $S=S-1$。注意，P 操作可以执行的条件是执行结束后 $S \geq 0$，否则 P 操作执行失败。试图进入临界区的线程需要执行 P 操作，如果执行成功，则线程可以正常进入临界区；否则线程进入等待队列，直到被分配到许可后才能正常进入临界区。

- V 操作：释放一个许可，即令 $S=S+1$。如果等待队列中存在线程，可以将该许可分配给等待线程。

通过 PV 操作我们可以实现线程间的互斥，如图 4.19 所示。通过 PV 操作我们也可以实现线程间的触发，如图 4.20 所示（在线程 1 已经被挂起的情况下，图中线程 2 在进行 V 操作的瞬间释放了许可，这会导致线程 1 的 P 操作成功，即唤醒了线程 1，于是线程 1 会从 P 操作处继续向下执行）。既然能够实现线程间的互斥与触发，则资源协作和并发协作问题都可以实现。

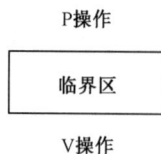

图 4.19　PV 操作实现的线程间互斥　　　　图 4.20　PV 操作实现的线程间触发

可见信号量和 PV 操作是实现线程间协作的利器。

备注

　　互斥锁其实是信号量的特殊形式。当一个信号量只包含 1 个许可时，那么这个信号量就是锁。哪个操作方获取了唯一的许可，就获取了锁。

　　而 Java 中的 Semaphore 类则支持更为灵活的 PV 操作，它允许一次向信号量申请和释放多个许可。

　　下面的代码展示了基于 Semaphore 类实现的较为复杂的多线程协作。

```java
public class Main {
    // 假设初始时存在 0 个许可
    private static Semaphore semaphore = new Semaphore(0);

    public static void main(String[] args) {
        try {
            // 生产许可和释放许可数目不同的 6 个线程
            ExecutorService executorService = Executors.newCachedThreadPool();
            executorService.execute(new RunDemo(1, 2));
            executorService.execute(new RunDemo(0, 4));
            executorService.execute(new RunDemo(3, 4));
            executorService.execute(new RunDemo(2, 0));
            executorService.execute(new RunDemo(0, 1));
            executorService.execute(new RunDemo(2, 1));
            executorService.shutdown();
        } catch (Exception e) {
            e.printStackTrace();
        }
    }

    static class RunDemo implements Runnable {
```

```
            private Integer inputCount;
            private Integer outputCount;

            public RunDemo(Integer inputCount, Integer outputCount) {
                this.inputCount = inputCount;
                this.outputCount = outputCount;
            }

            @Override
            public void run() {
                try {
                    String threadName = Thread.currentThread().getName();
                    // 必须获取到足够的许可，线程才能开展工作
                    semaphore.acquire(inputCount);
                    System.out.println(threadName + "获取" + inputCount + "个许可开始工
作……");

                    Thread.sleep((long) (Math.random() * 10));
                    // 必须通过 semaphore.availablePermits()+outputCount 计算该线程释放后的
总闲置许可数目，因为释放的瞬间可能会被其他线程 acquire 走
                    System.out.println(threadName + "完成工作释放" + outputCount + "个许可,当
前共有" + (semaphore.availablePermits() + outputCount) + "个可给出的许可。");
                    // 工作结束后释放一些许可
                    semaphore.release(outputCount);
                } catch (Exception ex) {
                    ex.printStackTrace();
                }
            }
        }
    }
```

备注

该示例的完整代码请参考本书示例项目 9。

　　在上面代码中，各个线程都需要一定量的许可才能进行工作，而在工作结束后也会
释放一定量的许可。多个线程可以基于 Semaphore 类中许可数目的变化进行协作。图 4.21
给出了上述代码的运行结果。

　　上述操作已经十分复杂，但只用了一个信号量。我们可以使用多个信号量，实现一
些更为复杂的协作。

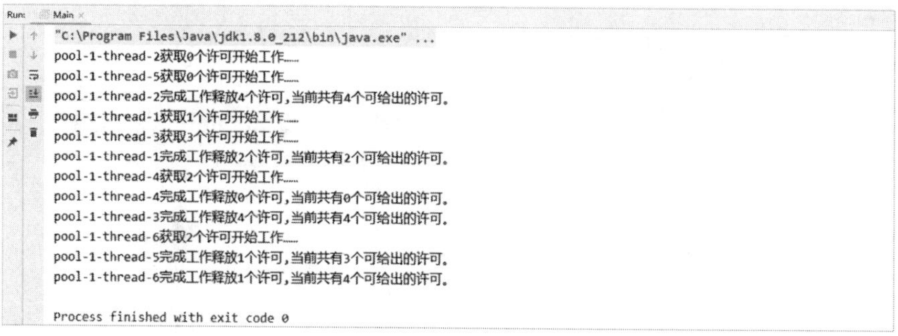

图 4.21　示例代码运行结果

4.3　多协程

同一进程内的线程进行切换时，也会存在一些开销。例如，在 Linux 中进行线程切换时，Linux 也需要进入内核态，然后对寄存器、程序计数器、线程栈等进行切换。那有没有比线程切换开销更低的并行或者并发方式呢？

答案是肯定的。这种机制叫作多协程或者多纤程。多协程是一种更为轻便高效的提升 CPU 利用率的机制。

多协程的工作方式就像是一段程序中存在两个方法，当一个方法被阻塞时，我们可以执行另一个方法。而这两个方法都在同一个线程中，它们之间的切换就像是语句之间的跳转，不需要额外的切换成本。

例如，我们可以使用 Python 实现多协程操作，如下面的代码所示。在这段代码中，我们模拟了两个工作协同推进的过程。leftForward 和 rightForward 这两个函数会在总步数 stepsLimit 的限制下依次向前推进。一方阻塞，则另一方执行。在推进的过程中，两者的最大差值由 stepsDifference 定义。

```python
leftSteps=0 # 左侧起始步数
rightSteps=0 # 右侧起始步数
stepsLimit=10 # 总步数限制
stepsDifference=2 # 左右步数允许的最大差值

def leftForward():
    global leftSteps
    while True:
        print("left forward ... ...")
        while leftSteps < rightSteps + stepsDifference and leftSteps < stepsLimit:
            leftSteps = leftSteps + 1
            print("left steps: ",leftSteps)
```

```
            yield

def rightForward(c):
    global rightSteps
    while rightSteps < stepsLimit or leftSteps < stepsLimit:
        print("right forward ... ...")
        while rightSteps < leftSteps + stepsDifference and rightSteps < stepsLimit:
            rightSteps = rightSteps + 1
            print("right steps: ",rightSteps)
        c.send(None)
    c.close()


if __name__=='__main__':
    print("BEGIN")
    c = leftForward()
    rightForward(c)
    print("FINISHED")
```

备注

该示例的完整代码请参考本书示例项目 10。

在 leftForward 和 rightForward 这两个函数中，每个函数都会在自身工作受到制约时把 CPU 交给对方。从而实现在不切换线程的情况下，由这两个函数协作占用 CPU。图 4.22 展示了上述代码的运行结果。

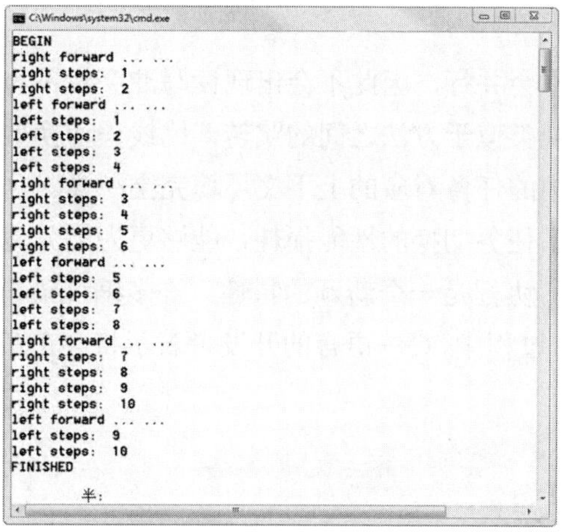

图 4.22　程序运行结果

在上述代码中，方法 rightForward 调用了方法 leftForward，但是 leftForward 却不是 rightForward 的子函数，因为子函数会在调用一次后返回。方法 rightForward 和方法 leftForward 虽然在书写上有先后，在调用上有主次，但在执行时却像是两个并列的函数，交替执行。这个过程如图 4.23 所示。

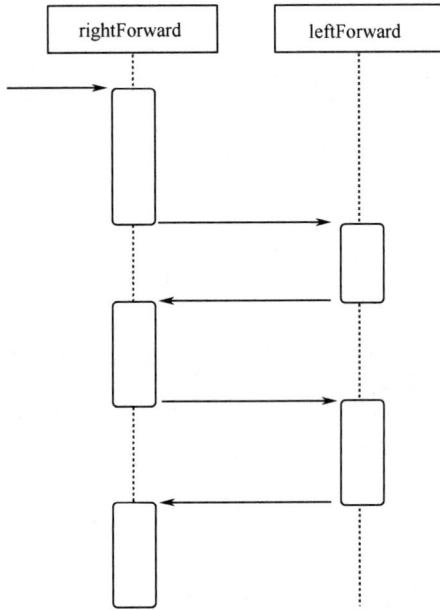

图 4.23　多协程工作过程

因此，多协程的执行过程是并发的，在某些情况下和线程类似，但是有以下不同点。

- 多个协程一定是并发的而不是并行的。因此，同一个线程内的协程只会在一个核中交替执行。
- 因为多个协程不会并行，因此不会出现读写冲突，不需要各种锁机制。
- 协程之间的切换类似于方法之间的跳转，比线程切换效率高很多。
- 处在不同协程中的任务对应的上下文环境完全一样。

多协程进一步减少了任务切换的性能损耗，能够更为充分地利用 CPU 核内时间片。

相比于进程和线程，协程是一个新颖的特性，许多编程语言尚不支持，也正在陆续引入该特性。在本书写作过程中，C++语言的开发者表示将会在最新的编程语言标准 C++ 20 中支持协程。

4.4　运算并发总结

至此，我们已经对实现运算并发的三种主要手段进行了介绍。它们三者是图 4.24 所示的嵌套关系。

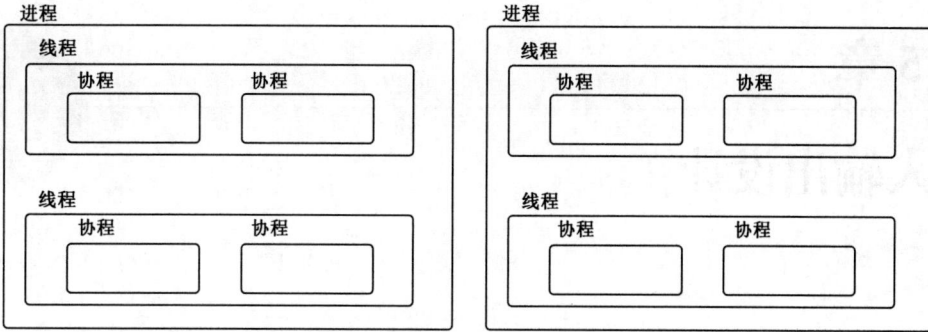

图 4.24　多进程、多线程、多协程的关系

这三种方式都能够提升运算并发，进而提升系统的运行效率。我们可以通过下面的方法进行选择。

- 　对需要利用多核性能又想实现资源完全隔离的情况，则选择多进程。
- 　对需要利用多核性能但不需要实现资源完全隔离的情况，则选择多线程。
- 　对希望提升核内 CPU 利用率的情况，则选择多协程。

第 5 章
输入输出设计

在计算机系统中，相较于 CPU 的高速运算，输入输出操作的速率是比较低的。而在软件系统中也是如此，在系统处理较多的读写类任务时，输入输出操作可能成为系统性能的瓶颈。

然而，受到物理因素的制约，读写操作的速率提升有限。因此，在软件架构中，主要对输入输出操作进行协调，以降低输入输出操作对其他操作的影响。这种协调就体现在不同的输入输出模型的选择上。

在这一节，我们将详细介绍各种输入输出模型的工作特性，并为软件架构中的输入输出模型选择提供指导。

5.1 概念梳理

在对输入输出模型进行探讨时，多从同步与异步、阻塞与非阻塞两个维度对输入输出模型进行分类。在了解不同的输入输出模型之前，我们先介绍下同步与异步、阻塞与非阻塞这两个概念。

5.1.1 同步与异步

同步与异步指的是调用方和被调用方之间的消息通信机制。如果调用方调用某个操作，直到操作结束时调用方才能获得一个包含结果的回答，那么这个操作就是同步的。如果调用方调用某个操作，被调用方立刻给出一个不包含结果的回应，然后等被调用方得到结果时再主动通知调用方，那么这个操作就是异步的。

例如，我们到餐馆就餐时询问服务员是否可以就餐。如果服务员听到后不理我们，直到出现空位时才回答道"您现在可以就餐了"，这个等位服务就是同步的。如果服务员听到后立刻回应我们说"等下有位置时通知您"，然后等出现位置时主动通知我们，这个等位服务就是异步的。

同步的服务是通过"询问—回答"的形式完成的，询问和回答这两者间的时间跨度可能很长，因为被调用方需要在这段时间内完成具体的操作，如图 5.1（左）所示。

异步的服务则是通过"询问—回应—通知"的形式完成的，询问和回应这两者之间的时间跨度很短，因为被调用方回应某个操作只代表它接收到了操作的请求，而不代表完成了操作。而且，在通信可靠的情况下，回应还可以省略。询问和通知这两者之间的时间跨度可能很长，因为被调用方需要在这段时间内完成具体的操作，如图 5.1（右）所示。

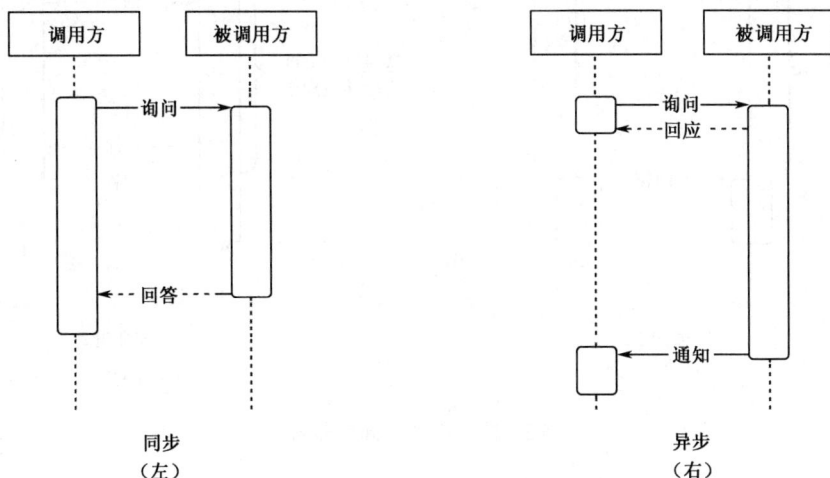

图 5.1　同步与异步

5.1.2　阻塞与非阻塞

阻塞与非阻塞的区别在于调用方在调用操作之后、得到回应或回答之前所处的状态。如果调用方调用操作后、得到回应或回答之前被挂起，那么调用方调用的这个操作就是阻塞的。如果调用方调用操作后、得到回应或回答之前是活跃的，那么调用方调用的这个操作就是非阻塞的。

例如，我们向服务员询问是否可以立刻就餐之后，立刻陷入昏睡状态，直到服务员回应或回答后才能再度清醒过来，那么这个等位操作就是阻塞的。如果我们询问之后，在服务员回应或回答之前，我们可以四处走动、打电话及做一些其他事情，那么这个等位操作就是非阻塞的。

同步与异步、阻塞与非阻塞这两类定义的划分维度不同。同步与异步关注的是消息通信机制，而阻塞与非阻塞关注的是调用方的状态。

如果一个操作是同步阻塞的，那么调用方调用这个服务后会被挂起，被调用方直到操作完成后才会将结果回答给调用方。直到收到被调用方回答的结果后，调用方才会被激活。整个过程如图 5.2（左）所示。

如果一个操作是同步非阻塞的，那么调用方调用这个服务后不会被挂起，而是可以转而进行其他的操作。例如，调用方进行一段时间的其他操作之后，通过继续调用的方式获取结果，如图 5.2（右）所示。

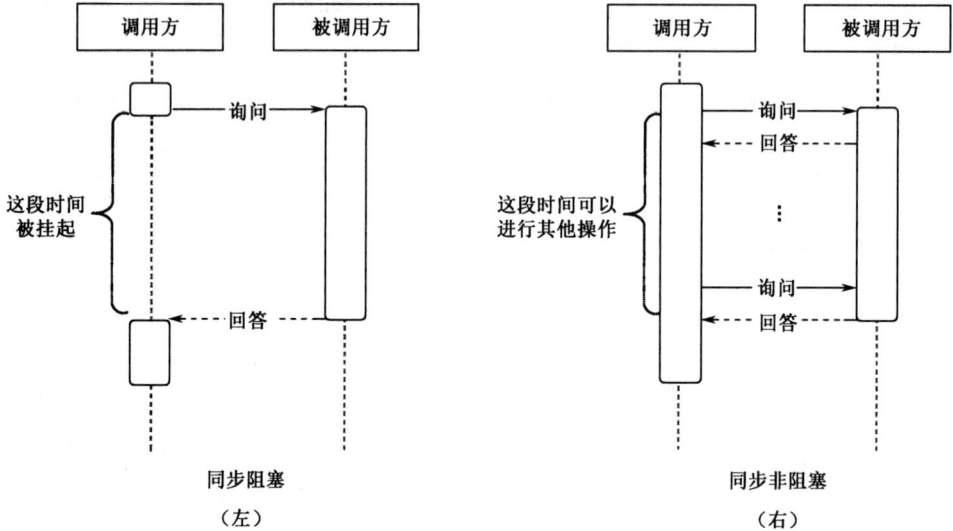

图 5.2 同步阻塞与同步非阻塞

对于异步操作而言，讨论阻塞和非阻塞则没有太大意义。因为异步操作的请求会被立刻回应，只是这个回应只代表请求被接收而不包含操作的结果。无论是阻塞还是非阻塞，调用方拿到回应之后便可以进行其他工作，直到收到结果回调时再处理操作结果即可。所以，当我们提及"阻塞式 IO"时便是指"同步阻塞式 IO"，当我们提及"非阻塞式 IO"时就是指"同步非阻塞式 IO"。

5.2 IO 模型

通常，我们会使用"同步阻塞""同步非阻塞""异步"等词组来描述一个 IO 接口的工作特性。例如，"同步非阻塞式 IO"。但确切来说，这些描述并不完全恰当，容易引起一些歧义，这要从 IO 模型说起。

在最原始的 IO 编程中，我们需要直接操作输入输出接口，又叫作面向接口编程。在发送数据时，程序需要控制接口将数据发出，在接收数据时，程序需要时刻监听接口的结果。整个过程如图 5.3 所示。

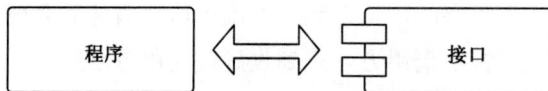

图 5.3 直接操作接口的 IO 模型

但是图 5.3 所示的结构过于基础，现在只存在于一些初级的硬件系统中。例如，一些不带有嵌入式系统的单片机。

在我们平时接触的软硬件系统中，不再是面向接口编程，而是面向缓存编程。当我们发送数据时，只需要把数据写入到输出缓存中即可，底层软硬件会帮助我们将缓存中的数据通过接口发送出去；当我们接收数据时，只需要从输入缓存读取数据即可，而不需要直接操作接口数据传输到缓存的这一过程。

于是，IO 操作演变为图 5.4 所示的模型。

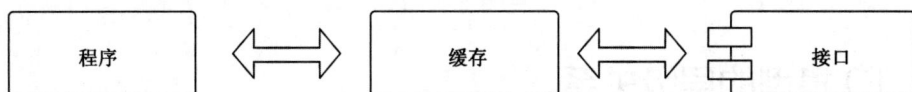

图 5.4　操作缓存的 IO 模型

在存在缓存的 IO 模型中，数据读写操作被划分为两个阶段。对于数据接收而言，这两个阶段是数据从接口到 IO 缓存、数据从 IO 缓存到程序内存。对于数据发送而言，这两个阶段是数据从程序内存到 IO 缓存、数据从 IO 缓存到接口。

接下来我们将在图 5.4 所示的 IO 模型的基础上，以数据接收为例讨论不同的 IO 类型。对于数据发送而言，只是两个阶段的顺序和数据流向不同。

为了便于表述，我们将数据从接口到 IO 缓存的阶段称为接收阶段，将数据从 IO 缓存到程序内存的阶段称为复制阶段。

虽然被划分为两个阶段，但这两个阶段会被连续触发，即复制阶段并不需要单独触发，而是紧跟在接收阶段后面执行即可。例如，在 UNIX 系统中，recvfrom 函数会先触发接收阶段，接收阶段结束后会自动进入复制阶段，如图 5.5 所示。

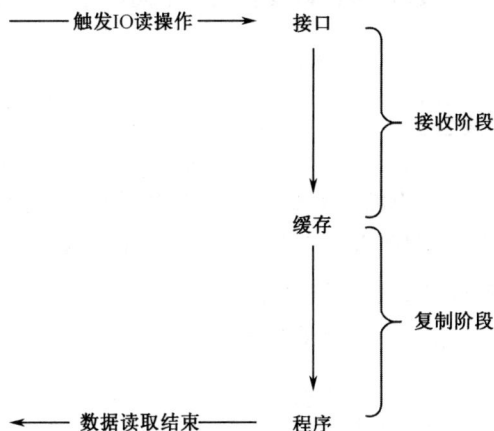

图 5.5　IO 读操作的阶段划分

这在用户看来，是一个 recvfrom 函数完成了接收和复制的两个阶段。而事实上，接收阶段和复制阶段对应的同步异步情况、阻塞非阻塞情况都是不同的。这也正是无法使用是否阻塞、是否同步这两个维度准确划分 IO 操作的原因。

上述两个阶段中，接收阶段取决于外部输入情况，这个过程往往是相对较长的，因此可能需要调用方等待。在这个等待的过程中，根据 IO 模型的不同可能阻塞调用方，也能不阻塞调用方，这是区分 IO 模型非常关键的一点。复制阶段不取决于外部输入情况，是一个相对快速的内部操作，这个过程是否阻塞与模型的具体实现和设置相关，不是区分 IO 模型的关键。

5.3　IO 模型的层级关系

我们可能在操作系统、编程语言、应用程序中都听说过 BIO、NIO 等特性，这实际是 IO 模型在不同层级的体现。

操作系统、编程语言、应用程序，三者的层级由下到上，如图 5.6 所示，下层是上层的基础。当下层实现了某种 IO 模型时，上层则可以直接调用下层模型，或者改进后获得某种模型。

以阻塞式 IO 模型为例，UNIX 实现了阻塞式 IO 模型，则 Java 可以直接调用 UNIX 的阻塞式 IO 功能。Tomcat（基于 Java 开发）则可以在 Java 提供的工具包基础上以阻塞式 IO 的形式接收外部 HTTP 请求。它们都是阻塞式 IO 模型在不同层级的实现。

图 5.6　IO 模型的层级关系

接下来我们介绍常见的 IO 模型，以及它们在不同层级的实现和使用。

5.4　阻塞式 IO 模型

阻塞式 IO（Blocking IO，BIO）是最为常见的 IO 模型，它是同步的、阻塞的。

调用方调用 IO 操作后，调用方线程会被挂起。直到数据接收阶段、复制阶段全部完成后，调用方线程才会被唤醒。整个过程如图 5.7 所示。

在操作系统层级，默认的 IO 操作通常都是阻塞式 IO。例如，UNIX 的所有套接字在默认情况下是阻塞的。

在编程语言层级，默认的 IO 操作也多是阻塞式 IO。在 Java 语言中，这些操作函数位于 java.io 包中。例如，FileInputStream 中的 read 方法，通过它的注释我们可以看出，在没有接收完输入数据时，该方法会使调用方的线程阻塞。

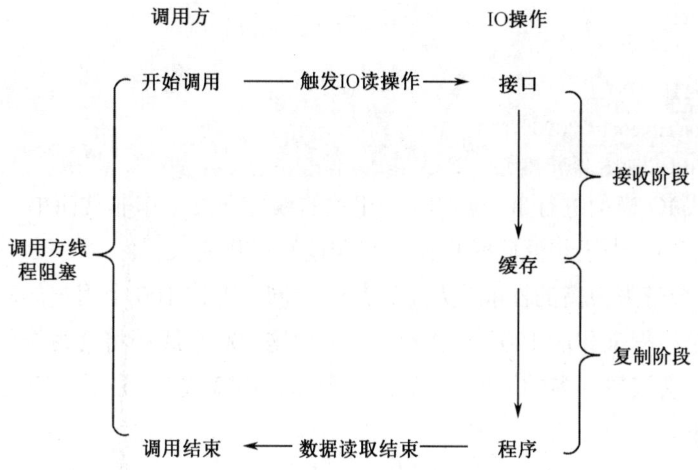

图 5.7　阻塞式 IO 模型

```
/**
 * Reads a byte of data from this input stream. This method blocks
 * if no input is yet available.
 *
 * @return        the next byte of data, or <code>-1</code> if the end of the file is reached.
 * @exception    IOException    if an I/O error occurs.
 */
public int read() throws IOException {
    return read0();
}
```

基于阻塞的 IO 操作函数，我们可以实现阻塞的 IO 操作。例如，下面的代码便用阻塞式 IO 模型实现 port 端口的数据接收。

```
try (ServerSocket serverSocket = new ServerSocket(port)) {
    Socket socket = serverSocket.accept();
    BufferedReader bufferedReader = new BufferedReader(new InputStreamReader(socket.getInputStream()));
    bufferedReader.lines().forEach(System.out::println);
} catch (IOException e) {
    e.printStackTrace();
}
```

备注

该示例的完整代码请参考本书示例项目 11。

在应用程序层级，也常常将阻塞式 IO 模型作为默认的 IO 模型。例如，Tomcat 默认的 IO 类型就是阻塞式 IO，其配置如下所示。

```
<Connector
port="8080"
protocol="HTTP/1.1"
connectionTimeout="20000"
redirectPort="8443" />
```

基于阻塞式 IO 模型进行 IO 操作时，相关的编程开发工作非常简单。我们可以在程序中调用读写语句，当语句返回时也便意味着读写操作完成了。

阻塞式 IO 会带来很高的性能损耗。试想一个同时连接 100 个用户的聊天系统，则必须要设立 100 个线程来和这 100 个 IO 对接。维护这 100 个线程将会占据巨大的内存，而线程间的切换也会浪费许多的 CPU 时间片。所以，阻塞式 IO 只适合应用在输入输出操作较少的场景下。

5.5 非阻塞式 IO 模型

非阻塞式 IO（Non-blocking IO，NIO）模型在接收阶段是非阻塞的。调用方发起 IO 操作时，无论接收阶段是否完成，IO 操作会立刻给出一个回应，而不是将调用方挂起。这样，调用方就可以通过不断地轮询来判断接收过程是否完成，并且可以在轮询的间隙展开其他操作。

如果接收阶段完成，则会进入复制阶段。因此，非阻塞式 IO 模型如图 5.8 所示。

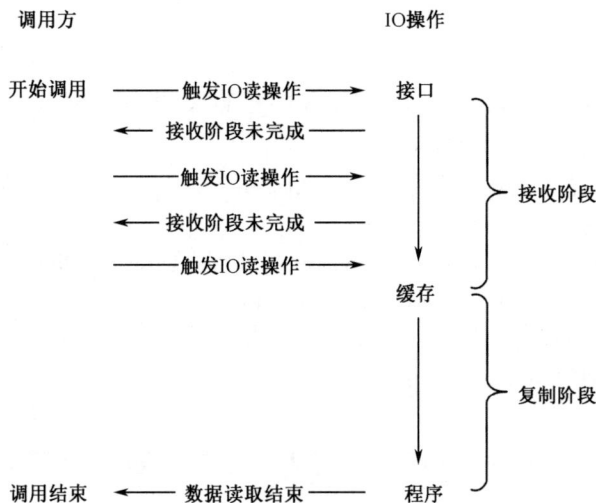

图 5.8　非阻塞式 IO 模型

在 UNIX 系统中，可以通过将套接字设置为非阻塞的方式，将阻塞式 IO 模型修改为非阻塞式 IO 模型。这样，当调用方调用 IO 操作，而接收阶段未完成时，IO 操作将返回一个 EWOULDBLOCK 错误，而不是将调用方线程挂起。调用方只要接收到该错误，则知道接收阶段尚未完成，可随后再次轮询触发。

非阻塞式 IO 使得调用方可以在 IO 操作时进行一些其他的工作，避免了频繁地切换线程。但事实上，调用方需要不断轮询，因而很难开展其他工作，而且轮询会带来性能的浪费，因此非阻塞式 IO 模型并不常用，而是常作为后面几种模型的基础。

5.6 信号驱动式 IO 模型

在非阻塞式 IO 模型中，我们需要对接收阶段不断轮询，比较消耗性能。信号驱动式 IO 模型是指监听接收阶段进度的过程是异步的。当监听函数监听的 IO 操作中有一个或者多个的接收阶段完成时，监听函数将通知调用方，如图 5.9 所示。

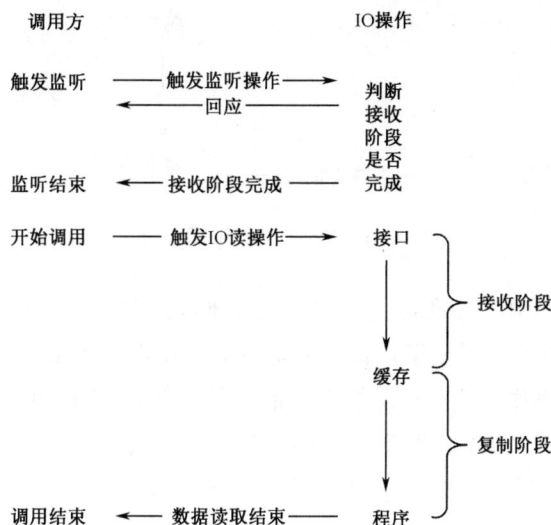

图 5.9　信号驱动式 IO 模型

信号驱动式 IO 模型和非阻塞式 IO 模型十分类似。非阻塞式 IO 模型是同步非阻塞的，需要调用方轮询，而信号驱动模型是异步的，需要调用方设置回调函数。

信号驱动式 IO 模型也不常用，常作为后面几种模型的基础。

5.7 复用式 IO 模型

在非阻塞式 IO 模型中，我们需要花费大量时间来轮询接收阶段是否完成。直到接收阶段完成后，复制阶段才会展开。那么我们能不能在非阻塞式 IO 操作前再加一个监听操作（在系统、语言、应用等各个层级，通常对应了 select 函数）。该操作可以是阻塞的，它返回时意味着对应的 IO 操作的接收阶段完成了。在监听操作成功返回后，调用方可以直接调用 IO 操作，而不需要再轮询接收阶段的状态，整个过程如图 5.10 所示。

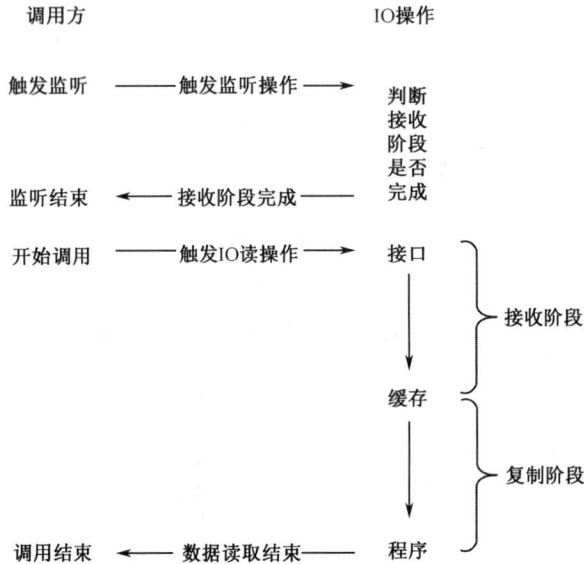

图 5.10　带监听的非阻塞式 IO

显然，上述监听操作的引入毫无意义。它将非阻塞的 IO 再次变成了阻塞式 IO。与最基本的阻塞式 IO 不同，仅在于它将阻塞阶段从接收阶段前移到了监听阶段。

但是，如果监听操作每次可以监听多个而不是一个 IO 操作时，上述改进则变得很有意义。调用方可以将多个 IO 操作委托给一个监听函数，然后调用方线程被阻塞。当多个 IO 操作中有一个或多个接收阶段完成时，调用方线程便被唤醒。这时，调用方可以直接操作接收阶段已完成的 IO，这就是复用式 IO 模型。

在实现上，复用式 IO 模型可以在非阻塞式 IO 模型的基础上实现，即监听函数不断轮询 IO 操作的接收阶段状态；也可以基于信号驱动式 IO 模型实现，即让 IO 操作的接收阶段完成后通知监听函数。但无论采用哪种具体实现，IO 操作的调用方只需要调用监听函数和等待监听函数的返回结果。

复用式 IO 模型是同步阻塞的。但是调用方阻塞在了多个 IO 操作上，而不是一个 IO 操作上。这样，一个调用方线程便可以监听和处理多个 IO 操作，如图 5.11 所示，而不像 5.4 节所述的阻塞式 IO 模型那样，每个线程只能处理一个 IO 操作。

在 UNIX 中，调用方可以将多个 IO 操作委托给 select 函数。该函数是阻塞的，它会帮我们监听各个 IO 操作的接收阶段是否完成，并在有 IO 操作的接收阶段完成时唤醒调用方处理。

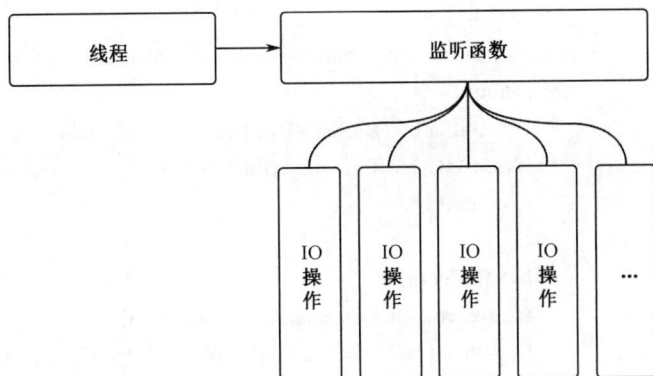

图 5.11　监听函数与 IO 操作的关系

　　Java1.4 版本引入了复用式 IO 模型，相关实现类放在 java.nio 包中。这里有两点需要说明。首先，在众多层级中，我们常说的非阻塞式 IO（NIO）实际上是指复用式 IO 模型，而 5.5 节中所述的非阻塞式 IO 模型因为轮询的存在，应用价值不大，很少被单独使用。其次，Java 的 java.nio 包的 nio 有 New IO 之意，而不是单指 Non-blocking IO，所以我们会看到下面介绍的 AIO 的相关实现类也存放在 java.nio 包中。

　　基于 java.nio 中的相关类，我们可以使用复用式 IO 模型实现 port 端口的数据接收，如下面代码所示。

```java
try (Selector selector = Selector.open();
    ServerSocketChannel serverSocketChannel = ServerSocketChannel.open()) {
    // 设置为非阻塞模式
    serverSocketChannel.configureBlocking(false);
    ServerSocket serverSocket = serverSocketChannel.socket();
    InetSocketAddress inetSocketAddress = new InetSocketAddress(port);
    serverSocket.bind(inetSocketAddress);
    // 注册监听
    serverSocketChannel.register(selector, SelectionKey.OP_ACCEPT);
    while (true) {
        selector.select();
        Set<SelectionKey> selectionKeys = selector.selectedKeys();
        Iterator<SelectionKey> iterator = selectionKeys.iterator();
        while (iterator.hasNext()) {
            SelectionKey key = iterator.next();
            if (key.isAcceptable()) {
                ServerSocketChannel scc = (ServerSocketChannel) key.channel();
                SocketChannel socketChannel = scc.accept();
                socketChannel.configureBlocking(false);
                socketChannel.register(selector, SelectionKey.OP_READ);
            } else if (key.isReadable()) {
```

```
        // 读取端口数据
        SocketChannel socketChannel = (SocketChannel) key.channel();
        while (true) {
            ByteBuffer byteBuffer = ByteBuffer.allocate(1024);
            if (socketChannel.read(byteBuffer) <= 0) {
                break;
            }
            byteBuffer.flip();
            Charset charset = StandardCharsets.UTF_8;
            System.out.print(charset.newDecoder().decode(byteBuffer).toString());
        }
    }
    iterator.remove();
    }
    }
} catch (IOException e) {
    e.printStackTrace();
}
```

备注

该示例的完整代码请参考本书示例项目 11。

Tomcat 基于 Java 的 java.nio 包，也实现了复用式 IO 模型。通过下面的设置，我们可以在 Tomcat 中使用复用式 IO 模型。

```
<Connector
port="8080"
protocol="org.apache.coyote.http11.Http11NioProtocol"
connectionTimeout="20000"
redirectPort="8443" />
```

再一次说明，Java 和 Tomcat 中所讲的 NIO 其实都是复用式 IO 模型而不是 5.5 节所述的非阻塞式 IO 模型。

相比于阻塞式 IO 模型，复用式 IO 模型可以使用一个线程处理多路 IO 操作，极大地节约了线程资源。在项目架构设计中，我们可以考虑使用复用式 IO 模型代替阻塞式 IO 模型，这在系统性能上会带来明显提升。

5.8 异步式 IO 模型

信号驱动式 IO 模型和复用式 IO 模型引入了一个监听操作来帮助我们完成接收阶段进度的判断，当某个 IO 操作的数据接收阶段完成后，监听函数会通知或者唤醒调用方。而调用方接到通知或唤醒后要做的工作便是触发 IO 操作，整个过程如图 5.8 或图 5.9 所示。

　　既然调用方在被唤醒或触发后，必然要触发 IO 操作，那么监听函数直接触发 IO 操作即可，没有必要非得交给调用方来完成。

　　于是，整个操作变得更为简单。要进行 IO 操作时，调用方触发监听函数。监听函数监听接收阶段的状态，并在接收阶段完成后触发 IO 操作，直到 IO 操作全部结束后再通知调用方。这样的过程就是异步式 IO 模型（Asynchronous IO，AIO）的操作过程，如图 5.12 所示。

　　在 UNIX 中，aio_read 等函数可以执行异步式 IO 操作。

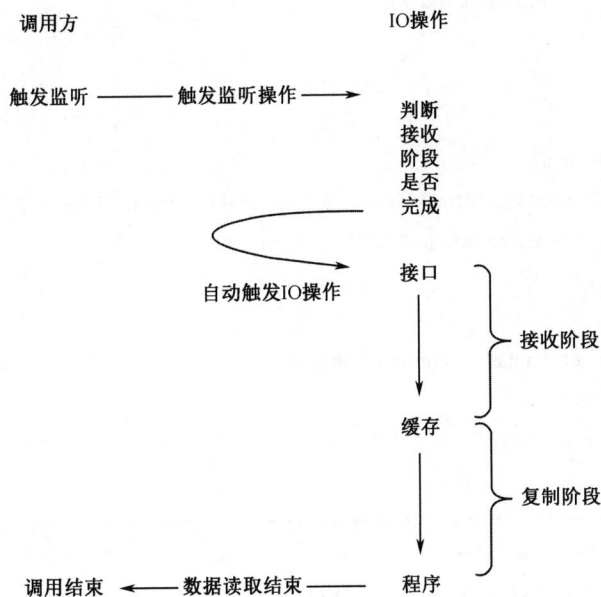

图 5.12　异步式 IO 模型

　　Java1.7 版本支持了 AIO，相关实现类也处在 java.nio 包中。基于这些类，我们可以使用异步式 IO 模型实现 port 端口的数据接收，如下面代码所示。

```
try {
    AsynchronousServerSocketChannel serverSocketChannel = AsynchronousServerSocketChannel.open();
    serverSocketChannel.bind(new InetSocketAddress(port));
    CompletionHandler<AsynchronousSocketChannel, Object> handler = new CompletionHandler<
AsynchronousSocketChannel, Object>() {
        @Override
        public void completed(final AsynchronousSocketChannel result, final Object attachment) {
            serverSocketChannel.accept(attachment, this);
            try {
                while (true) {
```

```
                                ByteBuffer byteBuffer = ByteBuffer.allocate(1024);
                                if (result.read(byteBuffer).get() < 0) {
                                    break;
                                }
                                byteBuffer.flip();
                                Charset charset = StandardCharsets.UTF_8;
                                System.out.print(charset.newDecoder().decode(byteBuffer).toString());
                            }
                        } catch (Exception e) {
                            e.printStackTrace();
                        }
                    }

                    @Override
                    public void failed(final Throwable exc, final Object attachment) {
                        System.out.println("ERROR" + exc.getMessage());
                    }
                };
                serverSocketChannel.accept(null, handler);
            } catch (Exception ex) {
                ex.printStackTrace();
            }
        }
```

备注

该示例的完整代码请参考本书示例项目 11。

可以看出上述代码中的 CompletionHandler 中包含回调函数，当 IO 操作完成或者失败时，会通过调用对应回调函数的方式触发调用方展开处理。

在 Tomcat 中，我们可以使用下面的设置启用异步式 IO 工作模式。

```
<Connector
port="8080"
protocol="org.apache.coyote.http11.Http11AprProtocol"
connectionTimeout="20000"
redirectPort="8443" />
```

Tomcat 在使用 AIO 工作模式之前，需要安装 ARP（Apache Portable Run-time libraries，Apache 可移植运行库）。ARP 是 Apache HTTP 服务器的支持库，其中包含了一些针对不同平台的处理函数。Tomcat 需要基于其中的函数来完成 AIO 操作。

5.9　输入输出模型总结

在本章节中，我们一共介绍了 5 种 IO 模型，它们的概要和异同如图 5.13 所示。

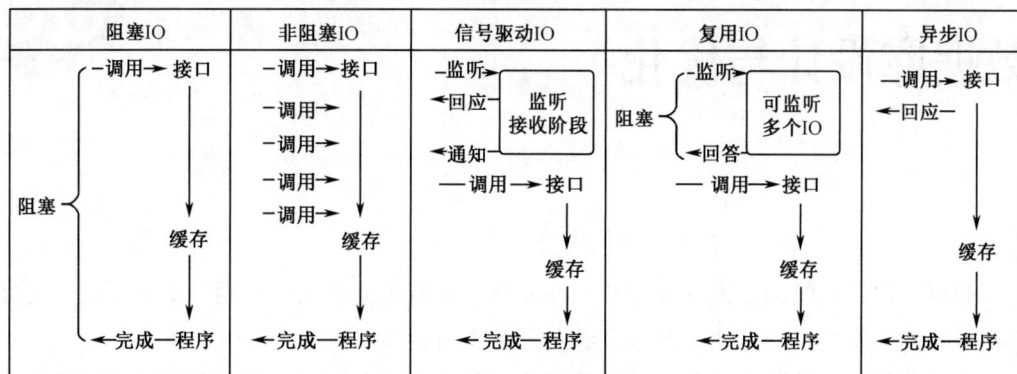

图 5.13　IO 模型的概要和异同

在以上各种 IO 模型中，最常用的模型是阻塞式 IO 模型、复用式 IO 模型、异步式 IO 模型，三者分别对应了我们常说的 BIO、NIO 和 AIO。

在以上三种 IO 模型中，阻塞式 IO 是最传统也是性能最差的 IO 模型，每个操作都会占用一个线程。但是它的编程实现比较简单，适合应用在读写操作较少的场合。

复用式 IO 模型在性能的提升上十分明显，可以极大地减少 IO 操作对线程的占用，提升 IO 操作的并发能力。在读写操作频繁的场景下，应该使用这种 IO 模型代替阻塞式 IO 模型。

异步式 IO 模型比复用式 IO 模型的性能更高。如果编程语言支持这种模型，则可以将异步式 IO 模型应用到高读写应用的架构设计中，以提升应用的 IO 性能。

第 6 章

数据库设计与优化

数据库作为系统的数据存储中心，在系统中起着十分重要的作用。数据库设计的好坏对系统的可靠性、安全性、效率有着至关重要的影响。

通常我们所说的数据库是指传统的关系型数据库，在这一章中，我们将介绍关系型数据库的设计和优化。

6.1　数据库设计概述

数据库对一个系统的性能有着至关重要的影响，主要有以下几个原因。

首先，相对于数值计算、内存读写，数据库操作因为涉及 IO 操作而耗时较久。因此，数据库读写响应时间往往在系统的总响应时间中占比较高。根据阿姆达尔定律，优化数据库读写响应时间，会对缩短系统总响应时间产生重要作用。直观来看，减少或者优化一个数据库读写操作，可能会给系统的总响应时间带来毫秒甚至秒级的降低。

其次，为了实现数据同步等操作，数据库常常被设计为系统的单点，这使得数据库需要承受大量的读写并发，成为整个系统中并发数最高的模块。而只要能提升数据库这一瓶颈的性能，则系统的整体性能会得到明显改善。例如，在 3.2.3 节中，多个节点为了能够实现信息共享，会接入到同一个数据库上。如果该数据库的性能得到提升，则各个节点的性能均会提升。

再次，系统中的大多数模块的运行压力，不会随着运行时间的延长而增加。但是数据库不同，随着运行时间的延长，数据库中存储的数据量可能会不断增加，这会导致其检索效率、读写效率下降，最终出现性能问题。

因此，设计一套完善、高效、具有前瞻性的数据库子系统，对于提升整个系统性能至关重要。

数据库设计主要包含以下四个方面的内容。

- 数据库选型：根据项目需求不同，从扩展性、经济性、易用性等各个角度出发

选择合适的数据库。如果需要数据库在某些方面有着特殊的表现，可以选择相
应的非关系型数据库。

- 存储引擎选型：同一数据库往往会有多种实现引擎，不同引擎对事务、索引、
容量等特性的支持不尽相同，我们在选择完成数据库之后，需要根据需求选定
相应的存储引擎。
- 数据表结构设计：根据项目要求，完成数据库中表、字段、索引等的设计。
- 数据库的优化：运行项目后，分析数据库的运行情况，有针对性地对某些结构、
语句进行设计和优化。

在以上四个方面中，数据表结构设计和优化环节最为重要也最为复杂。良好的数据表
结构设计能够减少数据库读写的次数，出色的数据表优化能够缩短数据库读写操作的时间。

在这一节中，我们将详细介绍数据表结构设计和优化的过程。

6.2　关系型数据库设计

在软件开发过程中，通常使用的是面向对象的编程，面向对象是从软件工程原则（如
聚合、封装）的基础上发展而来的。传统数据库是指关系型数据库，它是从数学理论（集
合代数等）的基础上发展而来的。因此，面向对象和关系型数据库来自不同的理论，两
者不完全匹配，它们之间存在一个转化过程，被称为对象—关系映射（Object Relational
Mapping，ORM）。图 6.1 展示了对象—关系映射。

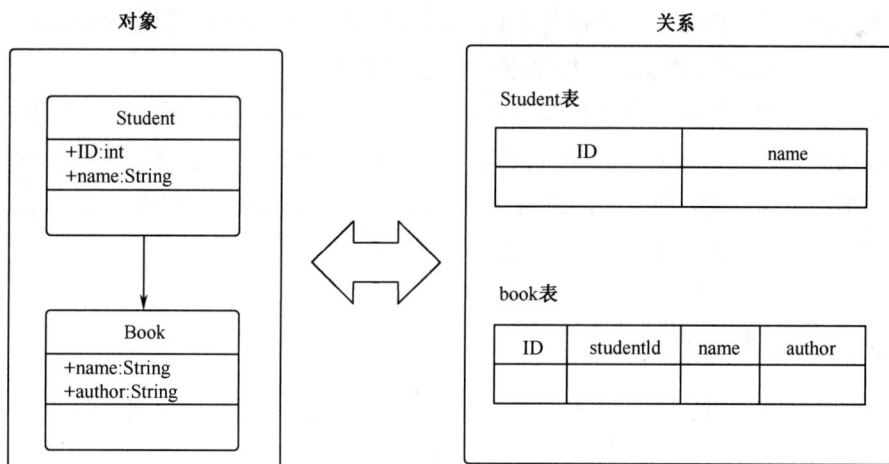

图 6.1　对象—关系映射

因为对象—关系映射的存在，也形成了不同的软件设计习惯。

- 先设计关系再推导对象：先根据需求设计关系型数据库的结构，然后根据关系
型数据库确定对象和对象之间的关系。

- 先设计对象再推导关系：先根据需求设计对象和对象之间的关系，然后将它们转化为关系型数据库的结构。

以上两种方式从不同的角度切入设计，不分优劣，大家可以根据习惯自行选择。

因为以上两种软件设计习惯的存在，在我们进行关系型数据库设计时，已有的输入信息可能是需求（对应于先设计关系再推导对象的设计习惯），也可能是对象（对应于先设计对象再推导关系的设计习惯），这两种方式都是可以的。

在关系型数据库的设计过程中，不同人会有不同的思路。因此，同一个需求、同一组对象，不同的设计人员可能设计出完全不同的关系型数据库结构。然而，软件系统对关系型数据库的要求很高，稍有设计不当便可能会引发以下问题。

- 数据冗余：同一份数据可能会在数据库中存在多份，这会导致增加、修改、删除等操作十分烦琐。
- 数据不一致：当数据存在冗余时，一部分数据更新而另一部分没有更新，则会引发数据不一致的问题。
- 插入异常：可能因为某些数据的缺失导致其他数据无法插入。
- 删除异常：在删除某些数据时，可能会导致其他信息一并丢失。

为了避免发生以上问题，需要对关系型数据库的设计过程进行规范化，或者说标准化。数据库范式就是为数据库规范化确立的一套标准，它用来衡量数据库设计的规范化程度。

数据库范式这一套标准分为很多级别，而所设计的数据库满足的范式级别越高，则数据库越标准。只要我们达到了某个标准，就能够避免上述的某些问题。这就像工业领域的标准分级一样。例如，如果设备达到 IP45 就能防止 1mm 以上的颗粒进入并能防喷水，如果设备达到 IP68 就能防止粉尘进入并能防浸泡。

然而，许多架构师在进行数据库设计时，对数据库范式不够重视，或者以反范式为理由进行逃避。这是错误的。因为反范式只是在范式的基础上进行修正，以减少严格遵守范式带来的负面影响，而不是逃避范式的理由。在 6.2.2 节我们会专门介绍反范式，以便于大家能够在适当的时候使用反范式的设计。

6.2.1 设计范式介绍

常用的数据库设计范式一共有六个，这六个范式逐级递增愈发严格。每一个范式都是前一个范式的升级，都是后一个范式的基础。

接下来我们依次介绍这些范式。在此之前，我们先介绍关系型数据库中的几个基本概念。

- 属性：又称字段，指数据库中表的列。
- 记录：指数据库中表的行。
- 超键：又称超码，在关系中能唯一标识记录的属性集，即关系模式的超键。

- 候选键：又称候选码，不含有多余属性的超键称为候选键。
- 主键：又称主码，数据表设计者可以从候选键中任选一个用来标志每个记录，所选中的候选键为主键。
- 主属性：如果一个属性属于某一个候选码，则该属性为主属性。

关系型数据库来源于数学理论中的集合代数等学科，为了能够清晰地表述各个范式的含义，我们也对涉及的数学概念进行简要介绍。

- 依赖：是数据间的相互制约关系，是一种语义体现，主要分为函数依赖、多值依赖和连接依赖。
- 函数依赖：设 X,Y 是关系 R 的两个属性集合，当任何时刻 R 中的任意两个元组中的 X 属性值相同时，则它们的 Y 属性值也相同，则称 X 函数决定 Y，或 Y 函数依赖于 X，记作 $X \to Y$。
- 部分函数依赖：设 X,Y 是关系 R 的两个属性集合，存在 $X \to Y$，若 X' 是 X 的真子集，存在 $X' \to Y$，则称 Y 部分函数依赖于 X。
- 完全函数依赖：设 X,Y 是关系 R 的两个属性集合，X' 是 X 的真子集，存在 $X \to Y$，但对每一个 X' 都有 $X'! \to Y$，则称 Y 完全函数依赖于 X。
- 平凡函数依赖：当关系中属性集合 Y 是属性集合 X 的子集时，存在函数依赖 $X \to Y$，即一组属性函数决定它的所有子集，这种函数依赖称为平凡函数依赖。
- 非平凡函数依赖：当关系中属性集合 Y 不是属性集合 X 的子集时，存在函数依赖 $X \to Y$，则称这种函数依赖为非平凡函数依赖。
- 传递函数依赖：设 X,Y,Z 是关系 R 中互不相同的属性集合，存在 $X \to Y(Y! \to X)$，$Y \to Z$，则称 Z 传递函数依赖于 X。
- 多值依赖：假设关系型数据库中有三个独立属性 X、Y、Z，如果选中某个值 x，则总会对应着值 y，而不论 z 的任何取值，那么就说存在多值依赖。

如果感觉上述数学概念有些不好理解也没有关系，我们还准备了一个示例表。接下来在讲解每个范式时，都会使用示例表作为例子进行介绍，便于大家从关系型数据库角度进行直观的理解。

示例表是一个用于存储学生信息的表，其相关属性如下所示。

【版本 1】

Table 1:
　学号 | 姓名 | 班级编号 | 学生在班级内的序号 | 性别 | 班级人数 | 年龄 | 是否成年 | 紧急联系手机号

以【版本 1】为例，我们再次阐述一下其中的数据库概念：

- 属性：学号、姓名等都是属性。

- 记录：表中存储的"008008 | 易哥 | 17 | 3 | 男 | 45 | 18 | 是 | 18888888888"就是一条记录。
- 超键："学号"这一属性是超键；"班级编号"和"学生在班级内的序号"这一属性集是超键；"学号"和"年龄"这一属性集也是超键；任意一个属性和已知超键组成的属性集也是超键。
- 候选键："学号"这一属性是候选键；"班级编号"和"学生在班级内序号"这一属性集是候选键。
- 主键：我们可以从候选键中任选一个作为主键，如我们选定"学号"为主键。
- 主属性："学号""班级编号""学生在班级内序号"。

在接下来介绍数据库范式的过程中，我们假定【版本1】中存在如下的合理假设：

- 学生可能会有重名。
- 学生在班级内的序号由姓名首字母排序得来。
- 一个同学可能有多个紧急联系手机号，一个紧急联系手机号也可能关联多个同学。

看到上面的内容后，有经验的读者能很快察觉【版本1】所述数据表的设计有问题。但是至于存在哪些问题和如何改正则需要凭经验进行，且很难确保改正后的数据表设计是完全正确的。数据库设计范式则为我们提供了修正问题的步骤，只要一步步参照范式，我们最终便可以准确地修正【版本1】中存在的问题。接下来，我们讲解范式的概念并修改【版本1】。

1. 第一范式

第一范式（1NF）要求每个属性的值都只能是原子的，不能再拆。

我们使用第一范式校验下【版本1】。

假设我们在使用时，姓名总是以一个整体出现，那么"姓名"属性是原子的，示例表也是符合第一范式的；假设在使用中，会出现"李同学""欧阳同学"等这种使用场景，则说明"姓名"属性不是原子的，示例表便不符合第一范式，需要将"姓名"属性拆分为"学生姓""学生名"两个属性。由此可见，属性原子性的判断不是绝对的，和数据库的使用场景相关。

假设会出现"李同学""欧阳同学"等这种使用场景，将数据表修改成如下形式以满足第一范式。

【版本2】

Table 1:

学号 | 学生姓 | 学生名 | 班级编号 | 学生在班级内的序号 | 性别 | 班主任 | 年龄 | 是否成年 | 紧急联系手机号

如果数据表不满足第一范式，可能会导致数据表不可用。这是因为使用时必须要把非原子化的属性拆分成原子后再使用，而这种拆分可能是复杂的，甚至是无法实现的。因此，我们在设计数据库时，要遵循第一范式，并且有前瞻性地拆分属性。

2. 第二范式

第二范式（2NF）要求非主属性必须完全依赖于候选键。

在【版本 2】的 Table 1 中，"班主任"这一属性并没有完全依赖"班级编号"和"学生在班级内的序号"这一候选键，而是仅仅部分依赖了候选键中的"班级编号"属性。因此，【版本 2】的 Table 1 不满足第二范式。

数据表不满足第二范式会导致数据冗余、数据不一致等问题。例如，"班主任"这一数据在班级每个同学的记录里都存储了一份，这是冗余的。而如果班级的班主任发生变化，则要修改全班每个同学的信息，遗漏任何一条记录都可能会导致数据不一致（同一个班的两个同学却有不同的班主任）。

为了使其满足第二范式，我们需要对该表进行拆分，如【版本 3】所示。

【版本 3】

Table 1:

学号 | 学生姓 | 学生名 | 班级编号 | 学生在班级内的序号 | 性别 | 年龄 | 是否成年 | 紧急联系手机号

Table 2:

班级编号 | 班主任

3. 第三范式

第三范式（3NF）要求任何非主属性不依赖于其他非主属性。

在【版本 3】的 Table 1 中，非主属性"是否成年"依赖于非主属性"年龄"，违背了第三范式。

在这里我们也明确下，"是否成年"这一属性不影响表满足第二范式。首先，"是否成年"这一属性可以由候选键"学号"或者候选键"班级编号"和"学生在班级内的序号"推导出来。但是，候选键中的部分信息，如"学生在班级内的序号"则无法推导出"是否成年"这一属性。因此，"是否成年"这一属性和该数据表的键有完全依赖关系，不影响表满足第二范式。实际上，"是否成年"属性是传递依赖于候选键，而第三范式其实就是要求消除非主属性对候选键的传递依赖。

一个表不满足第三范式也会导致数据冗余和数据不一致。例如，"年龄"能决定"是否成年"属性，则后者是多余的，可以省略的。而且可能会在多条记录中出现"年龄"相同而"是否成年"不同的情况。

为了使表满足第三范式，我们增加了一个"年龄—是否成年"关系对照表。修改后，得到了【版本 4】的形式。

【版本 4】

Table 1:
学号 | 学生姓 | 学生名 | 班级编号 | 学生在班级内的序号 | 性别 | 年龄 | 紧急联系手机号

Table 2:
班级编号 | 班主任

Table 3:
年龄 | 是否成年

当然，在实际设计项目时，我们往往会选择使用一个函数替代【版本 4】的 Table 3，该函数以年龄为输入，给出是否成年的判断值。这样，"是否成年"这一属性便不需要存储。

4. BCNF

巴斯范式（Boycee Codd Normal Form，BCNF）又称为修正的第三范式，它要求每个属性都不传递依赖于非主属性。

第三范式中不允许非主属性依赖另一个非主属性，但是允许主属性依赖非主属性。而 BCNF 要求包括非主属性和主属性的任何属性都不能依赖非主属性。

【版本 4】已经满足了第三范式，但却不满足 BCNF，因为主属性"学生在班级内的序号"依赖于非主属性"学生姓"。那这会引发什么问题呢？

首先，实体完整性要求主属性不能为空值，因此插入每条记录时，"学生在班级内的序号"属性不能为空值。那么在逐条插入学生信息时，就需要为每一条记录指定"学生在班级内的序号"属性。而根据我们的合理性假设，"学生在班级内的序号由姓名首字母排序得来"，这意味着在所有记录被插入以前，我们无法给出"学生在班级内的序号"属性的值。这种互相制约，使得记录的插入无法进行。

为了使得表满足 BCNF，我们修改成【版本 5】的形式。

【版本 5】

Table 1:
学号 | 学生姓 | 学生名 | 班级编号 | 性别 | 年龄 | 紧急联系手机号

Table 2:
班级编号 | 班主任

Table 3:
年龄｜是否成年

Table 4:
学号｜学生在班级内的序号

经过修改之后，"学号"成了【版本 5】Table 1 中唯一的主属性。整个表的设计也满足 BCNF 了。在使用中，可以先在 Table 1 中逐一插入学生信息数据，待全班学生信息插入完毕后，再根据 Table 1 中的"学号""学生姓"属性写入 Table 4。

5. 第四范式

第四范式（4NF）要求属性之间不允许有非平凡，且非函数依赖的多值依赖。

因为一个学生可能有多个紧急联系手机号，因此【版本 5】的 Table 1 不满足第四范式。如果某个学生多增加一个紧急联系手机号，就需要将该学生的所有信息在数据库中多存储一份，这同样导致了数据冗余，并可能导致数据不一致。

因此，我们依照第四范式的要求，修改【版本 5】后得到【版本 6】所示的设计。

【版本 6】

Table 1:
学号｜学生姓｜学生名｜班级编号｜性别｜年龄

Table 2:
班级编号｜班主任

Table 3:
年龄｜是否成年

Table 4:
学号｜学生在班级内的序号

Table 5:
学号｜紧急联系手机号

6. 第五范式

第五范式（5NF）要求表中的每个连接依赖由且仅由候选键推出。

通俗来说，一个表满足第五范式意味着它不能被无损分解为几个更小的候选键不同的表。现在来看【版本 6】，以 Table 1 为例，可以拆解出多个表，但是每个表的候选键都是"学号"，因此 Table 1 满足第五范式。同样地，【版本 5】中的其他表也满足第五范式。

为了帮助大家理解第五范式，我们重新定义一个表，如下所示。下面是一个教师职责分配表，记录"李明—五年级一班—卫生"表示李明老师要负责五年级一班的卫生。

【职责分配表】

教师	班级	项目
李明	五年级一班	卫生
李明	五年级二班	卫生
刘华	五年级一班	卫生
刘华	五年级一班	纪律
刘华	五年级二班	卫生
刘华	五年级二班	纪律
易哥	五年级一班	成绩
易哥	五年级二班	成绩
齐强	五年级三班	卫生
齐强	五年级三班	纪律
齐强	五年级三班	成绩
齐强	五年级三班	体育

在职责分配表中，不同教师负责不同的班级，不同班级有不同的项目，不同教师也只负责某些特定的项目。于是，在职责分配表中，三个属性共同组成了主键。同时，该表也满足第四范式，因为不存在多值依赖。

如果没有任何规则限制教师的职责分配，那么上面所示的职责分配表是不可再拆的。

但是，如果存在下述规则：如果某个教师负责的班级集合为 C，负责的项目集合为 I，那么当他负责一个新班级 c_1 时，他必须负责该班级的集合 I 中的所有项目。上述表述有些拗口，我们可以使用示例继续说明。刘华老师负责五年级一班、五年级二班的卫生和纪律，则他负责的项目集合为 $\{卫生，纪律\}$（这个角色可能是教导主任）。那五年级三班（这个班级可能是个体育特长班）可以不让刘华老师负责，但是只要让他负责，他就会负责其中的卫生、纪律这两项。

如果上述规则是成立的，当决定让刘华老师负责五年级三班时，我们需要插入的数据有两条：

刘华	五年级三班	卫生
刘华	五年级三班	纪律

这时我们能感觉到，职责分配表所示的设计存在问题，某些信息是冗余的。这其实是因为职责分配表不满足第五范式，它可以无损地被拆分为以下三个表：

Table 1:

教师	班级

Table 2:

班级	项目

Table 3：

教师 ｜ 项目

经过修改后的职责分配表除去了信息的冗余。当我们需要刘华老师负责五年级三班时，仅需要在 Table 1 中插入一条数据：

刘华 ｜ 五年级三班

6.2.2 反范式设计

经过多次修改得到的【版本 6】数据表设计已经完全符合第五范式，【版本 6】的 Table 1 到 Table 5 中不重不漏地存储了所有的信息。

假设我们进行一个信息的检索：查找学号为"008008"的同学的班主任，则我们需要的检索步骤是：

① 通过 Table 1 检索到"学号"为 008008 的同学的"班级编号"，记为 c。

② 通过 Table 2 检索"班级编号"为 c 的唯一记录的"班主任"，为最终结果。

整个过程需要检索两个表。

如果查找一个同学的班主任是一项高频且对响应时间很敏感的操作，则上述连表查询并不合理。我们可以将属性"班主任"合并到 Table 1 中，得到【版本 7】。

【版本 7】

Table 1：

学号 ｜ 学生姓 ｜ 学生名 ｜ 班级编号 ｜ 性别 ｜ 年龄 ｜ 班主任

Table 2：

年龄 ｜ 是否成年

Table 3：

学号 ｜ 学生在班级内的序号

Table 4：

学号 ｜ 紧急联系手机号

这时，我们再查找学号 008008 同学的班主任。则需要的检索只需要通过 Table 1 检索到"学号"为 008008 的同学的"班主任"，即为查询结果。

显然这样减少了数据库查询，在该操作频繁发生时能够提升系统性能。但是，【版本 7】中的 Table 1 不再满足第二范式，存在数据冗余，并可能引发数据不一致。

如果我们愿意为了提升查询速度而付出一些额外的代价，如在更新某个班级班主任时，采用事务保证班级所有学生的记录全部更新，则这种设计也是可以接受的。这就是反范式设计。在这种反范式设计中，我们牺牲了编辑性能（采用事务更新多个数据，导致编辑性能下降）换来了查询性能的提升（将原来的连表查询简化为单表查询）。

反范式设计就是在范式设计的基础上，违反范式中的某一条或某几条，以达到提升系统查询效率等效果。我们在使用时，要确保范式设计是反范式设计的基础，在范式设计的基础上根据目的进行特定的违反操作，切不可将反范式设计当作随意设计的理由。

在第 13 章我们也会以实际项目为例，介绍如何在范式设计的基础上，使用反范式设计提高目标系统的性能。

6.3　索引原理与优化

在数据库查询出现效率瓶颈时，索引是提升查询效率的绝佳手段。实践证明恰当的索引能够轻松地将数据查询时间缩小一个数量级，效果极为明显。

要让索引发挥其效力，需要我们从原理和使用场景上对索引进行把握。这一节我们将对相关知识进行详细介绍。

6.3.1　索引的原理

索引是数据库中的一些数据结构，这些数据结构能帮助我们从众多的数据中快速检索到我们所需要的记录。

我们知道，能够实现快速检索的常用数据结构有哈希表、二叉树、多叉树等，索引就是根据这些数据结构的检索原理实现的。接下来，我们来了解常用的索引类型、工作原理，以及优化规则。

1. Hash 索引

Hash 索引是利用 Hash 函数来对数据表中的数据增加索引。当我们对数据表中的某一列增加索引时，数据库会将该列的所有数据的 Hash 结果计算出来，并将 Hash 结果和该记录的地址存放到索引文件中，如图 6.2 所示。

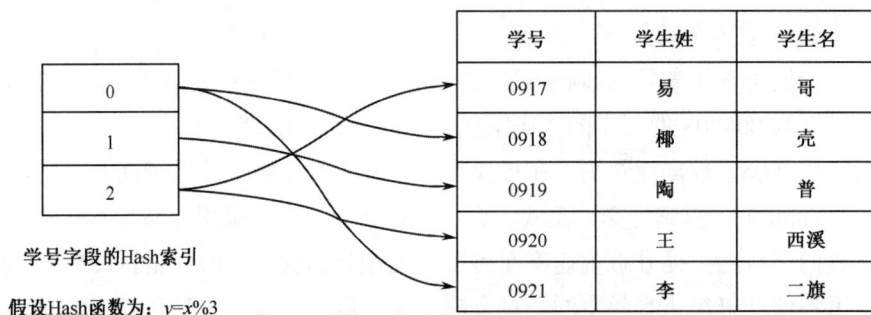

图 6.2　Hash 索引

当我们根据索引列进行数据查询时，数据库会使用同样的 Hash 算法，将我们的查询条件进行 Hash，然后到索引文件中进行查找。如果在索引文件中找到相同的结果，则根据索引文件中的记录地址找到相应的数据进行再次读取和比对；如果在索引文件中未找到相同的结果，则表明要查询的数据不存在。

我们知道，相比于 CPU 的运算速度，磁盘数据的读取速度要慢很多，而内存则在磁盘和 CPU 之间起到了重要的作用。在使用了 Hash 索引以后，数据库可以将 Hash 索引缓存在内存中。这样，仅通过访问内存便可以实现记录的初步查找。

我们还要明白一点，基于 Hash 索引进行记录查找时，一定需要读取数据库中的记录，哪怕是进行"COUNT(*)"这类的查找也需要。这是因为哈希碰撞的存在使得 Hash 索引中的 Hash 值一致，不代表记录中该属性的原值一致，必须要读取到记录并对比原值后才能确定。因此，通过 Hash 索引找到一个或者多个记录后，必须逐一访问这些记录来确认这些记录确实是目标记录。

Hash 索引的原理和使用都非常简单，但同时 Hash 索引也存在一些局限性。

首先，Hash 索引只能进行"="" IN"" <=>"这类的等值查询，而不能进行区间查询。因为通过 Hash 建立的索引是无序的。因此，对于需要进行排序、比较、区间查询的属性，不适合建立 Hash 索引。

其次，哈希碰撞会降低系统的查询效率。当索引列存在大量的相同值时，它们的 Hash 结果也是一样的，则需要逐一确认记录后才能找出目标记录。因此，对于性别、类型等选择性比较低的属性，不适合建立 Hash 索引。

2. BTree 索引

BTree 索引是指利用 B-树或者 B+树来读数据表中的指定属性建立索引。在了解 BTree 索引之前，我们先了解一下 B-树和 B+树。

对于树，假设其深度为 h，则在访问树中的节点时，我们最多要访问 h 次。BTree 索引的根节点总是驻留在内存中，这减少了一次访问请求，因此到达某节点最多需要 h-1 次访问。假设节点总数为 N，树的出度为 d，则查找一个数据节点的时间复杂度为 $O(\log_d N)$。在数据节点数目不变的情况下，增加树的出度 d 对于降低数据查询的时间复杂度十分有效。

然而，树的出度不能无限增大。

因为内存地址空间有限，为了实现内存的寻址，Linux 等系统中使用了页的概念。一般情况下，每个页的大小是 4KB。在一个页内的存储空间的地址是连续的，可以很方便地被一次 IO 操作连续读取。因此，为了保证一个节点中的数据能被一次 IO 操作读取，节点最大为 4KB。节点的大小限制了树的出度。

B-树的所有节点上都存储数据，B+树只在叶节点上存储数据。在内存的页大小相同的情况下，B-树的非页节点也需要存储数据，其能存储子节点地址信息的空间有限，因

此 d 相对较小；B+树的非页节点可以全部用来存储子节点地址信息，d 可以更大。因此，使用 B+树作为索引能使查询节点的复杂度 $O(\log_d N)$ 更小。所以，MyISAM、InnoDB 等引擎都使用 B+树来实现索引。

在 B+树实现的数据表索引中，非页节点全部存储子节点地址，叶节点则存储记录地址，如图 6.3 所示。这样，树的出度为 d 可以做得很大，最多需要 $h-1$ 次访问，时间复杂度为 $O(\log_d N)$ 便可以找出目标记录的地址。

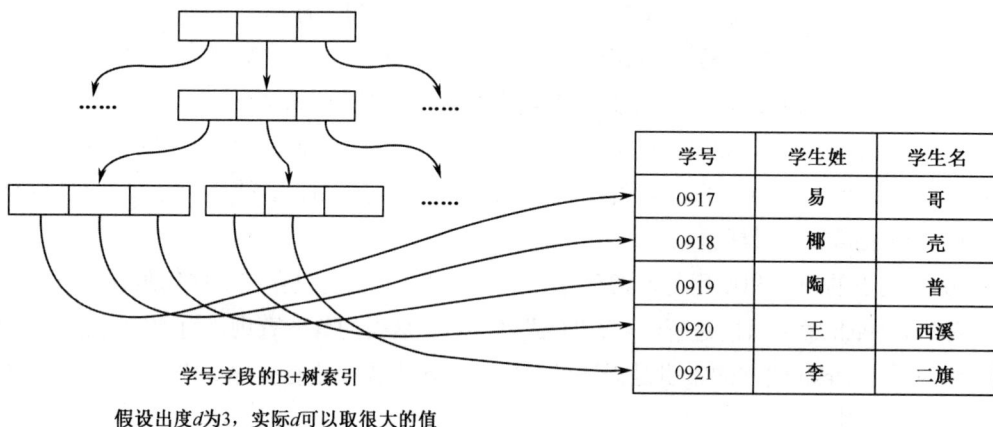

学号字段的B+树索引

假设出度d为3，实际d可以取很大的值

图 6.3　数据表的 B+树索引

在具体实现中，可以像图 6.3 所示的那样，在叶节点中只存储指向具体记录的连接，MyISAM 引擎就是这么做的；也可以在叶节点中直接存储数据，InnoDB 引擎就是这么做的。InnoDB 引擎中的叶节点存储的是对应记录的主键的值。

了解了这些之后，我们便知道在使用 InnoDB 引擎时，主键属性不宜太长。因为辅助索引的叶节点中存储了主键属性，它太长的话会在辅助索引中占据较大的存储空间。

BTree 索引非常稳定，不存在哈希碰撞等随机因素。只需要几次 IO 操作便可以从数百万数据中索引到目标值。而且，BTree 中的数据是排序的，因此 BTree 索引支持区间、比较等方式的查询，是一种十分强大且常用的索引方式。

3. 位图索引

如果要建立索引的属性只有固定的几个值，则不适合建立 Hash 索引，因为存在大量的哈希碰撞；也不适合建立 BTree 索引，因为存在大量相等的节点。这时，我们可以为这些属性建立位图索引。

假如存在如下所示的数据表：

编号	姓名	性别	角色	是否新用户

其中角色属性的可选值是有限的，只有"学生""教师""家长"三个角色可选。如

果我们想在"性别""角色""是否新用户"这三个属性上建立索引，以便于迅速索引出符合条件的用户。这时我们就可以使用位图索引。

位图索引的基本原理就是向量化和位逻辑运算。假设存在下表所示的数据。

编号	姓名	性别	角色	是否新用户
001	李强	男	学生	是
002	朱明	男	家长	否
003	黄岗	男	教师	是
004	刘娇	女	教师	否

在对"性别""角色""是否新用户"这三个属性上建立的位图索引时，具体操作就是将属性中的每个选项都单独作为一列。

编号	男	女	学生	教师	家长	新用户	非新用户
001	1	0	1	0	0	1	0
002	1	0	0	0	1	0	1
003	1	0	0	1	0	1	0
004	0	1	0	1	0	0	1

如果要使用该索引检索"性别为男的教师中的新用户"，则是将三个条件对应的"男""教师""新用户"向量取出来，进行位与操作：

```
001: 1 | 0 | 1 = 0
002: 1 | 0 | 0 = 0
003: 1 | 1 | 1 = 1
004: 0 | 1 | 0 = 0
```

最终得到输出为 1 的记录，即为检索的结果。这里，只有编号为 003 的记录是我们要检索的结果。

要知道，在位图索引中，属性的取值非常集中，可能只有几个选项。因此，任何一个属性值所提供的信息量并不大，使用位图索引后，最终索引到的可能是一个记录集合。假设上表中记录的属性分布式是均匀的，在其中查询"性别为男的教师中的新用户"，则索引到的结果集中的记录数目是总记录数目的 $\frac{1}{2} \times \frac{1}{3} \times \frac{1}{2} = \frac{1}{12}$。

位图索引基于向量和逻辑运算完成了对记录的快速筛选，对于一些枚举值属性而言是一种非常好的索引手段。但位图索引显然不适合为姓名、学号、电话号码等非枚举的属性建立索引，因为每个属性取值都对应了一个向量，会导致索引过于庞大。

位图索引中的每个维度（如"男"这一维度）的向量都和每条记录相关。这意味着，只要某个维度中有一条记录发生变更，则会导致这个维度的向量发生变更。因此，位图索引中任一记录的任一属性变化（如编号 001 的记录中"是否新用户"属性从"是"变为"非"），会导致该属性对应的向量（"新用户"向量和"非新用户"向量）发生变化，这会导致数据库锁定整个向量来进行变更。所以，位图索引只适合建立在不常发生变动的属性上。

6.3.2 索引生效分析

不同的索引类型有着不同的作用范围，例如，Hash 索引不能在">="运算符参与的情况下生效。如果在使用索引时超出了索引的作用范围，则会导致索引失效，无法起到加速查询的作用。

为了及时发现索引失效的情况，我们可以使用分析语句来分析索引的使用情况。以 MySQL 为例，我们可以在检索语句前增加 EXPLAIN 或者 DESCRIBE（DESCRIBE 可简写为 DESC）关键字来分析索引的生效过程。

在 EXPLAIN 给出的结果中，各个字段的含义如下。

- id：此次查询的唯一性标识。
- select_type：查询操作的类型，例如不含 UNION 的简单查询操作、最外层的查询操作、子查询操作、UNION 查询操作等。
- table：查询所涉及的表的名称。
- partitions：查询所涉及的表的分区。如果表未分区，则此处值为 null。
- type：连接类型。该字段十分重要，其常用的结果值的含义如下。
  - system：表明该表只有一条记录，且该表是系统表，这是 const 的特殊形式。
  - const：表最多有一个匹配行，该行在查询开始时读取。const 表非常快，因为它们只读取一次。当我们按照主键索引一条记录时，便是 const 类型的查询。
  - ref：使用索引进行了查询。
  - fulltext：连接是使用全文索引执行的。
  - ref_or_null：类似于 ref，但是 MySQL 会额外搜索包含空值的行。
  - range：只检索给定范围内的行，使用索引选择行。
  - index：对索引树进行了全部扫描。此时索引并不能生效，但是索引树中却恰好包含了所有的数据，比全表扫描要快。
  - All：对表中的数据进行了全部扫描。这种情况导致性能往往很差，要避免。
- possible_keys：该查询操作可能利用的索引。
- key：最终查询操作使用的索引。
- key_len：最终查询操作使用的索引键的长度。

- ref：它显示了与 key 字段中的索引进行比对的是哪些列或者常量。
- rows：此次查询必须涉及的表中数据的行数。
- filtered：经查询条件中的 WHERE 选项过滤后，余下的数据占总数据量的百分比的估计值。注意，这是一个估计值。
- Extra：额外信息。

图 6.4 展示了使用 EXPLAIN 分析查询语句执行情况。

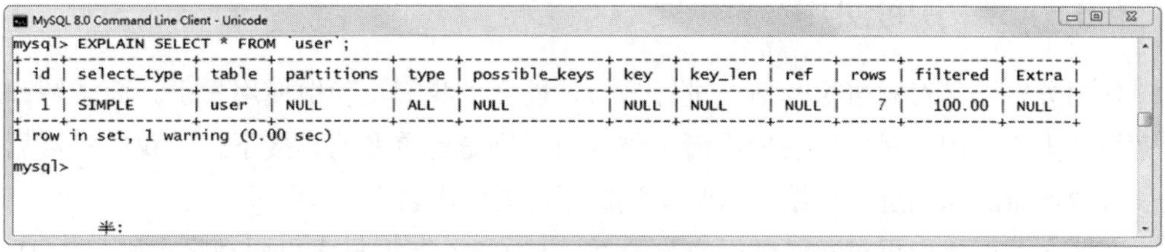

```
MySQL 8.0 Command Line Client - Unicode
mysql> EXPLAIN SELECT * FROM `user`;
+----+-------------+-------+------------+------+---------------+------+---------+------+------+----------+-------+
| id | select_type | table | partitions | type | possible_keys | key  | key_len | ref  | rows | filtered | Extra |
+----+-------------+-------+------------+------+---------------+------+---------+------+------+----------+-------+
|  1 | SIMPLE      | user  | NULL       | ALL  | NULL          | NULL | NULL    | NULL |    7 |   100.00 | NULL  |
+----+-------------+-------+------------+------+---------------+------+---------+------+------+----------+-------+
1 row in set, 1 warning (0.00 sec)

mysql>
```

图 6.4　使用 EXPLAIN 分析查询语句执行情况示例 1

图 6.4 展示的结果表示被分析的查询是一次涉及 user 表的简单查询，查询过程中对表中所有的数据进行了扫描，没有任何的索引被使用。因为没有使用 WHERE 语句，所以估计经过滤后余下的数据占总数据量的 100%。

图 6.5 展示的第一次分析结果表示被分析的查询是一次涉及 user_memory 表的简单查询。查询过程中可能使用名为 ui 的索引，并最终使用该索引进行了查询，该索引的键长度为 2045。在索引过程中，使用了两个常量（“易哥”和“Sunny School”字符串）与索引中的结果进行了比对。查询过程中一共扫描了表中的两条数据。预估 100%的数据将通过过滤（因为 WHERE 语句的过滤条件全命中了索引，所以按照索引查询，没有使用 WHERE 过滤，故确实为 100%）。

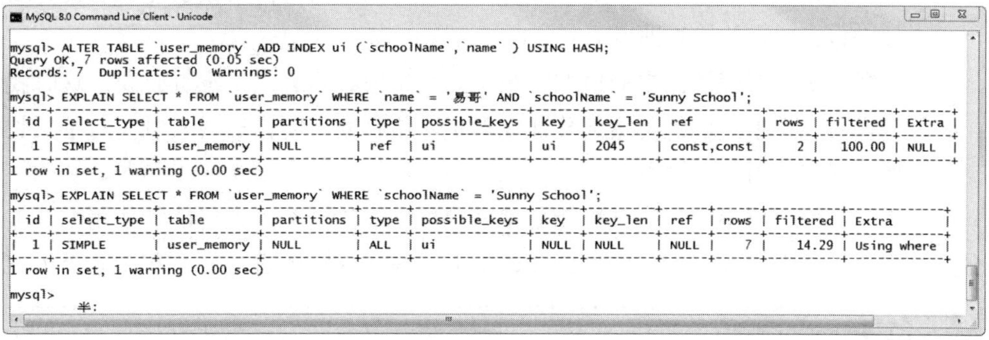

```
MySQL 8.0 Command Line Client - Unicode
mysql> ALTER TABLE `user_memory` ADD INDEX ui (`schoolName`,`name` ) USING HASH;
Query OK, 7 rows affected (0.05 sec)
Records: 7  Duplicates: 0  Warnings: 0

mysql> EXPLAIN SELECT * FROM `user_memory` WHERE `name` = '易哥' AND `schoolName` = 'Sunny School';
+----+-------------+-------------+------------+------+---------------+-----+---------+-------------+------+----------+-------+
| id | select_type | table       | partitions | type | possible_keys | key | key_len | ref         | rows | filtered | Extra |
+----+-------------+-------------+------------+------+---------------+-----+---------+-------------+------+----------+-------+
|  1 | SIMPLE      | user_memory | NULL       | ref  | ui            | ui  | 2045    | const,const |    2 |   100.00 | NULL  |
+----+-------------+-------------+------------+------+---------------+-----+---------+-------------+------+----------+-------+
1 row in set, 1 warning (0.00 sec)

mysql> EXPLAIN SELECT * FROM `user_memory` WHERE `schoolName` = 'Sunny School';
+----+-------------+-------------+------------+------+---------------+------+---------+------+------+----------+-------------+
| id | select_type | table       | partitions | type | possible_keys | key  | key_len | ref  | rows | filtered | Extra       |
+----+-------------+-------------+------------+------+---------------+------+---------+------+------+----------+-------------+
|  1 | SIMPLE      | user_memory | NULL       | ALL  | ui            | NULL | NULL    | NULL |    7 |    14.29 | Using where |
+----+-------------+-------------+------------+------+---------------+------+---------+------+------+----------+-------------+
1 row in set, 1 warning (0.00 sec)

mysql>
```

图 6.5　使用 EXPLAIN 分析查询语句执行情况示例 2

图 6.5 展示的第二次分析结果，表示被分析的查询是一次涉及 user_memory 表的简单查询。查询过程中可能使用名为 ui 的索引，但最终该索引无法满足查询条件。最终对表中的 7 条数据进行了扫描，扫描中使用 WHERE 语句进行过滤，预估 14.29%的数据将

通过过滤（全表共有 7 条记录，14.29%约为 1/7，但实际经过 WHERE 过滤后满足条件的数据有多条，因此这次估计是错误的）。

通过图 6.5 前后两次的 EXPLAIN 分析，我们就可以知道后一次查询中索引并未生效。

在数据库的设计中，使用索引分析关键字来分析索引的生效情况是非常重要的。它能帮助我们及时发现索引引用的错误，防止我们在系统中应用了低效查询而不自知。

6.3.3　索引的使用

使用分析语句对索引执行情况进行分析，能帮助我们正确地使用索引。而了解和掌握索引的失效原因，对索引的使用情况进行改正则是更重要的。接下来，我们对常见的索引失效场景和原因进行总结，以帮助我们正确地使用索引。

在此之前，我们再对索引进行一次分类。与 6.3.1 节根据索引原理将索引分为 Hash 索引、BTree 索引、位图索引不同，这次将从使用场景维度进行分类。

- 唯一索引：是指不允许两条记录具有相同索引值的索引。
- 主键索引：如果数据表中的某个属性被定义为主键，则会自动为其创建索引。主键索引必定是唯一索引。
- 聚集索引：如果表中的物理顺序与索引的逻辑顺序一致，则该索引是聚集索引。一个表只能有一个聚集索引。
- 联合索引：可以将几个列联合起来，共同创建一个索引，这种索引叫作联合索引。
- 过滤索引：在建立索引时，可以不对所有的记录建立索引，而只对满足一定条件的记录建立索引。这种索引叫过滤索引，它能减少索引记录的数目。
- 全文索引：对某个属性建立全文索引时，会对该属性中的全文信息进行分词，并对分词结果分别建立索引，这种索引叫全文索引。全文索引能显著提升对属性中包含内容的检索速度。
- 前缀索引：有些属性中的值非常长，为整个内容建立索引没有必要。这时我们可以对属性中内容的前缀部分建立索引，这种索引叫作前缀索引。对于较长的属性建议采用这种索引。

接下来，我们介绍不同类型（可能是索引原理维度的分类，也可能是使用场景维度的分类）索引的失效情况。为了更为直观和易于理解，我们将通过示例方式进行介绍。

> **备注**
>
> 本节示例中涉及的数据表的创建脚本和初始化数据请参考本书示例项目 12。

1. 计算与类型转化引发的索引失效

计算与类型转化引发的索引失效是最常见的索引失效方式。

为了展示这一点，我们使用下面的 SQL 语句创建一个数据表。

```
CREATE TABLE 'user' (
  'id' int(11) NOT NULL AUTO_INCREMENT,
  'name' varchar(255) NOT NULL,
  'email' varchar(255) DEFAULT NULL,
  'age' int(11) DEFAULT NULL,
  'sex' int(255) DEFAULT NULL,
  'schoolName' varchar(255) DEFAULT NULL,
  PRIMARY KEY ('id')
) ENGINE=InnoDB;
```

然后使用如下代码对其中的 age 属性和 name 属性增加索引。

```
ALTER TABLE 'user' ADD INDEX name ('name') USING BTREE;
ALTER TABLE 'user' ADD INDEX age ('age') USING BTREE;
```

这时我们对 age 属性展开一次查询操作，可以发现索引成功生效，只用常数时间便完成了查询过程。该查询操作的 EXPLAIN 结果如图 6.6 所示。

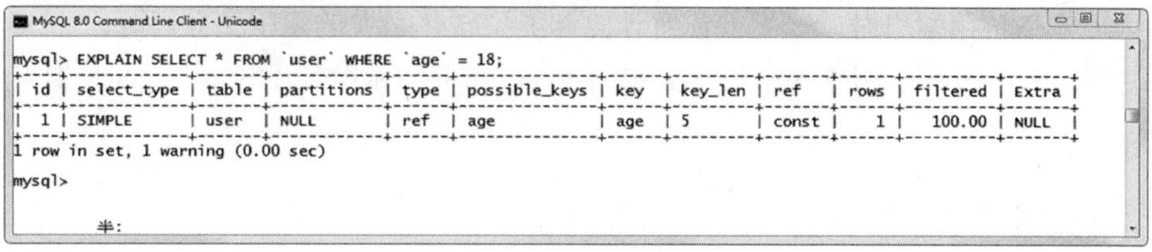

```
MySQL 8.0 Command Line Client - Unicode
mysql> EXPLAIN SELECT * FROM `user` WHERE `age` = 18;
+----+-------------+-------+------------+------+---------------+-----+---------+-------+------+----------+-------+
| id | select_type | table | partitions | type | possible_keys | key | key_len | ref   | rows | filtered | Extra |
+----+-------------+-------+------------+------+---------------+-----+---------+-------+------+----------+-------+
|  1 | SIMPLE      | user  | NULL       | ref  | age           | age | 5       | const |    1 |   100.00 | NULL  |
+----+-------------+-------+------------+------+---------------+-----+---------+-------+------+----------+-------+
1 row in set, 1 warning (0.00 sec)

mysql>
      半:
```

图 6.6　基于索引对 age 属性进行检索示例

而这时，如果我们在查询时对 age 属性进行一次计算，则可以看出此次查询中索引失效。此次查询进行了全表扫描，扫描了表中的 7 条记录。该查询操作的 EXPLAIN 结果如图 6.7 所示。

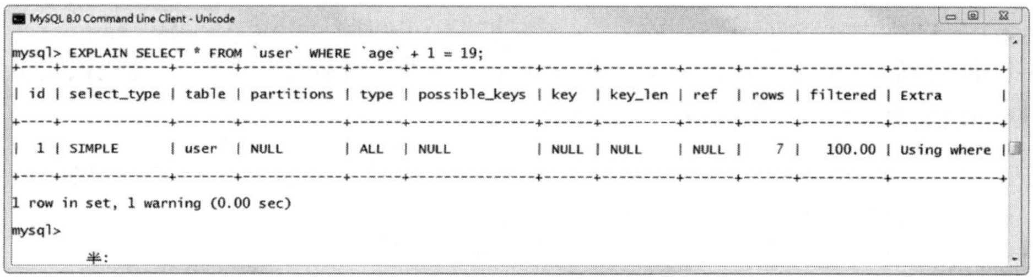

```
MySQL 8.0 Command Line Client - Unicode
mysql> EXPLAIN SELECT * FROM `user` WHERE `age` + 1 = 19;
+----+-------------+-------+------------+------+---------------+------+---------+------+------+----------+-------------+
| id | select_type | table | partitions | type | possible_keys | key  | key_len | ref  | rows | filtered | Extra       |
+----+-------------+-------+------------+------+---------------+------+---------+------+------+----------+-------------+
|  1 | SIMPLE      | user  | NULL       | ALL  | NULL          | NULL | NULL    | NULL |    7 |   100.00 | Using where |
+----+-------------+-------+------------+------+---------------+------+---------+------+------+----------+-------------+
1 row in set, 1 warning (0.00 sec)
mysql>
      半:
```

图 6.7　属性计算引发的索引失效示例

可见，对索引属性进行计算操作确实会引发索引的失效。

接下来我们对 name 属性进行一次检索，分析结果如图 6.8 所示。这时 name 属性的索引生效，结果如图 6.8 所示。

如果我们使用 name＝18 进行一次查询，则数字 18 会被自动转换为字符串，然后进行查询。此时的结果如图 6.9 所示。

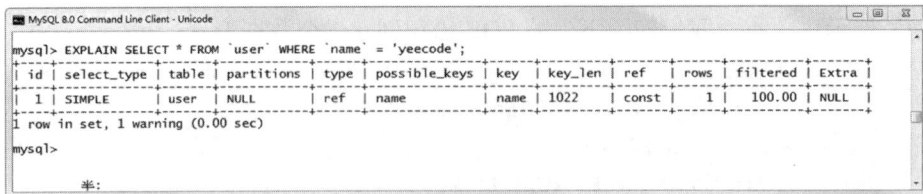

图 6.8　基于索引对 name 属性进行检索示例

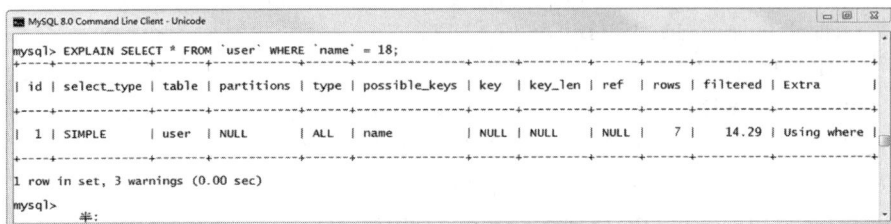

图 6.9　属性类型转换引发的索引失效示例

可见 name 属性上的索引已经失效，此次查询进行了全表扫描。

因此，在使用索引时，一定要注意计算和类型转化引发的索引失效问题。

注意，本节所有示例均基于 BTree 索引展开。但是，本节的结论对于 Hash 索引同样成立。

2. 联合索引的失效

联合索引是在几个属性上共同创建索引，我们可以通过下列语句在数据表上为表的 shcoolName 属性和 name 属性创建名为 ui 的联合索引。不过在此之前，我们需要先使用 DROP INDEX 命令删除之前创建的索引，防止它们对这次验证造成干扰。

```
ALTER TABLE 'user' DROP INDEX name;
ALTER TABLE 'user' DROP INDEX age;
ALTER TABLE 'user' ADD INDEX ui ( 'schoolName', 'name' ) USING BTREE;
```

此时，我们单独对 shoolName 属性和 name 属性展开检索，便可以发现该索引对前者生效而对后者不生效，如图 6.10 所示。

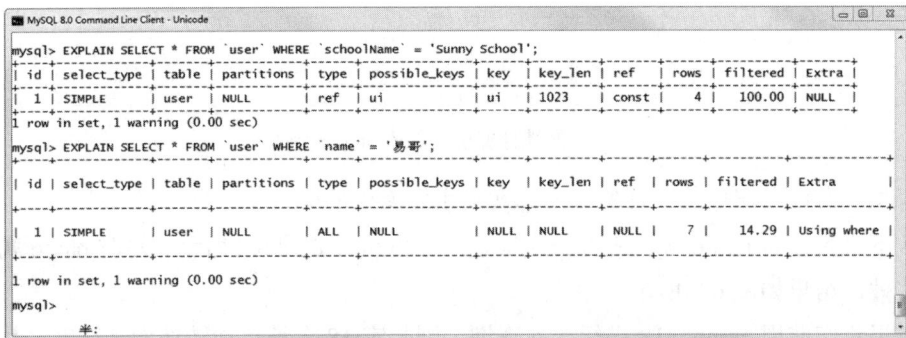

图 6.10　基于 BTree 的联合索引使用示例

出现这种现象的原因就是联合索引的最左前缀原理。

在建立联合索引时，索引会先按照最左位置的 schoolName 属性建立排序，然后将 schoolName 属性相同的记录再按照 name 属性排序。因此，最终得到的索引中，schoolName 属性是全局有序的，而 name 属性只在 schoolName 属性一致时才是有序的。因此，使用 shoolName 属性检索可以用到该联合索引，而使用 name 属性检索则无法用到该联合索引。

因此，在建立和使用基于 BTree 的联合索引时，一定要注意联合索引的最左前缀原理，将最可能在查询中单独使用的属性放在联合索引的最左侧。

在查询过程中，我们书写 SQL 语句的顺序可以不必和联合索引中属性的顺序完全一致，因为数据库查询器会帮助我们优化 SQL 语句中的属性顺序，以达到最优效果。因此，如下几条查询都可以基于我们建立的联合索引展开。

```
SELECT * FROM 'user' WHERE 'name' = '易哥' AND 'schoolName' = 'Sunny School';
SELECT * FROM 'user' WHERE 'schoolName' = 'Sunny School' AND 'name' = '易哥' ;
SELECT * FROM 'user' WHERE 'age' = 18 AND 'schoolName' = 'Sunny School' ;
```

对于 Hash 索引，显然不存在排序问题。我们可以基于 MEMORY 引擎创建一个名为 user_memory 的表进行测试（InnoDB 引擎不支持 Hash 索引）。

```
CREATE TABLE 'user_memory' (
    'id' int(11) NOT NULL AUTO_INCREMENT,
    'name' varchar(255) NOT NULL,
    'email' varchar(255) DEFAULT NULL,
    'age' int(11) DEFAULT NULL,
    'sex' int(255) DEFAULT NULL,
    'schoolName' varchar(255) DEFAULT NULL,
    PRIMARY KEY ('id'),
    KEY 'ui' ('schoolName', 'name') USING HASH
) ENGINE=MEMORY;
```

备注

本节示例中涉及的数据表的创建脚本和初始化数据请参考本书示例项目 12。

MEMORY 引擎支持 Hash 索引，我们可以为 schoolName 属性和 name 属性创建联合索引，并进行如图 6.11 所示的测试。

可见对于基于哈希的联合索引，只有当联合索引中的属性同时出现（顺序可变）的情况下，联合索引才会生效。这是因为基于哈希的联合索引是把多个属性中的数据一起哈希后建立的索引，单独的属性无法使用该索引。

3. 模糊匹配引发的索引失效

对于 BTree 索引，使用以通配符开头的查询会引发索引的失效，在验证这一点之前，我们再次删除 user 表中之前的索引，并在 name 属性上创建一个 BTree 索引。

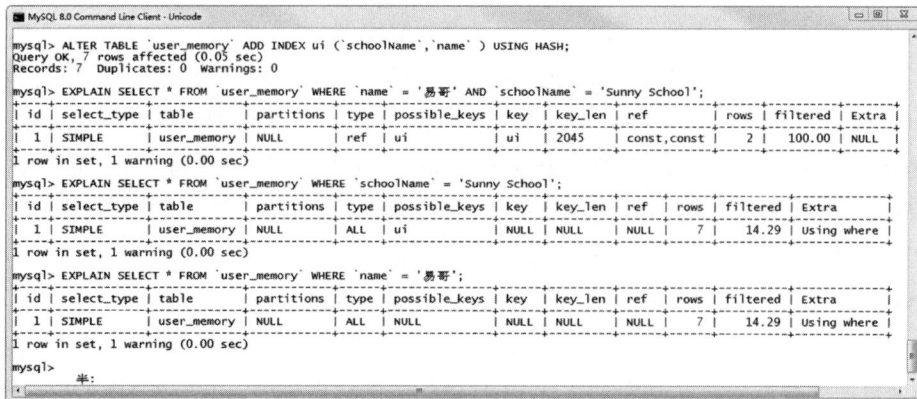

图 6.11　基于哈希的联合索引使用示例

ALTER TABLE 'user' DROP INDEX ui;

ALTER TABLE 'user' ADD INDEX name ('name') USING BTREE;

我们在 name 属性上使用 LIKE 命令进行检索，可以得到如图 6.12 所示的结果。

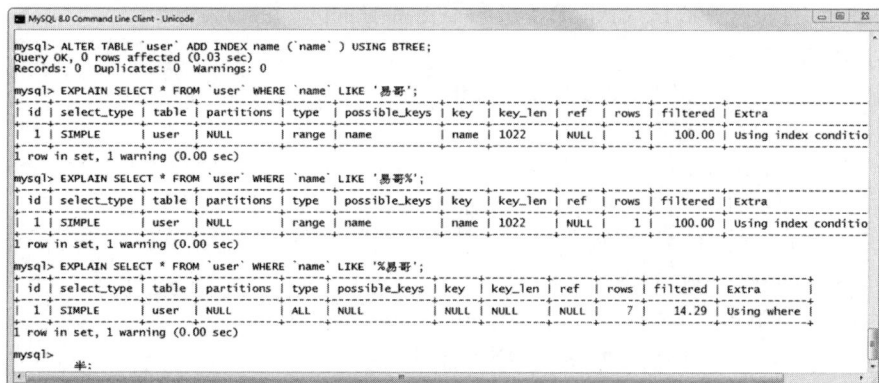

图 6.12　在 BTree 索引上使用模糊匹配查询

可见当以通配符"**%**"开头时，会导致 BTree 索引失效。这是因为 BTree 索引是自左向右计算属性的值，属性以"**%**"开头则导致索引直接失效。

对于 Hash 索引，因为是对这个属性值计算哈希值，因此任何的通配符都会导致 Hash 索引失效。为了验证这一点，我们在 user_memory 表中建立一个 Hash 索引。

ALTER TABLE 'user_memory' DROP INDEX ui;

ALTER TABLE 'user_memory' ADD INDEX name ('name') USING HASH;

我们基于 Hash 索引使用模糊匹配进行查询，得到如图 6.13 所示的结果，验证了我们的结论。

而对于正则表达式的查询，两种索引原理下的索引均不能生效。

图 6.13　在 Hash 索引上使用模糊匹配查询

4. 其他索引失效场景

除了上述介绍的几种典型的失效场景，还有一些操作会导致索引失效。在这里我们将这些操作进行总结，以便于大家在使用时避免此类情况。

- BTree 索引上使用"!="""<>""NOT"会导致索引失效。因为 BTree 索引是通过等值计算进行检索的，无法支持这些非等值计算。
- BTree 索引上使用 IN、NOT IN 会导致索引失效，因为对集合内的每个元素应用索引检索可能不如全表扫描效率高，因此数据库会放弃使用索引。这种情况下，如果要检索的属性值是连续的，可以使用 BETWEEN 代替 IN。
- Hash 索引和 BTree 索引上使用 IS NULL、IS NOT NULL、= NULL、!= NULL 会导致索引失效，因为 NULL 值无法通过索引找到。可以通过将属性的默认值设为 0、空字符串等方式来避免属性中出现 NULL 值。

6.3.4　索引的利弊

索引就是在数据表的原记录之外建立的一份能加速检索的数据结构，它在加速检索的同时也带来了两个问题：

- 额外存储的数据结构会占据一定的存储空间。
- 每次进行记录插入、编辑时需要更新额外数据结构中的数据。

由于现在存储空间都非常便宜，且索引需要的空间确实很小。因此，索引占用存储空间的问题可以忽略。

每次插入、编辑数据都需要更新索引，意味着索引会拖慢数据库的写操作，这对系统的性能有较大的影响。因此，我们不要对频繁修改而很少查询的属性建立索引，而是要把索引建立到频繁查询且很少修改的属性上。通常，在一个数据表的主键、外键、常用检索属性上建立索引是合适的。

因此，从本质上看，索引是在用空间换时间，牺牲写性能提升读性能。因此，在使用中要根据场景选择数据库引擎的种类、索引的种类、使用索引的属性、使用索引的方法，从而扬长避短更好地发挥索引的性能。

6.4　数据库引擎

我们在为数据表建立索引时，可能常常遇到索引建立失败，或者所建立的索引与设置的不一样等情况。例如，如图 6.14 所示的操作中，我们对 name 属性创建了 Hash 索引，但是索引建立完毕后，却发现得到的是 BTree 索引。

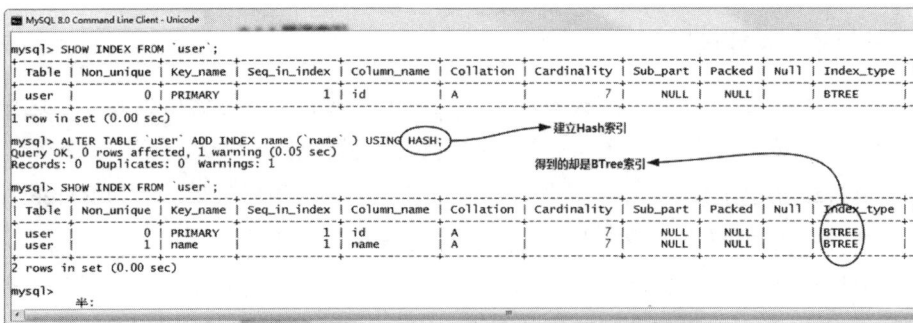

图 6.14　命令运行截图

为什么会出现这种情况呢？这是因为数据库引擎的区别。

同一种数据库，可能有不同的数据库引擎。以 MySQL 为例，它支持 MyISAM、InnoDB 等众多引擎。我们可以使用 SHOW ENGINES 命令查看数据库支持的引擎及各种引擎的主要特性，如图 6.15 所示。

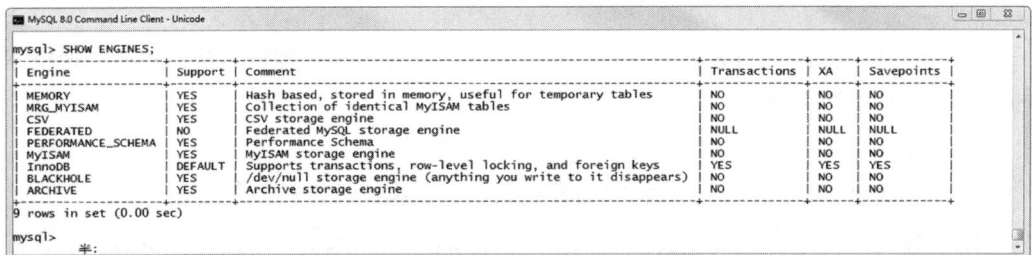

图 6.15　查看数据库支持的引擎

如图 6.14 所示，建立 Hash 索引却得到 BTree 索引的原因是当时使用的是 InnoDB 引擎，InnoDB 引擎不支持 Hash 索引。所以我们建立的 Hash 索引被自动替换为 BTree 索引，并爆出了一个 WARNING（WARNING 很容易会被我们忽略）。

不同引擎的不同特性不仅仅体现在索引上，还体现在允许的记录大小、字段大小，是否支持事务，是否支持全文检索等各方面。在设计系统的数据库时，了解所用数据库支持的引擎及各个引擎的特性。然后根据具体系统设计要求选择合适的引擎是十分必要的。

6.5　数据库锁

数据库是并发操作的高发地，数据库锁的作用是为了防止并发操作中出现冲突。

数据库的主要操作是读和写，对于读操作是可以并发进行的，对于写操作则要避免并发，因此出现了众多的数据库锁方案来确保读并发的同时防止写并发。然而，即使是写操作也是可以细分的，对于普通的单条记录的写入或修改，可以只锁定一条记录；对于针对全表的属性变动，则需要锁定整张表。为了适应以上所列的各种情况，产生了复杂的数据库锁策略。

最常规和简单的方法是将数据库锁划分为乐观锁和悲观锁两大类。我们也从这两大类展开介绍。

6.5.1　乐观锁

乐观锁的最大特点就是乐观。所谓乐观是指乐观锁认为当前操作的对象上大概率不会存在并发，不需要被操作对象加锁。乐观锁采用如下流程来确保不会发生并发冲突。

- 读取被操作对象，此时记录数据库中被操作对象的版本号。
- 对读取到的被操作对象展开相关处理，得到新的被操作对象。
- 向数据库中写入变更后新的被操作对象，在写回前需要校验数据库中被操作对象的版本号：
  - 如果当前数据库中被操作对象的版本号与读取时记录的版本号一致，表明被操作对象未被其他操作方修改。此时可以写回被操作对象。
  - 如果当前数据库中被操作对象的版本号与读取时记录的版本号不一致，表明这期间被操作对象被其他操作方修改。若此时写回被操作对象则会导致并发冲突，因此不可以写回操作对象。遇到这种情况可以再次读取、处理后再尝试写入。

在实现乐观锁的过程中，最重要的是设计版本号策略，即通过何种途径来判断被操作对象是否在读和写之间发生变化。通常的版本号策略有以下几种。

- 版本号属性：可以直接在数据表中增加一个版本号属性，版本号的值可以采用时间戳或者自增 ID。当某条记录被修改时，则更新时间戳或自增 ID。这样，只要读和写之间的版本号属性值未发生变化，则代表该记录未被修改。

- 被更新属性：假设我们要更新的属性为 C，则只要读和写这段时间中，记录的属性 C 的值不发生变化，便不会引发并发冲突。因此，我们可以不增加新的版本号字段，只需要在写操作时校验被更新的属性 C 的值是否和读操作时一致即可。

- 记录的全部属性：有些情况下，我们无法为表增加新的属性，此时也可以将记录的全部属性共同作为版本号使用。在写操作时，逐项比较各属性或者哈希校验整个记录，来判断该记录是否在读和写这段时间发生变化。

乐观锁虽然被称为"锁"，但它只是一个读写策略，并未在被操作对象上增加任何限制。因此，并发锁的存在对被操作对象的读写不会产生任何影响，这有利于提升被操作对象的并发数。对于操作方而言，则可能会出现写失败的情况，而必须重复读写。因此，这是一种牺牲操作方性能而提升被操作对象并发性能的策略。从操作方的角度看，这是一种"利他"的策略。

乐观锁的实现原理，决定它十分适合用在经常需要被读取但是极少需要被修改的对象上，此时乐观锁对应乐观假设大多数情况下是成立的，减少了操作方重复尝试的概率。

也正因为乐观锁不会为被操作对象增加任何限制的"利他"特性，乐观锁不会引发死锁，也不能实现隔离，当然也不能实现事务。因此，后面章节介绍的死锁、隔离、事务等内容都与乐观锁无关。

在数据库中，乐观锁需要数据库的使用方实现，而不由数据库提供。

6.5.2 悲观锁

悲观锁的特点是悲观，这是一种真正意义上的锁。当某个操作方在被操作对象上增加悲观锁后，其他操作方对被操作对象的操作（可能是读、写中的一种或全部，由锁的类型决定）会被阻止，直到施加锁的操作方释放锁为止。

因此，悲观锁通过限制被操作对象的共享性，使得持有锁的一方可以独享被操作对象。从操作方的角度看，这是一种"利己"的策略。

为了尽可能地减少悲观锁对被操作对象共享性的影响，悲观锁可以分为以下几个类型。

- 共享锁（又称 S 锁、读锁）：某个操作方 o 对某个对象 t 加了 S 锁后，其他操作方只能对 t 增加 S 锁。这样，多个对象可以同时读对象 t，但是不能写对象 t。

- 排他锁（又称 X 锁、写锁）：某个操作方 o 对某个对象 t 加了 X 锁后，其他操作方不能对 t 增加任何锁。只有操作方 o 可以读写对象 t。

这样似乎已经完美了，当需要读某个对象时，为其增加 S 锁，其他操作方也可以增加 S 锁但不能增加 X 锁，于是该对象可以被并发读，但不可以被修改；当需要写某个对象时，为其增加 X 锁，其他操作方不可以增加任何锁，因此当前操作方可以自由读写该对象。但其实不然，这里面存在着死锁的隐患。

试想有两个操作方 o_1 和 o_2，都需要先读再写对象 t。于是双方都先给对象 t 增加 S

锁，然后双方都想将自身持有的 S 锁修改为 X 锁，但是对方 S 锁的存在意味着双方都无法修改成功。于是，两个操作方 o_1 和 o_2 各自持有一个 S 锁，又各自无法获得 X 锁，僵持在一起造成了死锁。为了解决这种问题，引入了一种新的锁——更新锁。

- 更新锁（又称 U 锁）：某个操作方 o 对某个对象 t 加了 U 锁后，其他操作方不能对 t 增加 U 锁和 X 锁，但可以增加 S 锁。而 U 锁可以被升级为 X 锁。因此，U 锁是一种能转化为 X 锁的 S 锁。这样，当操作方需要先读后写时，需要给被操作对象增加 U 锁。U 锁表明操作方获得了 S 锁，也预定了 X 锁。通过 U 锁的引入，避免了死锁。

在使用悲观锁时，需要在满足需求的前提下，选择对被操作对象的共享性影响最小的类型。即只要满足要求，能用 S 锁就不要用 U 锁；能用 U 锁就不要用 X 锁。从而最大限度地保证被操作对象的并发性能。

在数据库中，悲观锁由数据库自身提供，并基于悲观锁实现了事务。通常开发者只需要直接使用事务即可，而不需要接触底层的悲观锁。

数据库在使用悲观锁时，悲观锁的作用范围主要分为两种。

- 行锁：给整个行（记录）的数据加锁。只要数据库能判断出具体操作的记录的行，则只会对目标行加锁。例如，在 id 为表主键的情况下，UPDATE ... WHERE id = 1 只会对 id 满足条件的一条记录加锁。
- 页锁：介于行锁和表锁之间，它会锁定相邻的几行记录。
- 表锁：给整个表的数据加锁。当数据库无法判断出具体操作的记录的行时，则会对整个表加锁。例如，在 name 不是主键的情况下，UPDATE ... WHERE name = '易哥' 需要对整个表的记录加锁。

不同的数据库引擎对锁的范围的支持不同，有些数据库引擎只支持表锁。因此，这也是数据库引擎的选项依据之一。

6.6　死锁

锁的很多设计是为了避免死锁而做的，因此我们有必要了解一下死锁。这里介绍的死锁概念是通用的，不仅可以应用在数据库设计中，还可以应用在软件逻辑设计等方面。

所谓死锁，就是多个操作方因为竞争资源而互相等待造成的无外界参与则无法破解的僵局。例如，某个宝箱一共有两把钥匙，且同时使用两把钥匙才可以打开。A、B 两人各收集了一把钥匙而绝不让出。那两个人永远不会打开宝箱。这种僵局就是死锁。显然，乐观锁不会形成死锁，因为乐观锁是"利他"的，根本不会占有钥匙。

死锁的产生需要四个必要条件，这四个条件必须同时出现才会导致死锁，如下所示。

- 互斥条件：所争夺的资源具有排他性。例如，在该示例中，钥匙具有排他性，每把钥匙只能掌握在一人手中。

- 不剥夺条件：某个操作方获得资源后，其他操作方不能强制剥夺资源。例如，在该示例中，每个人都不能抢夺对方手中的钥匙。

- 请求和保持条件：操作方已经掌握了至少一个资源后，又请求新的资源。例如，在该示例中，每个人都持有一把钥匙不放手，而又请求另一把钥匙。

- 循环等待条件：存在资源的等待链，链中每个操作方已获得的资源同时被链中下一个操作方请求，并组成了环。例如，在该示例中，A 手中的钥匙被 B 请求，B 手中的钥匙被 A 请求，组成了一个环。

只要打破四个必要条件中的任何一个条件便可以避免死锁。

- 打破互斥条件：如果一个资源能被多个操作方共享，便打破了互斥条件。但一般情况下，死锁发生在写操作时，X 锁意味着资源是很难共享的。

- 打破请求和保持条件：避免一个操作方在持有资源的情况下，继续申请其他资源。有多种实现方法，如下所示。

  ○ 要求操作方每次只能持有一个资源，要想申请下一个资源则必须先释放已有的资源。也就是说，允许"请求"但是不允许"保持"。

  ○ 要求操作方每次申请操作所需要的全部资源，而不能在获得了资源之后再申请资源。也就是说，允许"保持"但是不允许"请求"。

- 打破不可抢占条件：只要允许资源的争抢便可以打破这一点，方法有很多，如下所示。

  ○ 要求操作方在进一步请求资源时，如果失败则要放弃已拥有的所有资源。这其实就是将资源主动让给了其他操作方。

  ○ 要求操作方在进一步请求资源时，如果失败则可以拥有资源的一方竞争该资源（随机数比较或者操作方优先级比较等）。这其实就定义了资源的抢夺机制。

- 打破循环等待条件：只要确保对资源的依赖不要成环即可。因此，可以对资源进行排序，操作方只能按照资源顺序获取资源，这就保证了资源的依赖不会成环。

基于以上的死锁打破策略，还产生了许多死锁预防算法，如银行家算法。银行家算法会在资源分配前计算如果同意分配某个资源会不会引发死锁，只有不会引发死锁时才会进行资源的分配。

在死锁发生后，还可以通过死锁检测来发现死锁，然后采用强制资源剥夺手段来实现死锁解除。

本节介绍的死锁概念具有极广的适用性，而不是局限于数据库中。在高性能系统中，高并发使得资源竞争十分常见，因此可能会在很多地方出现死锁。

如果一个软件发生死锁，将会对软件的性能造成极大影响。因此，软件开发、测试中一定要格外注意，防止死锁的产生，并在死锁发生时尽快定位和解除死锁。

程序发生死锁时，定位死锁点通常并不困难，因为死锁点处的程序是静止的。在数据库中，我们可以通过查看死锁日志的方式来定位死锁点；在程序中，我们可以通过分析线程 DUMP 文件来定位死锁。然后可以根据实际情况修改程序代码，打破四个必要条件中的一个来避免死锁的发生。

6.7　事务

事务是一组操作的结合，这组操作要么全部成功，要么全部失败，不存在中间状态。或者更清晰的，我们可以通过事务的四大特性来更清晰地定义事务。事务的四大特性常被简称为 ACID，具体如下所示。

- 原子性（Atomicity）：指事务中的操作是一个整体，这些操作要么全部完成，要么全部不完成。不允许出现部分完成的情况。
- 一致性（Consistency）：指事务的执行不会破坏数据库的完整性约束。这里的完整性约束包括数据关系的完整性和业务逻辑的完整性。
- 隔离性（Isolation）：指当多个事务并行发生时，相互之间完全隔离互不干扰。
- 持久性（Durability）：指一个事务一旦被提交了，事务中的操作就不会再丢失。

但是事务的出现会降低系统的并发，因此适当地使用事务对提升系统性能十分关键。在这一节，我们详细介绍事务，尤其是事务对并发性能的影响。

6.7.1　事务并发导致的问题

在事务的四个特性中，有几个特性在数据库中并不难实现。对于原子性，只要增加、删除、修改、查找等操作支持回滚则可以实现；对于一致性，可以由事务的执行逻辑保证；对于持久性，数据库本身持久化功能便支持。最难以处理的特性是隔离性。

事务的隔离性要求事务之间不会互相干扰。多个事务之间要想不存在干扰，则必须串行进行，串行执行事务将极大地降低数据库的并发性。

显然，只要取消事务的隔离性便会带来数据库性能的极大提升。但是取消事务间的隔离也会导致很多事务的并发问题，我们先分析下这些问题，然后再探讨如何在并发性能和这些问题之间取得一个平衡。

1. 脏读

脏读是指一个事务读取了另一个事务尚未提交的数据。

如图 6.16 所示，事务 1 写入了记录 r，尚未提交时便被事务 2 读取，之后事务 1 又回滚了事务。此时就发生了脏读，事务 2 读取到了一条事务 1 尚未提交的数据。

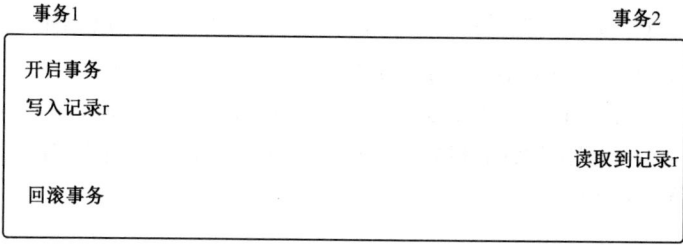

图 6.16　脏读示例

2. 不可重复读

不可重复读是指一个事务多次读取同一个数据，却得到了不同的结果。这是因为在多次读取的时间间隔中，另一个事务修改了数据并进行了提交。

如图 6.17 所示，事务 1 两次读取记录 r 却得到不同的结果。因为在两次读取期间，事务 2 修改了记录 r。

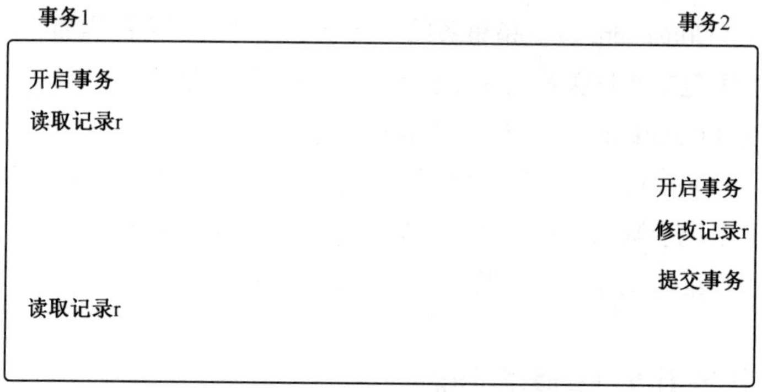

图 6.17　不可重复读示例

3. 幻读

幻读是指事务不独立执行时发生的现象。如图 6.18 所示，事务 1 删除表中的所有记录，然后提交，但是提交完成后却发现表中还存在记录。这是因为事务 2 在事务 1 操作后、提交之前向表中插入了一条记录。最后读取到的记录像是幻觉引发的，明明记录都删除了，怎么还会存在呢！

不可重复读和幻读比较容易混淆，都是前后两次读取的结果不一致。但实际两者差别很大。其区别在于，不可重复读是由其他事务修改、删除目标记录引发的，通过锁定目标记录可以避免；而幻读是由其他事务插入新记录引发的，要想避免幻读只能锁定整张表。因此，不可重复读是针对已有记录的，是记录层面的，而幻读是表层面的。

事务1	事务2
开启事务	
删除表中所有记录	
	开启事务
	向表中插入记录r
	提交事务
提交事务	

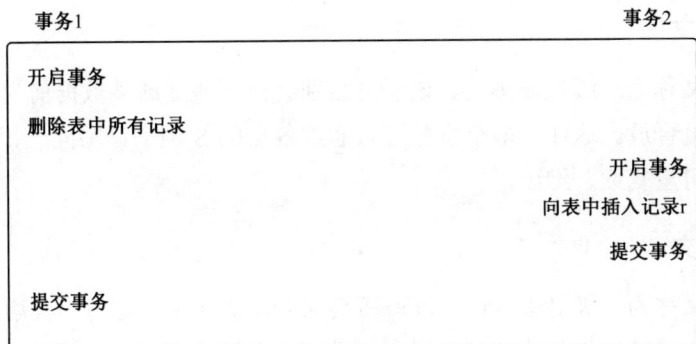

图 6.18 幻读示例

6.7.2 事务隔离级别

通过上一节可知，事务隔离是必要的。而实现事务隔离也很简单，只要在操作事务前给受影响的记录加锁，直到事务结束再释放锁即可。

例如，直接给被操作记录增加 X 锁，则可以直接阻止其他操作方再增加 S 锁和 U 锁，确保外界不能读写被操作记录，直接实现了事务的串行化。然而，这会带来巨大的并发性能损耗。

因此，我们需要再做出一些取舍，在事物之间增加一些隔离，但也容忍一些事务并发问题。这就引入了事务隔离级别的概念。

事务隔离级别不是解决隔离性和事务并发问题之间的矛盾，而只是在两者之间取得一个平衡，如图 6.19 所示。事务隔离有很多级别，越高的隔离级别则越能减少事务并发问题，但会损失数据库并发性能；越低的隔离级别越能提升数据库并发性能，但会引发更多的事务并发问题。

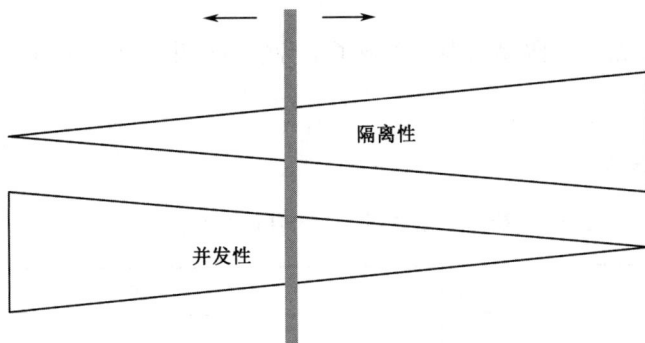

图 6.19 隔离性与并发性的矛盾

可见，选择合适的事务隔离级别对于提升系统的并发性十分重要。下面我们介绍常用的数据库隔离级别。

1. 读未提交

读未提交又称为一级封锁协议。该隔离级别会在事务更新某数据前为其增加 S 锁，直到事务结束时释放。这样，多个事务可以通过各自的 S 锁来读写同一记录，从而可能出现脏读、不可重复读、幻读。

2. 读已提交

读已提交又称为二级封锁协议。该隔离级别会在更新某数据前为其增加 X 锁，直到事务结束，避免了其他事务读取到未提交的数据，即防止了脏读。该隔离级别会在读取某数据前为其增加 S 锁，读取完毕立即释放。

该隔离级别避免了脏读，但是不能避免不可重复读、幻读。

3. 可重复读

可重复读又称为三级封锁协议。该隔离级别会在更新某数据前为其增加 X 锁，直到事务结束，避免了其他事务读取到未提交的数据，即防止了脏读。该隔离级别会在读取数据前为其增加 S 锁，直到事务结束，避免了其他事务修改该数据，从而避免了不可重复读。

该隔离级别能够避免脏读、不可重复读，但是不能避免幻读。

4. 串行化

串行化又称为四级封锁协议。该隔离级别会在更新某数据前为整个表增加 X 锁，直到事务结束，避免了其他事务读取到未提交的数据，即防止了脏读。该隔离级别会在读取数据前为整个表增加 S 锁，直到事务结束，避免了其他事务修改该表，从而避免了不可重复读。由于锁是增加在表上的，事务执行期间其他事务无法插入新的数据，因此避免了幻读。

该隔离级别是最高级隔离级别，实现了事务的串行化，能避免脏读、不可重复读和幻读。

5. 隔离级别总结

下面给出了各个事务隔离级别和事务并发问题之间的关系。

隔离级别	脏读	不可重复读	幻读
读未提交	可能	可能	可能
读已提交	不可能	可能	可能
可重复读	不可能	不可能	可能
串行化	不可能	不可能	不可能

在实际项目设计中，我们应该根据业务需求选择隔离级别。在系统性能和系统给出结果的准确性之间取得一个平衡。

6.7.3　自建事务

事务这一概念最早来源于数据库操作，因此事务通常也是特指数据库事务。其他更高的软件层级可以基于数据库完成一些事务操作，例如，Spring 中的事务管理配置，实际最终是通过数据库事务完成的。

在软件系统中，有一些操作总是无法被封装为事务，以下面的操作序列为例：

- 向某应用发送请求。
- 向某用户发送邮件。

上述两个操作无法被封装为事务。我们对此进行一下分析。

事务的原子性要求所有操作必须同成功或同失败，而事务中的操作毕竟有先后顺序，这就要求先进行的操作能在后面操作失败时回滚。然而，因为上述两个操作均是无法回滚的：发出去的请求无法撤销；发出去的邮件也无法收回。

当然，这只是一种通常的情况。在某些特殊场景下，如在金融系统中可以通过复杂的冲正操作来撤销已经发出的请求，某些邮件系统也支持系统内邮件的撤回。但以上两者都需要庞大系统的支撑，这通常是不满足的。

了解了这些以后，我们可以自建一些近似实现事务的操作。例如，存在下面的三个操作：

① 生成请求内容。

② 在数据库记录请求内容。

③ 向某应用发送请求，并携带请求内容。

则可以封装成一个近似的事务。

- 第①步操作无论成功或失败，都不会给事务外部造成任何影响。如果成功，则继续下一步；如果失败，则停止操作，相当于整个事务执行失败并回滚。
- 第②步操作预先记录内容。如果成功，则继续下一步；如果失败，则回滚本步操作，相当于整个事务执行失败并回滚。
- 第③步操作对外发送请求。如果成功，则标志整个事务完成；如果失败，则回滚第②步操作，相当于整个事务执行失败并回滚。

这里说的近似事务是说如果第③步执行中，请求发出成功但是请求的接收方处理请求失败，则该事务回滚也无法收回第③步发出的请求。这一请求可能会对网络或者请求接收方等外界环境产生一定影响，导致外界环境和事务执行前不一致。因此，事务执行前和事务回滚后可能对外界产生影响，这只是一种近似的事务。

同样是上面的三步操作，修改成如下的次序后，则无法再组成事务：

① 生成请求内容。

② 向某应用发送请求，并携带请求内容。

③ 在数据库记录请求内容。

这是因为如果第③步数据库记录操作失败，第②步发出的请求却已经无法回滚，可见数据库事务是许多更高层级事务的基础。

在这里我们也可以总结出自建事务的技巧，即在事务中首先执行不会对外界造成影响的操作、可以完全回滚的操作，最后执行不可回滚的操作。并且，不会对外界造成影响的操作、可以完全回滚的操作在一个事务中可以存在多个，但不可回滚的操作却只能存在一个。

6.8　巨量数据的优化

很多情况下，一个数据表在刚建立时的响应时间是满足要求的，但是随着时间的推移，表中的数据越来越多，其响应时间也越来越长。这是因为随着数据量的增多，数据文件和索引文件都会变大。从而使得增加、删除、修改、查找操作所需的检索、移动等工作量增加。最终引发数据库响应时间的增加。

因此，必须在数据库的数据量增加到瓶颈时，进行一些优化工作，提升数据库的读写性能。在经常需要查询的字段上建立索引，便是一个快捷且有效的手段。但除此之外，还有一些可行的方法，我们将在这一节一一介绍。

本节介绍的方法的实现难度和影响范围也依次增大。因此，在使用时，建议按照小节顺序逐步叠加采用。即先采用表分区策略，然后叠加分库分表策略，最后叠加读写分离策略。

6.8.1　表分区

数据库中表的概念大家都不陌生，它是一个逻辑概念，代表了结构相同的一组记录。

在数据库中，每个数据表也对应了一组存储文件。具体来说，每个表对应的存储文件数目和文件类型因数据库种类、引擎种类等的不同而不同。例如，在 MySQL 8.0 中，我们在名为 yeecode 的数据库下建立使用 InnoDB 引擎的数据表 user、task，再建立一个使用 MEMORY 引擎的数据表 user_memory，则在 MySQL 的数据存储区看到与 user 表、task 表对应的 IBD 文件和与 user_memory 表对应的 SDI 文件，如图 6.20 所示。

但是，一个表的逻辑概念也可以对应多组存储文件，即将一个表的内容拆分到多个存储文件中，这种操作就叫作表的分区。例如，我们可以使用图 6.21 所示的操作对 user 表进行分区。在该项操作中，我们使用 user 表的 id 属性作为分区依据，使用 Hash 算法将 user 表分到了四个区中。

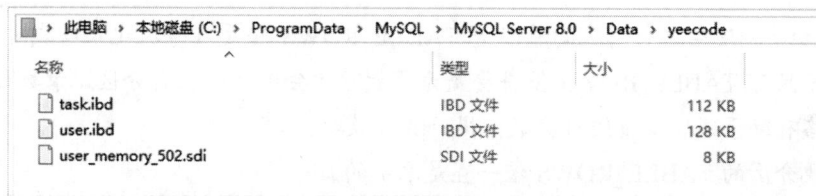

图 6.20　表的存储文件

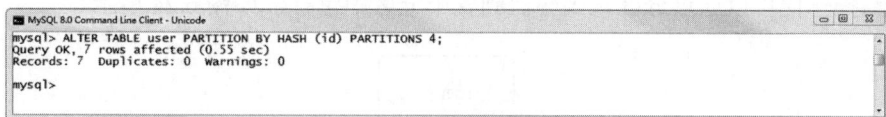

图 6.21　表的分区操作

分区结束后，我们可以看到，原来的存储文件 user.ibd 被拆分成四个存储文件，并依次命名为 user#p#p0.ibd～user#p#p3.ibd，如图 6.22 所示。

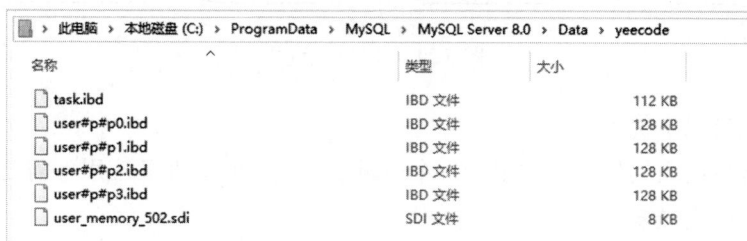

图 6.22　表分区后的存储文件

我们也可以直接使用如图 6.23 所示的语句查看各个分区中记录的数目。

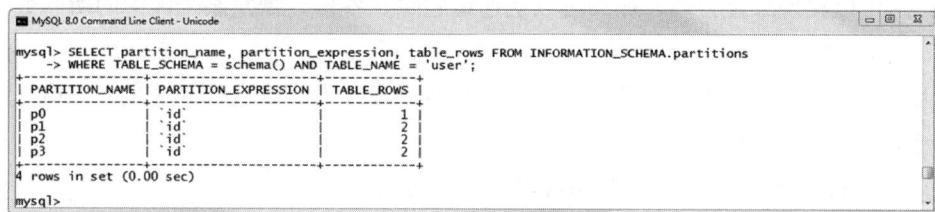

图 6.23　表中数据分布

备注

注意，在初次分区结束后，p0 分区的 TABLE_ROWS 显示是 0，与实际该分区中存在的记录数目不一致。之后，在该分区上的数据增删会导致 TABLE_ROWS 值在 0 的基础上进行增减变化，直到删除记录引发 TABLE_ROWS 将要变为负数时，才会使得 TABLE_ROWS 根据实际记录数目进行一次同步。如图 6.23 所示的结果为同步结束后的结果。

> 作者猜测发生这种情况的原因是 TABLE_ROWS 值是在每次记录增减时增量变化的，而只有 TABLE_ROWS 值将要变为负数时才会进行一次全分区记录数目统计。这种策略有助于减少全量统计次数，提升统计效率。
>
> 其他分区的 TABLE_ROWS 值一直是准确的。

表分区后，对外仍然表现为一个逻辑的表。但内部数据已经分散到多个区中，于是相关读写操作便可以通过分区规则分流到各个分区中进行，如图 6.24 所示。

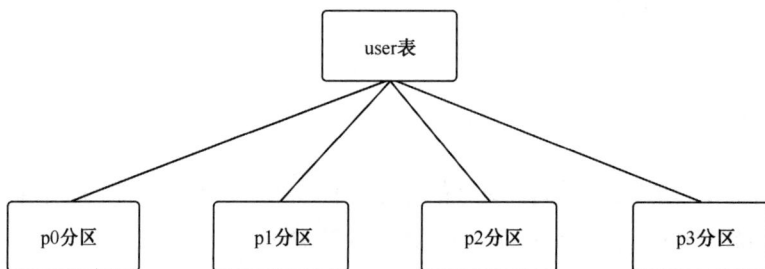

图 6.24　表分区示意

表的分区有以下优点。

- 分区后的表仍然对外体现为一个逻辑表，这意味着业务应用不需要因为数据表的分区而做变动。
- 可以将不同的分区文件放在不同的磁盘上，从而增加了数据表存储的记录的数目。
- 可以将不同的分区文件放在不同的磁盘上，从而分散读写操作，充分利用磁盘的读写性能，提升表的吞吐量。
- 可以实现分区管理，例如可以快速地删除、备份、恢复某个区中的所有数据而不影响其他区。

因此，在数据量较大遇到并发瓶颈时，对数据量较大的表进行分区是一个极好的选择。通常，存在四种分区方式。

- Range 分区：对给定属性按照区间进行分区。
- List 分区：对给定属性按照离散集合进行分区。
- Hash 分区：对给定属性使用散列函数进行分区，给定属性可以是多个，散列函数可以由用户指定。
- Key 分区：类似于 Hash 分区，但是给定属性只能是一个，散列函数由数据库引擎提供。

以上是常用的分区方式，但不同存储引擎对分区方式的支持、分区规则的限制等不尽相同。具体使用时可以参照存储引擎进行选择。

要想发挥表分区的威力，有几点需要注意。

首先，在分区时要结合查询规则，尽量保证常用查询只会落到一个分区中。例如，存在一个巨大的"学生姓名—教师姓名"关联表，假设最常见的操作是通过学生姓名查找对应的教师姓名列表，则应该以学生姓名为依据进行分区。这样，当输入某个学生姓名进行查询时，相关操作会分流到该学生姓名所处的一个分区上。这样就避免了数据库查询多个分区后再进行合并。同理，如果最常见的操作是通过教师姓名查找对应的学生姓名列表，则应该以教师姓名为依据进行分区。

其次，在查询某个已经分区的表时，尽量将分区条件放到 WHERE 语句中。例如，上述"学生姓名—教师姓名"关联表基于学生姓名进行了分区，则最好在 WHERE 的限制条件中增加学生姓名。这样，就可以直接将该查询操作分配给某个分区，避免了对所有分区进行扫描。

可见表分区实际上就是基于并行与并发的思想对数据表的读写操作进行分流的。很多时候，我们可以利用表分区来提升系统的性能。例如，在日志系统中，可以将久远的历史数据分配到单独的分区上，它们很少被访问且可以被方便地删除；人员管理系统中，可以根据人员所属的机构进行分区，因为大多数操作都是局限在同一个机构内的，可以交给具体的分区进行。

对表进行分区能够在不影响业务应用的情况下提升数据表的并发性能，但是这种方法也不是万能的。首先，一个表能进行分区的数目是有限的，通常是 1024 个；其次，表分区过多后会出现更多的跨区查询，影响分区效果。这时候，可以使用下面的手段。

6.8.2　分库分表

首先说明一下，分库和分表是两个独立的概念。

分库是将一个数据库中的内容拆分到多个数据库中。假设我们要将包含两个数据表的某个数据库拆分成两个库，则有两种拆分思路：第一种思路，将一个表保留在原库中，另一个表移动到新拆分出的库中；第二种思路，将两个表中的内容各拆分出一半组成两个新表，然后将两个新表放入新库中。两种分库思路示意图如图 6.25 所示。

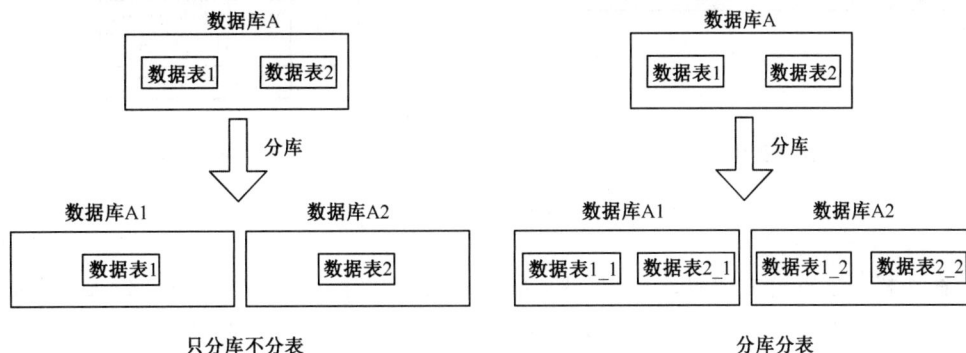

图 6.25　两种分库思路示意图

然而第一种思路中，只是减少了库中表的数据，表中数据数目没有变化，对数据库的性能影响不大，因此很少采用。因此，通常说的分库就是第二种思路，在这种思路中，配合库的拆分，表也进行了拆分。因此，常常直接称第二种思路的操作为分库分表。

分表就是将一个数据表中的数据拆分到多个数据表中，使得每个数据表更小，便于索引检索、全表检索的开展。表的缩小还使得行锁、表锁的范围变小，提升了数据表的并发能力。

拆分后的多个数据表可以继续放在同一个数据库中，也可以分散到多个数据库中。为了提升并发，通常会采用后者。在对数据表进行拆分时，根据拆分的方式不同，可以分为两种。

- 水平拆分：拆分出的多个表具有相同的结构，但包含不同的记录。原表中的记录根据一定规则被分配到拆分出的多个表中。
- 垂直拆分：拆分出的多个表结构不同，原表中的某条记录被拆开后分配到拆分出的多个表中。每个表中只包含原表的部分属性。

水平拆分和垂直拆分示意图如图 6.26 所示。阅读到这里我们也可以发现，表的分区其实就是表内部的水平拆分工作。

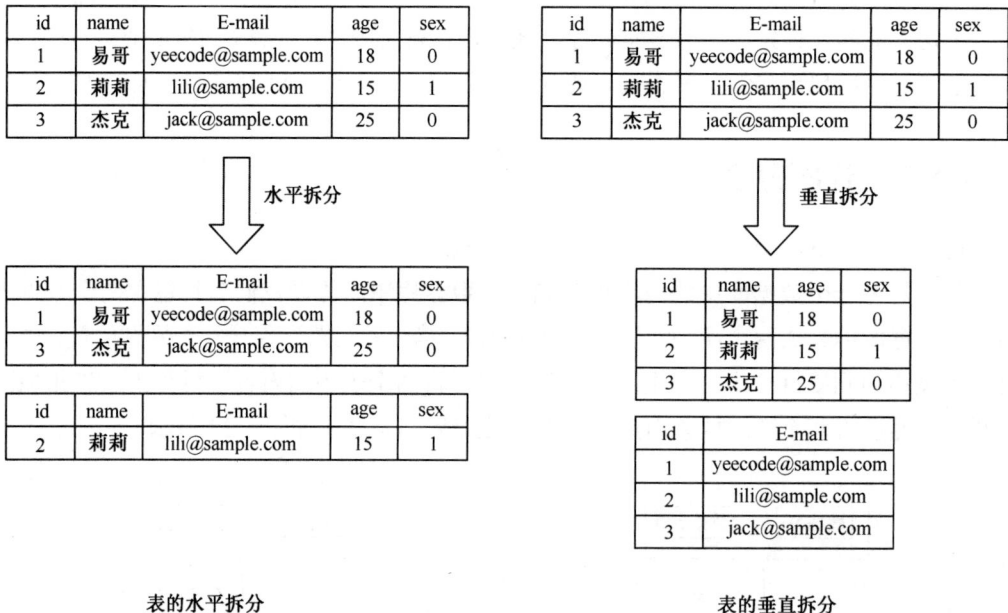

拆分前（水平拆分）

id	name	E-mail	age	sex
1	易哥	yeecode@sample.com	18	0
2	莉莉	lili@sample.com	15	1
3	杰克	jack@sample.com	25	0

水平拆分 ↓

id	name	E-mail	age	sex
1	易哥	yeecode@sample.com	18	0
3	杰克	jack@sample.com	25	0

id	name	E-mail	age	sex
2	莉莉	lili@sample.com	15	1

拆分前（垂直拆分）

id	name	E-mail	age	sex
1	易哥	yeecode@sample.com	18	0
2	莉莉	lili@sample.com	15	1
3	杰克	jack@sample.com	25	0

垂直拆分 ↓

id	name	age	sex
1	易哥	18	0
2	莉莉	15	1
3	杰克	25	0

id	E-mail
1	yeecode@sample.com
2	lili@sample.com
3	jack@sample.com

表的水平拆分　　　　　　　　表的垂直拆分

图 6.26　水平拆分和垂直拆分示意图

在选择表的拆分方式时，有一个原则就是让查询操作尽量不要跨表。例如，在如图 6.26 所示的数据表中，假设经常需要获取某个用户的全部信息，则可以采用水平拆分；假设经常需要获取全体用户的基本信息进行展示和统计，而只有在某些情况下才会获取用户的电子邮件地址信息，则可以采用垂直拆分。这样一来，大多数查询操作只需要在某一张表中即可完成，而不需要多表的拼接。

但是，无论水平拆分还是垂直拆分，原本的一个逻辑表将会变为多个逻辑表。这意味着业务应用需要进行额外的操作。这些操作主要包括两大块。

- 路由操作：需要业务逻辑将原本指向一个数据表的读写请求分散到拆分出的一个或者多个表上。该路由操作逻辑一般和分库分表逻辑是一样的。
- 拼接操作：需要业务逻辑将拆分后的多个数据表给出的数据片段进行横向或者纵向的拼接，以得到完整的数据。

相对于只能进行水平拆分的表分区而言，分库分表显然更为灵活强大，其拆分也更为彻底。但是，逻辑表的变动需要业务应用配合完成路由操作和拼接操作，实现代价也更大。

6.8.3　读写分离

在 6.5.2 节我们了解到锁的存在对数据库的并发性能影响极大。尤其是 X 锁，它直接独占了被操作对象，完全阻止了其他操作方的读写操作。也就是说，读操作可以高并发地进行，而写操作则是串行的。这时我们会想能不能将读操作和写操作分割开来，以保证读操作可以不受写操作的制约，一直并发进行。读写分离就是基于这种思路产生的。

了解了读写分离的基本思路之后，可以发现读写分离对于频繁读而少量写的系统的并发性能有显著提升。对于这种系统，主要并发压力在读操作上，读写分离之后，读操作可以不被 X 锁阻隔而一直并发进行。对于频繁写而少量读的系统，读写分离的提升效果就比较有限。

一个数据库显然无法实现读写分离，因此读写分离需要多个数据库的支持。一般有一个数据库负责接收写操作，这个数据库叫作主库；有一个或者多个数据库负责接收读操作，这些数据库叫作从库。要想实现读写分离，有以下两个问题需要解决。

- 路由操作：根据读操作（SELECT）和写操作（ADD、UPDATE、DELETE、创建修改表）的不同将原本指向一个数据库的操作请求分流到从库和主库上。
- 主从复制操作：将主库上的写操作同步到从库上，从而确保从库内容和主库内容一致。

读写分离的数据库系统如图 6.27 所示。

其中路由操作是相对简单的，在业务应用配置多数据源、使用专门的路由中间件，甚至使用 MyBatis 中的插件都可以将读写请求分离开来。而主从复制操作则相对比较复杂，因此我们着重介绍。

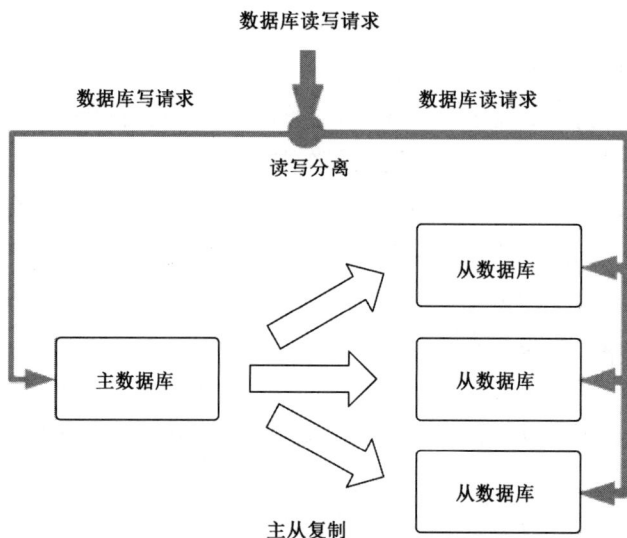

图 6.27　读写分离的数据库系统

1. 主从复制的实现方案

　　主从复制是指将主数据库中的变动同步到从数据库中的过程。在这个过程中要避免对从数据的写操作，否则会导致从数据库上出现 X 锁，失去了读写分离的意义。

　　既不能在从数据库上进行写操作，又要将主数据库的内容同步到从数据库，最常用的方案是基于数据库操作日志实现的。以 MySQL 数据库为例，整个实现过程如下所示。

① 主数据库开启日志记录功能，将写操作记录到 BinLog 日志中。

② BinLog 被传送到从数据库中，写入从数据库的 RelayLog。

③ 从数据库解析 RelayLog，并重现主数据库上的写操作。

整个过程如图 6.28 所示。

在进行日志记录、传输、解析的过程中，存在三种模式。

- STATEMENT 模式：日志中存储的是操作语句，恢复的也是操作语句。这种模式下的日志可读性好，但是如果出现包含 NOW() 函数的插入，则会因为主从机器的语句执行时间差而导致数据不一致。

- ROW 模式：日志中存储的是主数据库中的记录。这种模式下的日志执行效率高，也不会因为时间戳的不同而导致数据不一致。但是这种模式的日志可读性差。

- MIXED 模式：日志中存储的是操作语句和记录的混合，数据库引擎会主要写入
操作语句，必要时写入记录变动。

为了保证日志的准确性和可读性，一般推荐使用 MIXED 模式。

上述的数据库主从复制工作，不仅可以应用在读写分离上，也可以应用在数据库备
份等场合。

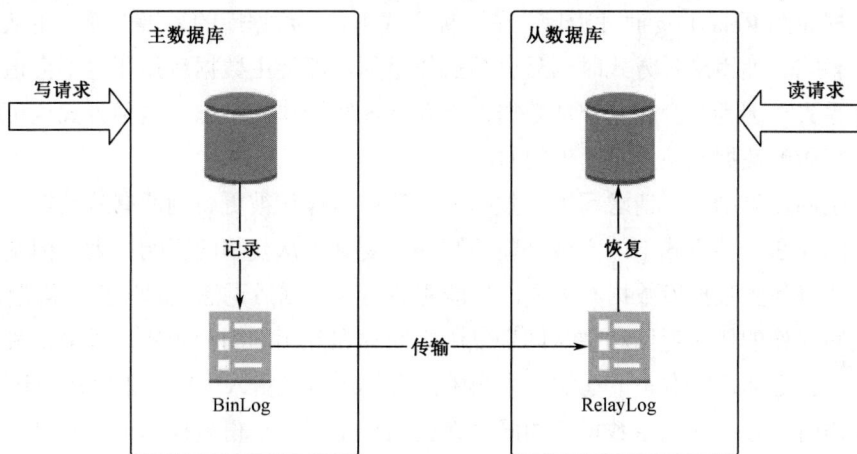

图 6.28　主从复制

2. 主从复制的延迟问题

主数据库接收到写请求并变更记录后，新的记录需要经过日志的写入、传输、解析
后才会反映到从数据库上，因此从数据库上的内容和主数据库不是实时一致的，存在一
个时间延迟。这可能会导致操作方写入某数据后不能立即读到最新的值，如图 6.29 所示。

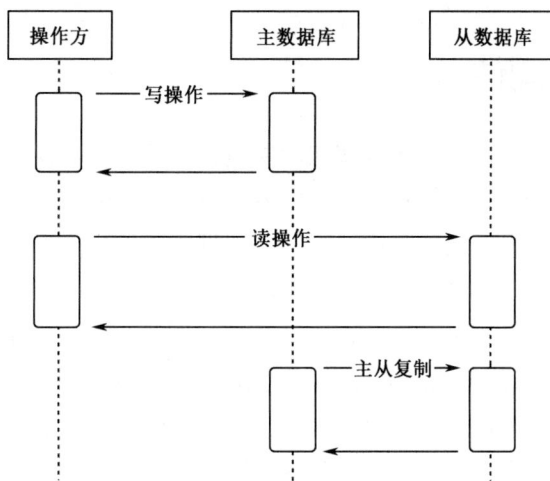

图 6.29　主从复制的延迟

考虑到主从复制的延迟，有以下几种主从复制方式。

- 异步复制：写请求写入主数据库后立刻返回，主数据库中的变动同步到从数据库上是全异步的操作。在这种方式下，能减少主从复制对主数据库中写请求的影响，保证写请求尽快返回。但是，却可能导致写入的数据无法及时读出，并且当主数据库突然损坏时可能导致数据丢失。

- 半同步复制：写请求写入主数据库并等待该操作的日志至少被传送到一个从数据库的 RelayLog 时才返回。在这种方式下，主数据库的写操作受到主从复制的影响。使用这种方式时，只要写操作返回，即使主数据库损坏也不会造成数据丢失。因为至少有一个从数据库上存有该写操作的日志。这种方式也可能出现写入的数据无法及时读出的问题。

- 全同步复制：写请求写入主数据库并等待该操作被更新到所有从数据库时才返回。在这种方式下，主数据库的写操作受到主从复制的影响很大。但是该操作能确保主数据库数据不丢失，也能避免写入数据后无法及时读出的问题。

可见写操作的快速返回和主从同步复制之间存在互相制约的矛盾，以上三种方式就是在矛盾双方之间进行取舍。在实际生产中，我们还可以引入中间件来解决上述矛盾。

写操作时，数据写入主数据库的同时在中间件中保留一份被操作记录的键。在读操作时，中间件判断要读取的记录是否有尚未同步到从数据库的变动。如果不存在尚未同步的变动，则将读操作分配给从数据库，否则将该读操作分配给主数据库。通过中间件的路由操作，将部分请求转给主数据库，保证了写后的数据可以被及时读出。

这里的难点在于中间件如何判断某个变动是否已经被同步到从数据库，可以在从数据库上安装插件实现，也可以直接采用时间估计实现，即认为经过某个时间阈值后，某个变动一定同步到从数据库。

6.9　数据库中间件

当我们使用单一数据库时，数据库的功能是完备的。但当我们要使用集群等方式提升数据库的性能时就会发现，仅仅依靠数据库本身是不够的，还需要在数据库外完成主从同步、读写分离、主备切换、分库分表、多数据库连接、分布式事务等众多功能，为了实现这些功能，诞生了众多数据库中间件。

数据库中间件的种类很多，如 Cobar、TDDL、Vitess 等，而其中使用最广泛的莫过于 MyCat。接下来我们以 MyCat 为例，对数据库中间件的功能进行介绍。

MyCat 解决的最主要的问题是分库分表的问题，作为一个中间件，MyCat 可以连接分布在不同机器上的多个数据库，但对业务应用表现为一个数据库，如图 6.30 所示。

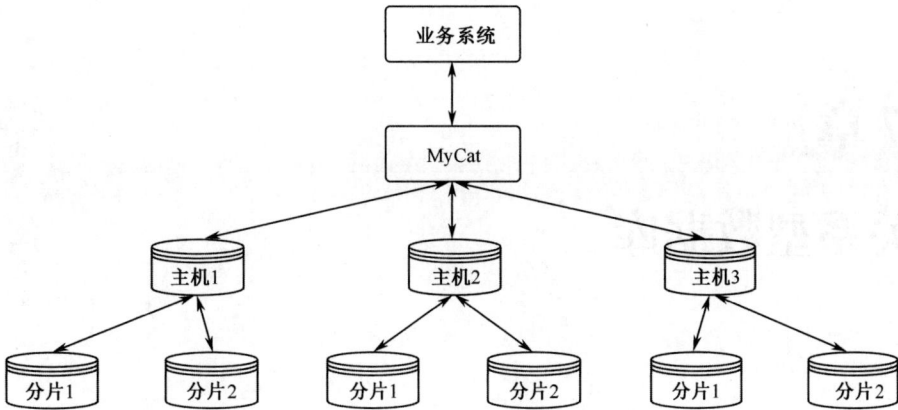

图 6.30 MyCat 的功能

    基于 MyCat，分布在不同机器上的数据片可以被整合起来，对外暴露成一个数据库。这样业务应用可以像对待一个数据库一样对待 MyCat，而由 MyCat 负责完成设计分库分表的路由和数据整合问题。

    除了支持分库分表，MyCat 还对读写分离、高可用集群、分布式事务进行了支持。另外，MyCat 不仅支持 MySQL 数据库，还支持 SQL Server、Oracle、DB2 等数据库，甚至包括 MongoDB 等非典型数据库。

    在进行数据库设计时，可以借助 MyCat 等数据库中间件完成数据库集群等的搭建工作，这能帮助我们取得事半功倍的效果。

第7章

非关系型数据库

关系型数据库是以列为维度进行数据格式的管理，以行为维度进行数据记录的存储。这种行列管理的方式如同一个表格，确保了每张数据表内数据的规范性。同时又通过设计范式对数据表内、表间的组织方式进行了进一步的约束。因此，关系型数据库善于对数据进行规范化的组织管理。

此外，关系型数据库还支持数据的持久化，支持事务，这都极大地扩大了关系型数据库的应用范围，使之成为了主流数据库。

但是，以上特性也使得关系型数据库有了不少局限。于是出现了许多的非关系型数据库，它们通常被称为 NoSQL（Not only SQL 的意思）数据库。

非关系型数据库在数据的组织形式、存储方式等方面进行了许多的突破，这使得它们在某一或者某几个方面有着关系型数据库难以比拟的特性。

本章将对几种典型的非关系型数据库进行入门介绍，以帮助大家在系统设计时进行选型。如果你用过某种非关系型数据库，也可以跳过对应的内容，因为你了解的可能比书中介绍得更多。

备注

在实际生产中，不同非关系型数据库的应用广度差别很大。下面我们给出各种数据库的流行程度排行，大家在学习时可以重点学习应用更广的数据库。

数据库类型	典型数据库	流行程度
键值数据库	Redis	★★★★★
文档数据库	ElasticSearch	★★★★☆
宽列存储数据库	HBase	★★★☆☆
图数据库	Neo4j	★★★☆☆
面向对象数据库	ObjectDB	★☆☆☆☆

7.1　键值数据库

键值数据库，顾名思义就是采用键值对的形式进行数据存储、管理的数据库。其中，"键"是唯一标识符。存入数据时，必须为每个数据"值"指定一个"键"；读取数据时，通过"键"将数据"值"查找出来。

这种仅支持键值对的存储方式十分简单，减小了对存储空间的占用，甚至可以将所有数据均存放在内存中。因此，许多的键值数据库直接使用内存来存储数据，避开了耗时的磁盘读写操作，极大地提升了数据的读写性能。

键值数据库不支持关联表的查询，库中存放的每个键值对都是彼此独立的，没有相互之间的依赖。这使得键值数据库可以方便地从单服务器扩展为多服务器。

键值数据库的应用十分广泛，常见的键值数据库有 Redis、Memcached、etcd 等。接下来我们介绍下其中应用最为广泛的 Redis。

7.1.1　Redis 概述

Redis（REmote DIctionary Server）是一个开源的高性能的基于内存存储的键值数据库，它有如下特点：

- 内存存储。Redis 的数据存储在内存中，因此具有极高的读写性能，每秒可支持 10 万次读操作和 8 万次写操作。此外，Redis 也有持久化机制，支持将数据保存在硬盘中。
- 存储键值对数据。Redis 以键值对的形式进行数据存储，类似于一个 Map。这种结构十分简单，使用起来也很方便，同时也便于进行多服务器扩展。
- 值的类型十分丰富。Redis 存储的键值对中，键必须是字符串，但值则支持多种数据类型。这拓展了 Redis 的应用范围。

要想深入了解 Redis 的特性，最好的方式就是学会使用它。接下来，我们将介绍 Redis 的基本操作。

7.1.2　数据类型与对应操作

Redis 中的每个键都是唯一的，通过键我们可以找到唯一的键值对。键必须是字符串，而值的数据类型则比较多样，其中 5 种基本的数据类型为：字符串 String、哈希 Hash、列表 List、集合 Set 和有序集合 Zset。图 7.1 总结了各种数据类型的特点。

另外，Redis 中的键值对都可以设置过期时间（Time To Live，TTL），过期的键值对将被 Redis 删除。

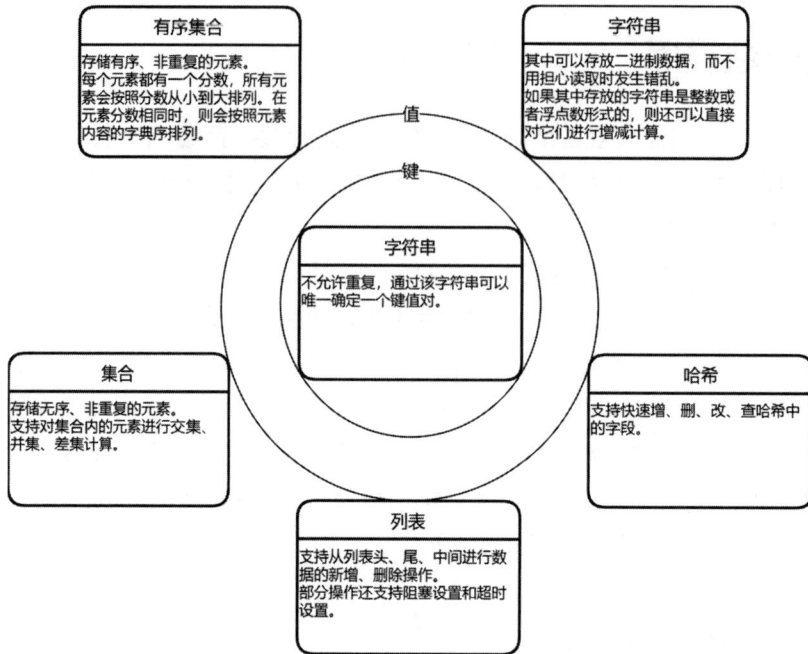

图 7.1　Redis 的数据类型与特点

1. 键操作

键操作命令用于管理 Redis 中的键。相关的命令如下：

- **EXISTS key**：检查该 key 是否存在。
- **KEYS pattern**：查找所有符合给定模式的 key。
- **SCAN cursor [MATCH pattern] [COUNT count]**：增量遍历所有的 key。该命令稍显复杂，我们会在下面进行更为详细的解释。
- **RANDOMKEY**：从当前数据库中随机返回一个 key。
- **DEL key**：删除该 key 对应的键值对。
- **RENAME key newkey**：修改该 key 的名称为 newkey。如果已经存在名为 newkey 的键值对，则会直接覆盖。
- **RENAMENX key newkey**：仅当 newkey 不存在时，将 key 修改为 newkey。
- **TTL key**：返回该 key 对应的键值对的过期时间，单位为秒。
- **PTTL key**：返回该 key 对应的键值对的过期时间，单位为毫秒。
- **EXPIRE key seconds**：设定该 key 对应的键值对的过期时间。该命令接收的参数为秒数，即该键值对在指定秒数后过期。
- **PEXPIRE key milliseconds**：设定该 key 对应的键值对的过期时间。该命令接收的时间为毫秒数。
- **EXPIREAT key timestamp**：设定该 key 对应的键值对的过期时间。该命令接收

的时间为 UNIX 秒时间戳（例如 1691471760 即 2023-08-08 日 13:16:00）。该键
值对在晚于该时间戳后过期。
- PEXPIREAT key milliseconds-timestamp：设定该 key 对应的键值对的过期时间。
该命令接收的时间为 UNIX 毫秒时间戳（例如 1691471760000 即 2023-08-08 日
13:16:00）。
- PERSIST key：删除该 key 对应的键值对的过期时间，即让该键值对永不过期。
- TYPE key：返回该 key 对应的值的类型。
- DUMP key：返回该 key 对应的值的序列化结果。
- MOVE key db：将当前数据库中该 key 对应的键值对移动到指定数据库 db 中。

备注

- Redis 的命令均对大小写不敏感。
- 不同版本的 Redis 对命令的支持可能略有差异。
- 本章节介绍的命令均按照功能进行排列，而不是单纯地按照字母顺序排列。
这样可以使功能相近的命令展示在一起，有助于大家关联理解这些命令的
含义。

Redis 提供命令行客户端，我们只需连接上 Redis 就可以方便地进行操作，图 7.2 展
示了几个操作的例子。

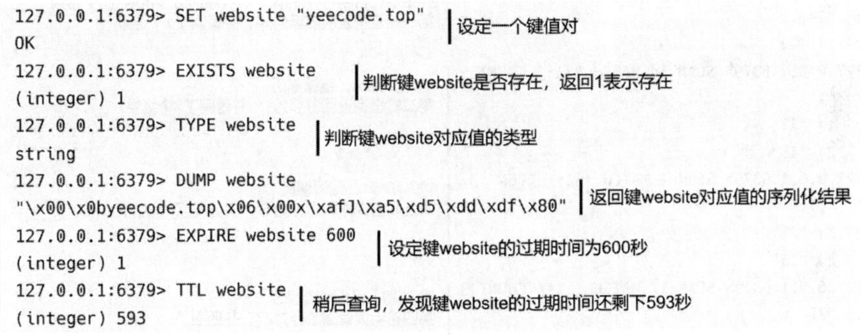

```
127.0.0.1:6379> SET website "yeecode.top"    设定一个键值对
OK
127.0.0.1:6379> EXISTS website    判断键website是否存在，返回1表示存在
(integer) 1
127.0.0.1:6379> TYPE website    判断键website对应值的类型
string
127.0.0.1:6379> DUMP website    返回键website对应值的序列化结果
"\x00\x0byeecode.top\x06\x00x\xafJ\xa5\xd5\xdd\xdf\x80"
127.0.0.1:6379> EXPIRE website 600    设定键website的过期时间为600秒
(integer) 1
127.0.0.1:6379> TTL website    稍后查询，发现键website的过期时间还剩下593秒
(integer) 593
```

图 7.2　Redis 命令行操作示意图

在实际生产使用中，我们可以使用 C、C++、C#、Java、Python 等语言的客户端连接
Redis 进行操作。这些客户端还会基于 Redis 命令封装一些更为复杂的操作，但 Redis 命
令始终是必须要掌握的基础。

Redis 的多数命令都比较简单，大家略微动手操作后便可掌握。只有 SCAN 命令稍
显复杂，我们展开介绍一下。

KEYS 命令可以找出所有符合给定模式的 key，但当 Redis 中存储巨量的 key 时，该
命令会阻塞 Redis，因此并不适合用在生产环境中。SCAN 命令则可以以增量遍历的形式，

每次给出满足条件的部分 key，避免了对服务器的阻塞。该命令各参数的介绍如下。

- cursor：游标，为一个数字。当传入 0 时，表示开始一次全新的遍历。每次查询结果中也会返回一个游标值。如果我们查询时带着上次返回的游标值，则可以在上次查询的基础上继续遍历。如果遍历结束，结果中返回的游标值为 0。
- pattern：可选参数，表示 key 要满足的模式。不传则表示查询所有的 key。
- count：可选参数，表示每次查询最多可以返回多少个结果，默认值为 10。要注意，该值是对增量遍历的一种指导性提示，Redis 可能返回比该值稍多的结果。

每次进行增量查询时，都会返回一个数组，数组中的第一个元素为下一次遍历要使用的游标值，数组中的第二个元素是本次遍历得到的符合条件的结果。图 7.3 展示了一次增量遍历操作。

```
127.0.0.1:6379> MSET 1 one 2 two 3 three 10 ten 11 eleven 12 twelve 13 thirteen 16 sixteen
17 seventeen 20 twenty 21 twenty-one 40 forty 41 forty-one 50 fifty
OK                                              设定多个键值对，键为阿拉伯数字，值为对应的英文
127.0.0.1:6379> KEYS "*1*"
1) "21"                     列出所有含字符"1"的键
2) "10"
3) "1"
4) "11"
5) "12"
6) "41"
7) "16"
8) "17"
9) "13"
127.0.0.1:6379> SCAN 0 MATCH "*1*" COUNT 3
1) "14"                     开始遍历含字符"1"的键，每次查询最多可返回3个结果
2) 1) "12"                  第一轮查询返回游标为14，并返回了1个结果
127.0.0.1:6379> SCAN 14 MATCH "*1*" COUNT 3
1) "1"                      输入游标14，继续遍历
2) 1) "17"                  第二轮查询返回游标为1，并返回了2个结果
   2) "13"
127.0.0.1:6379> SCAN 1 MATCH "*1*" COUNT 3
1) "17"                     输入游标1，继续遍历
2) 1) "21"                  第三轮查询返回游标为17，并返回了2个结果
   2) "10"
127.0.0.1:6379> SCAN 17 MATCH "*1*" COUNT 3
1) "27"                     输入游标17，继续遍历
2) 1) "11"                  第四轮查询返回游标为27，并返回了2个结果
   2) "1"
127.0.0.1:6379> SCAN 27 MATCH "*1*" COUNT 3
1) "0"                      输入游标27，继续遍历
2) 1) "41"                  第五轮查询返回游标为0，表示遍历结束，同时返回了2个结果
   2) "16"
127.0.0.1:6379>
```

图 7.3　增量遍历示例

使用 SCAN 命令时要注意几点：

- 某次查询可能查询不到任何符合条件的元素，但这不代表遍历已经结束。只有当返回的游标值为 0 时，才代表遍历结束。

- 在遍历的过程中，可能发生键的增删改操作。因此，这种增量式的遍历并不能保证返回了所有符合条件的元素。

Redis 中还有 HSCAN、SSCAN、ZSCAN 这三个命令，其工作原理和 SCAN 命令十分相似。只是 SCAN 命令适用于键，而 HSCAN 命令适用于哈希数据类型，用来遍历哈希表；SSCAN 命令适用于集合数据类型，用来遍历集合；ZSCAN 命令适用于有序集合数据类型，用来遍历有序集合。

2. 字符串操作

Redis 中使用最广的类型是字符串，其允许单个值的最大长度 512M。我们常在其中存放 Session 信息、数据库查询结果、JSON 串等，并且它还支持存放二进制数据。

Redis 还支持对字符串中的子串进行读取、覆盖等操作，支持对数字形式的字符串进行加减操作。

Redis 中字符串类型的相关操作命令如下所示。

- SET key value：设定指定 key 的值为 value，即存入一个键值对。
- SETEX key seconds value：设定指定 key 的值为 value，并设置该键值对的过期时间秒数。
- PSETEX key milliseconds value：与 SETEX 命令相似，只是过期时间参数的单位为毫秒。
- SETNX key value：当该 key 不存在时，设定该 key 的值为 value。这样可以避免覆盖已有的键值对。
- MSET key value [key value ...]：同时存入一个或多个键值对。
- MSETNX key value [key value ...]：当所列的 key 都不存在时，同时存入这些键值对。只要所列的 key 中有一个是已经存在的，则新的键值对都不会存入。
- GET key：获取指定 key 的值。
- MGET key1 [key2...]：获取一个或多个指定 key 的值。
- GETSET key value：将该 key 的值设为 value，并返回 key 的旧值。
- INCR key：将 key 中储存的数字形式的字符串加 1。若 key 中存储的字符串不是数字形式，则会报错，下面的各数值加减类命令也是一样的。
- INCRBY key increment：将 key 中储存的数字形式的字符串加上给定值 increment。
- INCRBYFLOAT key increment：将 key 中储存的数字形式的字符串加上给定浮点值 increment。
- DECR key：将 key 中储存的数字形式的字符串减 1。
- DECRBY key decrement：将 key 中储存的数字形式的字符串减去给定值 decrement。
- STRLEN key：返回 key 中字符串值的长度。

- APPEND key value：将 value 追加到 key 中字符串值的末尾。若 key 尚不存在，则相当于设置 key 的值为 value。
- GETRANGE key start end：返回 key 中字符串值的子字符串。
- GETBIT key offset：获取该 key 对应字符串值中指定偏移量的位。
- SETBIT key offset value：设置该 key 对应字符串值中指定偏移量的位。
- SETRANGE key offset value：从偏移量 offset 开始，用 value 覆盖 key 中存储的原字符串值。

3．哈希操作

Redis 中的每个值也可以是一个哈希对象。也就是说，Redis 中存储的是键值对，而其中的值还可以是键值对，即 Redis 这个大哈希表里可以再存放小哈希表。

Redis 中哈希类型的相关操作命令如下所示。

- HEXISTS key field：查看 key 对应的哈希表中是否存在指定的键 field。
- HGET key field：获取 key 对应的哈希表中键 field 的值。
- HMGET key field1 [field2]：获取 key 对应的哈希表中给定的一个或多个键的值。
- HSET key field value：将 key 对应的哈希表中键 field 的值设为 value。
- HSETNX key field value：在 key 对应的哈希表中，当键 field 不存在时，新增键 field 并将其值设为 value。
- HMSET key field1 value1 [field2 value2]：向 key 对应的哈希表中写入一个或多个键值对。
- HLEN key：获取 key 对应的哈希表中键值对的数目。
- HKEYS key：获取 key 对应的哈希表中所有的键。
- HVALS key：获取 key 对应的哈希表中所有的值。
- HGETALL key：获取 key 对应的哈希表中所有的键和值。
- HSCAN key cursor [MATCH pattern] [COUNT count]：增量遍历指定 key 对应的哈希表，使用方法与 SCAN 命令类似。
- HDEL key field2 [field2]：从 key 对应的哈希表中，删除一个或多个键值对。
- HINCRBY key field increment：使 key 对应的哈希表中指定键 field 的数字形式的值加上给定值 increment。
- HINCRBYFLOAT key field increment：使 key 对应的哈希表中指定键 field 的数字形式的值加上给定浮点值 increment。

4．列表操作

Redis 中键值对的值可以是列表。我们可以直接在列表头部、尾部甚至中间增删元素，像操作双端列表一样操作它。

Redis 中列表类型的相关操作命令如下所示。

- LPOP key：弹出（即返回并删除）key 对应的列表的第一个元素，如果列表为空会立刻返回空值。
- RPOP key：弹出列表的最后一个元素。与 LPOP 类似。
- BLPOP key1 [key2] timeout：弹出列表的第一个元素，如果列表没有元素会阻塞列表直到超时或发现可弹出元素为止，timeout 参数用来设置超时时间，单位为秒。若该值为 0，则表示永久。这里可以传入多个列表，会依次检查这些列表，直到找到第一个非空的列表，并弹出其第一个元素。
- BRPOP key1 [key2] timeout：类似于 BLPOP 命令，只不过这里是弹出列表的最后一个元素，同样是阻塞的。
- LPUSH key value1 [value2]：将一个或多个值插入到列表头部。如果 key 对应的列表不存在，则会创建空列表，然后完成插入。
- RPUSH key value1 [value2]：将一个或多个值插入到列表尾部。如果 key 对应的列表不存在，则会创建空列表，然后完成插入。
- LPUSHX key value1 [value2]：将一个或多个值插入到已存在的列表的头部。如果 key 对应的列表不存在，则不会进行任何操作。
- RPUSHX key value1 [value2]：将一个或多个值插入到已存在的列表的尾部。如果 key 对应的列表不存在，则不会进行任何操作。
- RPOPLPUSH source destination：从 source 对应列表的尾部弹出一个值，将其插入 destination 对应列表的头部，并返回该值。如果列表没有元素，则会立刻返回。
- BRPOPLPUSH source destination timeout：RPOPLPUSH 的阻塞版本。如果 source 对应列表为空，则会阻塞，直到超时或发现可弹出元素为止。
- LLEN key：获取 key 对应列表的长度。
- LRANGE key start stop：获取 key 对应列表中指定范围内的元素。index 为 0，表示第一个元素；index 为 1，表示第二个元素，以此类推。index 为-1，表示最后一个元素；index 为-2，表示倒数第二个元素，以此类推。因此，LRANGE key 0 -1 就是获取列表中的全部元素。
- LINDEX key index：返回 key 对应列表中索引 index 位置存储的元素。
- LSET key index value：将 key 对应列表中索引 index 处的元素设为 value。
- LINSERT key BEFORE|AFTER pivot value：在 key 对应列表中参考值 pivot 的前方或者后方插入元素 value。如果列表中存在多个相同的参考值，则只会在第一个参考值前后进行插入。如果列表中没有找到对应的参考值，则不会插入并返回-1。

- LTRIM key start stop：保留 key 对应列表中索引从 start 到 stop 之间的元素，删除其他元素。
- LREM key count value：移除 key 对应列表中 count 个值为 value 的元素。count 前可以加负号，表示从后往前删除 count 个值为 value 的元素。count 为正值，则表示从前往后。count 为 0，则表示删除全部值为 value 的元素。

5. 集合操作

Redis 中键值对的值也可以是集合，集合中的元素必须是字符串。Redis 不仅支持在集合中增加、删除、查询元素，还支持集合的差集、并集、交集等计算，以及从集合中随机获取元素。

Redis 中集合类型的相关操作命令如下所示。

- SCARD key：获取 key 对应集合的元素数目。
- SMEMBERS key：返回 key 对应集合中的所有元素。
- SSCAN key cursor [MATCH pattern] [COUNT count]：增量遍历 key 对应集合中的元素。
- SISMEMBER key member：判断元素 member 是否在 key 对应的集合中。
- SADD key member1 [member2]：向 key 对应的集合中添加一个或多个元素。
- SREM key member1 [member2]：从 key 对应的集合中删除一个或多个元素。
- SPOP key：从 key 对应的集合中随机弹出一个元素。
- SRANDMEMBER key [count]：从 key 对应的集合中，随机返回元素（但不会从集合中删除该元素）。如果 count 是小于集合元素个数的正数，则返回 count 个不同的元素；如果 count 是大于等于集合元素个数的正数，则返回集合中所有元素；如果 count 是负数，则总会返回 count 绝对值个元素，但是这些元素可能是重复的。count 的默认值为 1。
- SMOVE source destination member：将元素 member 从 source 对应的集合移动到 destination 对应的集合。
- SDIFF key1 [key2]：返回给定的所有集合的差集。
- SDIFFSTORE destination key1 [key2]：将给定所有集合的差集存储在 destination 中，返回 destination 中元素的数目。如果 destination 集合已经存在，则会被覆盖。
- SINTER key1 [key2]：返回给定的所有集合的交集。
- SINTERSTORE destination key1 [key2]：将给定所有集合的交集存储在 destination 中，返回 destination 中元素的数目。如果 destination 集合已经存在，则会被覆盖。
- SUNION key1 [key2]：返回给定的所有集合的并集。
- SUNIONSTORE destination key1 [key2]：将给定所有集合的并集存储在

destination 中，返回 destination 中元素的数目。如果 destination 集合已经存在，则会被覆盖。

6. 有序集合操作

与集合类似，同样是存储不重复的元素，每个元素也都必须是字符串。不同的是每个元素需要关联一个分数（score），所有元素会按照分数从小到大依次排序。分数可以是正数也可以是负数，可以是整数也可以是双精度浮点数。

不同元素可以有相同的分数。如果分数相同，会按照元素字符串的字典顺序排列。有一些命令必须要在有序集合中所有元素的分数相同时才可以使用，在这样的命令中，往往包含 LEX 字符串（取自英文 Lexicographical Order，意为"字典顺序"）。

Redis 中有序集合类型的相关操作命令如下所示。

- ZADD key score1 member1 [score2 member2]：向 key 对应的有序集合中添加一个或多个元素。如果某个元素已经存在于集合中，则会更新该元素的分数。
- ZCARD key：获取 key 对应的有序集合的元素数目。
- ZRANK key member：获取 key 对应的有序集合中，member 元素的索引。
- ZREVRANK key member：获取 key 对应的有序集合中，member 元素的逆序索引。
- ZSCORE key member：获取 key 对应的有序集合中，member 元素的分数。
- ZREM key member1 [member2 ...]：从 key 对应的有序集合中，删除一个或多个元素。
- ZINCRBY key increment member：使 key 对应的有序集合中 member 元素的分数增加 increment。
- ZSCAN key cursor [MATCH pattern] [COUNT count]：增量遍历 key 对应的有序集合中的元素（包括元素成员和元素分数）。
- ZRANGE key start stop [WITHSCORES]：获取 key 对应的有序集合中，从索引 start 到 stop 之间的所有元素。如果附带 WITHSCORES 参数，则会同时返回元素的分数。
- ZREVRANGE key start stop [WITHSCORES]：获取 key 对应的有序集合中，从索引 start 到 stop 之间的所有元素，返回的结果按照分数从高到低排列。如果附带 WITHSCORES 参数，则会同时返回元素的分数。即 ZRANGE 命令的逆序版本。
- ZREMRANGEBYRANK key start stop：从 key 对应的有序集合中，删除索引 start 到 stop 之间的所有元素。
- ZCOUNT key min max：获取 key 对应的有序集合中，分数在闭区间[min,max]内的元素数。也可以在 min 或者 max 参数前增加"（"符号，使区间变为开区间。

- **ZRANGEBYSCORE key min max [WITHSCORES] [LIMIT offset count]**：获取 key 对应的有序集合中，分数介于 min 和 max 之间的元素。如果附带 WITHSCORES 参数，则会同时返回元素的分数。还可以使用 LIMIT 参数再从结果中筛选出指定 offset 开始的 count 个元素，这里的 offset 是指结果集中的偏移量，而不是原始有序集合中的偏移量。

- **ZREVRANGEBYSCORE key max min [WITHSCORES]**：获取 key 对应的有序集合中，分数介于 min 和 max 之间的元素，返回的结果按照分数从高到低排列。如果附带 WITHSCORES 参数，则会同时返回元素的分数。即为 ZRANGEBYSCORE 命令的逆序版本。

- **ZREMRANGEBYSCORE key min max**：从 key 对应的有序集合中，删除分数介于 min 和 max 之间的所有元素。

- **ZINTER numkeys key [key ...] [WEIGHTS weight [weight ...]] [AGGREGATE SUM|MIN|MAX] [WITHSCORES]**：计算给定的 numkeys 个有序集合的交集，并返回。默认情况下，结果集合中的元素的分数为原来各集合中各分数的和。也可以是使用 AGGREGATE 参数，使结果集合中元素的分数为原来各集合中各分数的加权和（对应 SUM 选项）或者加权值中的最小（对应 MIN 选项）、最大值（对应 MAX 选项）。权重的设置需要使用 WEIGHTS 参数。

- **ZINTERSTORE destination numkeys key1 [key2 ...] [WEIGHTS weight1 [weight2 ...]] [AGGREGATE SUM|MIN|MAX]**：与 ZINTER 类似，不过会将结果集存储在新的有序集合 destination 中。

- **ZUNION numkeys key [key ...] [WEIGHTS weight [weight ...]] [AGGREGATE SUM|MIN|MAX] [WITHSCORES]**：与 ZINTER 类似，不过计算的是给定的 numkeys 个有序集的并集。

- **ZUNIONSTORE destination numkeys key [key ...] [WEIGHTS weight [weight ...]] [AGGREGATE SUM|MIN|MAX]**：与 ZUNION 类似，不过会将结果集存储在新的有序集合 destination 中。

- **ZLEXCOUNT key min max**：字典序命令。在 key 对应的有序集合中所有元素分数相等的情况下，获取 min 元素和 max 之间元素的数目。

- **ZRANGEBYLEX key min max [LIMIT offset count]**：字典序命令。在 key 对应的有序集合中所有元素分数相等的情况下，获取 min 元素和 max 之间的元素。还可以使用 LIMIT 参数再从结果中筛选出指定 offset 开始的 count 个元素。

- **ZREMRANGEBYLEX key min max**：字典序命令。在 key 对应的有序集合中所有元素分数相等的情况下，删除 min 元素和 max 之间的元素。

7. 其他特性

Redis 的五种基本类型提供了 Redis 中最为常用的功能。Redis 还支持位运算、集合的基数估算、地理坐标存储与计算、发布与订阅等功能。

此外，Redis 还有许多的特性，我们对其进行简要介绍，以供大家了解。

Redis 支持事务，但是不支持事务的回滚。Redis 的事务会将多条命令放入队列中一起提交。这些命令会被按顺序依次执行，其结果会一起返回，并确保执行过程中不会被其他客户端的请求打断。但其中某条命令执行失败并不会影响其他命令的执行，也不会触发回滚。

Redis 也支持将内存中的数据持久化到硬盘上，以便在系统重启后进行数据恢复。它提供 RDB（Redis DataBase）和 AOF（Append Only File）两种持久化方式供我们选择。这两种方式互相独立，我们可以选择其中的一种或两种，也可以两种都不选。

- RDB 持久化也被称为快照持久化，可以手动触发也可以按照指定时间间隔触发，会将内存中的数据生成一个经过压缩的二进制快照文件后存入硬盘中。这种持久化方式适合大规模数据的备份和恢复。但是如果服务器宕机，则上次快照之后的数据都会丢失。

- AOF 持久化会记录服务器接收到的每个写操作，并追加到 AOF 文件中。服务器宕机重启后，只要重新执行这些操作，就可以恢复内存中的数据。这种方式不容易造成数据丢失，但是 AOF 文件可能十分巨大，恢复时间也会比较长。

Redis 不仅可以以单服务器的方式对外提供服务，还可以进行扩展，以多服务器的方式对外提供服务。它支持以下三种扩展模式。

- 主从模式：包含一个主服务器和多个从服务器。主服务器处理外部的读写请求，并将数据同步到从服务器上，从服务器只处理外部的读请求。这种模式实现了读写分离和数据备份，适合读多写少的情况，但不具备自动故障恢复。

- 哨兵模式：和主从模式类似，但是增加了哨兵用来监控和自动处理故障。当主服务器出现故障时，哨兵会自动将一个从服务器转为主服务器。这种模式在主从模式的基础上，实现了自动故障恢复功能。

- 集群模式：集群中有多个主服务器，数据会通过分片的方式分散到多个主服务器上，每个主服务器负责处理部分读写请求。每个主服务器还可以有自己的从服务器，在某个主服务器故障时，对应的从服务器可以替代它。这种模式既可以分散读压力，也可以分散写压力。

无论采用哪种扩展模式，Redis 都能保证接收到的外部请求会被串行执行，这意味着使用方不需要考虑并发下的数据一致性问题。

7.1.3 应用场景

Redis 因为其读写性能高、数据结构丰富、多服务器扩展方便等特点，得到了极为广泛的应用。接下来，我们介绍其典型的几种应用场景。

首先，Redis 可以作为共享内存。利用 Redis 的内存存储和高效读写特性，我们可以将其作为分布式应用的多个节点的共享内存，也可以作为多个应用的共享内存，如图 7.4 所示。例如，可以将用户登录后的验证信息、权限信息保存至 Redis 中，这样应用的各个节点都可以利用这些信息进行快速登录校验与权限判定。

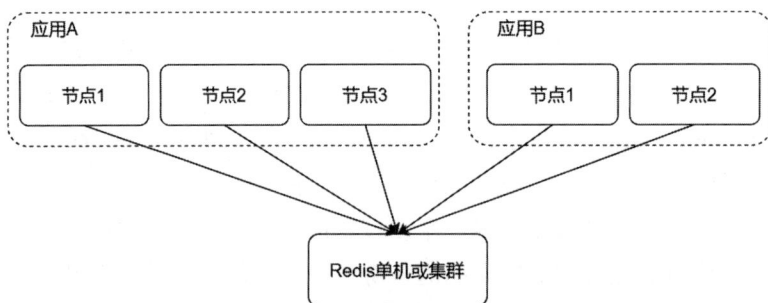

图 7.4　Redis 作为共享内存示意图

其次，Redis 可以作为缓存。我们可以将数据库的查询结果放入 Redis 中，并设置过期时间，这样，Redis 就变为了数据库的缓存，降低了数据库的查询压力。我们也可以使用 Redis 缓存计算的中间结果、请求的响应、网页内容等，这样不仅能降低数据库的查询压力，还能降低后端应用的计算压力。

第三，Redis 可以用来实现分布式锁。Redis 中的键是唯一的，基于此，我们可以实现分布式锁。例如，使用 SETNX 命令向 Redis 中写入特定的锁名。如果设置成功，则代表抢锁成功；如果设置失败，则代表抢锁失败。必要时还可以使用过期时间来确保锁会被自动释放。

此外，Redis 非常适合存储频繁读写的数据。相比于关系型数据库，Redis 更适合存储一些需要频繁读写的数据，如库存数据、点赞数据等。借助 Redis 的数据结构还可以对这些数据进行快速处理，如使用有序集合则可以对数据进行快速排序，进而实现排行榜等功能。

7.2　文档数据库

在介绍文档数据库之前我们先介绍两个概念。

- 结构化数据。指具有明确预定义格式的数据。例如，表格中的数据，其每行每列的含义都是定义好的；又如定义清晰的 JSON 数据，其键、值的内容是可以被方便地解析的。结构化数据的信息密度往往比较高，并且可以较容易地解析和存放进关系型数据库中。

- 非结构化数据。指没有明确预定义格式的数据。例如，博客文章、电子邮件的内容、网页的 HTML、聊天记录、应用运行日志、定义不明确的长 JSON 串等。这些内容一般很长，但信息密度却较低。因为没有格式规范，往往很难将其中的内容解析。

非结构化数据也常被称为文档，它们没有格式规范，很难拆分成小的字段。如果要将它们放入关系型数据库中，则只能放到大字段中，这既不利于文档的管理，也会对关系型数据库的性能造成较大的影响。

文档数据库就是专门为存储和管理文档而设计的，其普遍的特点是：不要求文档有规范的格式、利于大文档的存储、弱化事务支持、便于分布式扩展。常见的文档数据库有 Elasticsearch（常简称为 ES）、MongoDB、Couchbase 等。

7.2.1　Elasticsearch 概述

Elasticsearch 不仅能够实现文档的存储，还具有强大的检索能力。甚至，许多时候我们会将 Elasticsearch 看作为一款强大的搜索引擎。

Elasticsearch 通过文档、类型、索引这由小到大的三级进行逻辑管理。

- 文档：即我们存入 Elasticsearch 中的一条数据，类比到关系型数据库中，就是一条记录。这是索引和检索数据的最小单位。
- 类型：在低版本的 Elasticsearch 中，我们可以为格式相近的文档创建一个"类型"，以便于归类管理。但在高版本的 Elasticsearch 中，该概念已经被废弃，仅保留了"_doc"这一个类型。
- 索引：文档放入哪个索引，则其中的内容就会被哪个索引收录。进而可以通过该索引检索到该文档。

文档、类型、索引的关系如图 7.5 所示。

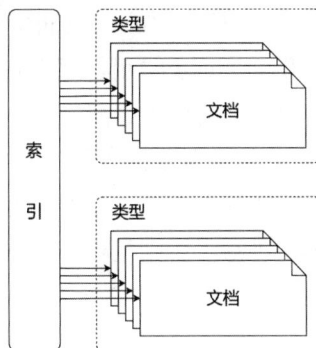

图 7.5　文档、类型、索引的关系图

Elasticsearch 的索引为倒排索引。倒排索引维护了一个词语列表，每个词语后面则记录了包含该词语的所有文档的编号。图 7.6 展示了一个倒排索引的示例，其中"分布式"一词就出现在了编号为"L75H-44BvHMvKxCwayr5"的这篇文章中。

内容	文档编号
分布式	L75H-44BvHMvKxCwayr5
系统	L75H-44BvHMvKxCwayr5,ML5H-44BvHMvKxCwayr5
工程	L75H-44BvHMvKxCwayr5,ML5H-44BvHMvKxCwayr5
易哥	L75H-44BvHMvKxCwayr5,ML5H-44BvHMvKxCwayr5,Mb5H-44BvHMvKxCwayr5
源码	Mb5H-44BvHMvKxCwayr5
	......

图 7.6　倒排索引示意图

存储文档时，Elasticsearch 中的分词器会分割提取文档中的词语，并将其放进倒排索引中。

检索内容时，Elasticsearch 会通过倒排索引迅速找到和关键词相关的文档，而不需要对所有文档进行一一遍历。例如，我们检索"分布式"一词，则通过倒排索引就可以查出编号为"L75H-44BvHMvKxCwayr5"的文档中包含该词语。

> **备注**
>
> 初次接触"倒排索引"时，会让人误以为是"逆序的索引"。这会阻碍我们对 Elasticsearch 的理解。
>
> 通常我们见到的索引，是从编号指向内容，这就是正排索引。
>
> 而倒排索引则是从内容指向编号。我们只要给出文档中的部分内容，就能通过倒排索引找到相关的文档编号。
>
> 在英文中，倒排索引叫作"Inverted Index"，"Inverted"有"倒置""颠倒"的意思，所以被翻译为"倒排索引"或者"反向索引"。"反向索引"或许更为贴切，但本文中我们还是遵循更为通用的叫法，使用"倒排索引"一词。

检索时，Elasticsearch 还会计算文档与检索关键词的相关性，将相关性更高的文档排在前面。典型的算法是词频——逆文档频率（Term Frequency - Inverse Document Frequency，TF-IDF）算法，该算法是说：如果一个词更常用，那么它在检索中占据的权重更低；而如果一个词不常用，则它在检索中占据的权重更高。

例如，"的"就是一个极为常用的词，则它的权重极低。如果我们检索"易哥的书籍"，则某个文档中出现了"的"并不能体现该文档与检索关键词的相关性。"书籍"也是一个较为常用的词，其权重也较低，"易哥"则是一个不常用的词，其权重很高。如果一个文档中包含多个"易哥"，则它应该与我们的检索关键词最为相关，应该展示在前面。

在物理结构上，Elasticsearch 支持多服务器部署和数据分片，使得它可以方便地进行扩展以存储、检索大量文档。

7.2.2　Elasticsearch 的使用

Elasticsearch 的使用十分简单，还为主流的编程语言提供了对接所需的客户端。此外，Elasticsearch 还提供了极为简明的 REST API。

接下来，我们使用 REST API 简单演示下 Elasticsearch 的使用。

首先，我们创建一个名为 library 的索引，其请求和回应如下所示。

```
请求：
curl PUT '${ES_URL}/library' \
--header 'Content-Type: application/json' \
  --header 'Authorization: ApiKey ${API_KEY}'


回应：
  {
    "acknowledged": true,
    "shards_acknowledged": true,
    "index": "library"
  }
```

备注

Elasticsearch 安装完成后，便可以对外提供 API 接口。代码中的${ES_URL}就是指 Elasticsearch 的 API 接口的地址；${API_KEY}是指 API 调用时所需的密钥。

如果你只是想进行简单的练习，甚至都不需要自己安装 Elasticsearch。Elasticsearch 官网提供了试用的实例，申请并启动官网提供的实例后，你会得到对应的${ES_URL}和${API_KEY}供你调用。

接下来，我们向 library 索引中存入一些文档。如果我们的文档很多的话，一一存入显然太过麻烦，好在 Elasticsearch 提供了批量操作的"_bulk"接口。

下面，我们向 library 索引中存入三份文档，每个文档都包含了 name、author、description 三个字段，但是这些字段都不需要在 Elasticsearch 中预先定义，甚至每个文档的字段也不必相同。可见，虽然每份文档是 JSON 串，但是这些 JSON 串都没有明确的格式，属于非结构化数据。而且，JSON 串中可以含有长文本，整个 JSON 串的字段也可以很多。

```
请求：
curl POST '${ES_URL}/_bulk' \
--header 'Content-Type: application/json' \
--header ' ApiKey ${API_KEY}' \
--data-raw '{ "index" : { "_index" : "library" } }
{"name":"分布式系统原理与工程实践","author":"易哥","description":"许多开发者在学习分布
```

式系统的过程中感到迷茫和混乱，主要是因为分布式系统是一个庞大的体系，涉及理论知识、技术实践、工程组件等多方面的内容。该书就是为了帮助大家全面地学习分布式系统知识而写作，对分布式系统相关的理论、实践、工程知识均进行了详细的介绍，层层递进，力求让大家知其然并知其所以然，并建立完整的分布式系统知识体系。该书还被多所高校选作教科书，并在中国台湾发行繁体版。"}

{ "index" : { "_index" : "library" } }

{"name":"高性能架构之道","author":"易哥","description":"该书是一本理论联系实际的软件架构设计指导书，旨在帮助读者完成高性能软件系统的架构设计工作。书中涉及分布式、并发编程、数据库调优、缓存、IO、高可用、前端性能优化等方面的理论知识、实践技巧、工程方案。该书自面市以来位列多家电商畅销榜，并在中国台湾发行繁体版。"}

{ "index" : { "_index" : "library" } }

{"name":"通用源码阅读指导书","author":"易哥","description":"该书以真实 MyBatis 源码为案例，详细总结了源码阅读的流程和方法，并对 MyBatis 的架构方式、实现技巧等进行了深入的分析，有助于提升读者的源码阅读能力、架构编程能力。该书受到多方好评，并在中国台湾发行繁体版。"}'

回应：

```
{
    "errors": false,
    "took": 39,
    "items": [
        {
            "index": {
                "_index": "library",
                "_id": "L75H-44BvHMvKxCwayr5",
                "_version": 1,
                "result": "created",
                "_shards": {
                    "total": 2,
                    "successful": 2,
                    "failed": 0
                },
                "_seq_no": 0,
                "_primary_term": 1,
                "status": 201
            }
        },
        {
            "index": {
```

```
            "_index": "library",
            "_id": "ML5H-44BvHMvKxCwayr5",
            "_version": 1,
            "result": "created",
            "_shards": {
                "total": 2,
                "successful": 2,
                "failed": 0
            },
            "_seq_no": 1,
            "_primary_term": 1,
            "status": 201
        }
    },
    {
        "index": {
            "_index": "library",
            "_id": "Mb5H-44BvHMvKxCwayr5",
            "_version": 1,
            "result": "created",
            "_shards": {
                "total": 2,
                "successful": 2,
                "failed": 0
            },
            "_seq_no": 2,
            "_primary_term": 1,
            "status": 201
        }
    }
  ]
}
```

　　三份文档插入完成后，Elasticsearch 向我们返回了每份文档的信息。其中，"_id"中给出了为文档生成的编号。通过这个编号，我们可以查出文档，如下所示。

请求：
```
curl GET '${ES_URL}/library/_doc/Mb5H-44BvHMvKxCwayr5' \
--header 'Content-Type: application/json' \
  --header 'Authorization: ApiKey ${API_KEY}'
```

回应：

```json
{
    "_index": "library",
    "_id": "Mb5H-44BvHMvKxCwayr5",
    "_version": 1,
    "_seq_no": 2,
    "_primary_term": 1,
    "found": true,
    "_source": {
        "name": "通用源码阅读指导书",
        "author": "易哥",
        "description": "该书以真实 MyBatis 源码为案例，详细总结了源码阅读的流程和方法，
并对 MyBatis 的架构方式、实现技巧等进行了深入的分析，有助于提升读者的源码阅读能力、
架构编程能力。该书受到多方好评，并在中国台湾发行繁体版。"
    }
}
```

上述示例中，"_source"字段内便展示了编号为"Mb5H-44BvHMvKxCwayr5"的文档的全部内容。

Elasticsearch 也支持文档的更新、删除甚至是部分更新等操作，但最强大的还是基于文档内容进行文档检索。例如，我们检索 description 中包含"缓存"字符串的文档，其请求和返回如下所示。

请求：
```
curl GET '${ES_URL}/library/_search' \
--header 'Content-Type: application/json' \
--header 'Authorization: ApiKey ${API_KEY}' \
--data-raw '{
    "query":{
        "match":{
            "description":"缓存"
        }
    }
}'
```

回应：
```json
{
    "took": 1,
    "timed_out": false,
    "_shards": {
        "total": 1,
        "successful": 1,
        "skipped": 0,
```

```
            "failed": 0
        },
        "hits": {
            "total": {
                "value": 1,
                "relation": "eq"
            },
            "max_score": 2.0404046,
            "hits": [
                {
                    "_index": "library",
                    "_id": "ML5H-44BvHMvKxCwayr5",
                    "_score": 2.0404046,
                    "_source": {
                        "name": "高性能架构之道",
                        "author": "易哥",
                        "description": "该书是一本理论联系实际的软件架构设计指导书，旨在
帮助读者完成高性能软件系统的架构设计工作。书中涉及分布式、并发编程、数据库调优、缓
存、IO、高可用、前端性能优化等方面的理论知识、实践技巧、工程方案。该书自面市以来位
列多家电商畅销榜，并在中国台湾发行繁体版。"
                    }
                }
            ]
        }
    }
}
```

当然，以上是最简单的检索示例。Elasticsearch 也支持许多复杂的查询语句，以及过滤、排序、分页、聚合、分析等功能，限于篇幅我们不再展开。

Elasticsearch 适合存储和高效检索文档，在网站内容搜索、应用日志分析、地理位置搜索等众多领域得到广泛应用。

7.3　宽列存储数据库

在关系型数据库中，数据是以记录为单位进行横向存储的。假设要存储个人站点访问记录，那么我们可以在关系型数据库中设计如图 7.7 所示的结构。"访问路径"字段记录了我们个人站点中的页面，"来源页面"记录了用户从哪个页面跳转而来，"跳出页面"则记录了用户跳走到了哪里。此外，还记录了用户的 IP、访问时间等信息。

访问路径	来源页面	跳出页面	用户IP	访问时间
/blog/a.html	/index.html	null	45.9.2.18	2024-03-03 10:00:21
/blog/x.html	null	/index.html	82.92.11.37	2024-03-03 10:00:22
/blog/x.html	www.google.com	/blog/b.html	99.45.101.8	2024-03-03 10:00:23
/blog/b.html	/blog/a.html	null	78.92.71.28	2024-03-03 10:00:29
/index.html	null	/about/ds/	56.34.189.78	2024-03-03 10:00:38
/blog/x.html	/index.html	/index.html	24.34.13.98	2024-03-03 10:00:48

图 7.7　关系型数据库存储个人站点访问记录示例

在关系型数据库中，上述数据会按照图 7.8 所示的顺序结构存储到硬盘中。

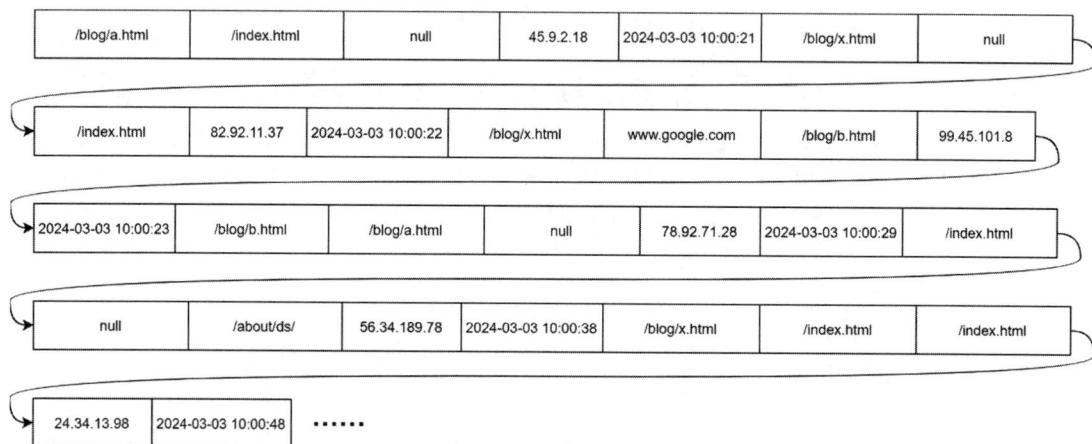

图 7.8　关系型数据库在硬盘上的存储结构

上述存储结构带来了如下问题。

首先，如果我们要查询所有记录的某个属性，如找出所有访问用户的 IP，那么数据库必须遍历所有的数据，然后将每个数据的"用户 IP"字段找出来。因此，这种存储结构不适用在经常以属性为维度进行数据分析的场景。

其次，如果我们要修改表的结构（如新增、删除一个字段），则涉及众多数据的移位。当一个表变得很大时，修改表结构将耗费大量的时间。显然这种存储结构不适合表结构经常变动的场景。

第三，为了避免记录中属性值的长度变化引发数据的移位，表中的许多属性类型是定长的。在存储时，数据库会根据属性类型为属性事先留好存储空间。例如，在 MySQL 中，TINYINT 属性占据 1 Bytes，而 TIMESTAMP 属性占据 8 Bytes。这意味着，数据表的许多 null 字段也在占据存储空间。显然，这种存储结构不适合稀疏数据的存储场景。

　　而宽列存储数据库非常适合在以上场景中使用。常见的宽列存储数据库有 HBase、Cassandra 等。

　　接下来，我们以 HBase 数据库为例，介绍其存储原理并解释其为何适合在上述场景中使用。

　　HBase 中的所有列均以字符串形式存在，由用户在使用时自行进行数据类型转换，这样一来，null 值就不用占据存储空间。因此，HBase 适合存储稀疏表。

　　HBase 在存储记录时，会自动增加了一个时间戳。如果我们更改某条记录，则 HBase 并不会真的更新这条记录，而是会插入一条全新的记录，并且带有更晚的时间戳。带有更早时间戳的记录就被 HBase 认为是失效了。

　　当我们删除一条记录时，HBase 也不会真的删除记录，而是会插入一条全新的带有删除标记和更晚时间戳的记录，以表明该记录已经被删除了。

　　这样，通过为每条记录增加时间戳，HBase 就将更新操作、删除操作都转化为了新增操作，避免了更新、删除带来的数据移位。HBase 会定期对上述失效和删除的数据进行清理，以节约存储空间。

　　HBase 定义了列族的概念。通常把意义相近、经常一起使用的列定义为一个列族。针对图 7.7 所示的内容，我们可以定义三个列族。

- 　路径列族：包含访问路径、来源页面、跳出页面三个列。
- 　用户列族：包含用户 IP 列。
- 　时间列族：包含访问时间列。

　　然后，每个列族单独存储。这样，当我们对某些列进行分析时，HBase 只需要读取这些列所在的列族，避免了对所有列族的读取，提升了效率。当表中的列非常多时，这种效率的提升体现得更为明显。

　　图 7.9 展示了路径列族的组织结构。对应到硬盘存储时，如图 7.10 所示。

行键	列名	值	时间戳
0001	访问路径	/blog/a.html	t1
0001	来源页面	/index.html	t1
0002	访问路径	/blog/x.html	t2
0002	跳出页面	/index.html	t2
0003	访问路径	/blog/x.html	t3
0003	来源页面	www.google.com	t3
0003	跳出页面	/blog/b.html	t3
0004	访问路径	/blog/b.html	t4
0004	来源页面	/blog/a.html	t4

图 7.9　路径列族的组织结构

0001 ┆ 访问路径 ┆ /blog/a.html ┆ t1
0001 ┆ 来源页面 ┆ /index.html ┆ t1
0002 ┆ 访问路径 ┆ /blog/x.html ┆ t2
0002 ┆ 跳出页面 ┆ /index.html ┆ t2
0003 ┆ 访问路径 ┆ /blog/x.html ┆ t3
0003 ┆ 来源页面 ┆ www.google.com ┆ t3
0003 ┆ 跳出页面 ┆ /blog/b.html ┆ t3
0004 ┆ 访问路径 ┆ /blog/b.html ┆ t4
0004 ┆ 来源页面 ┆ /blog/a.html ┆ t4
……

图 7.10　路径列族的硬盘存储结构

这种存储方式允许我们方便地在表中增加列，甚至在创建表时都不需要预先定义列名，可以在插入数据时临时创建。也允许我们方便地增加列族。这极大地方便了我们在使用过程中不断地对列进行扩充和丰富。

HBase 还是一个分布式数据库，其底层基于 Hadoop 分布式文件系统（Hadoop Distributed File System，HDFS）实现数据片在多个服务器上的存储和备份。关于这部分内容我们不再展开，留给感兴趣的读者继续探索。

7.4　图数据库

图是一种常见的数据结构，主要由节点和连接节点的边组成。在一些社交管理、关系管理、流程引擎等系统中经常被使用。图 7.11 展示了一个由点和边组成的图，其中的点表示计算任务，边表示计算任务之间的依赖关系。

输入
输入
输入
输出
已经运行结束并归还资源的计算任务
正在占用资源运行的的计算任务
尚未分配资源开始运行的计算任务
已经运行结束，但等待导出数据结束后才能归还资源的计算任务

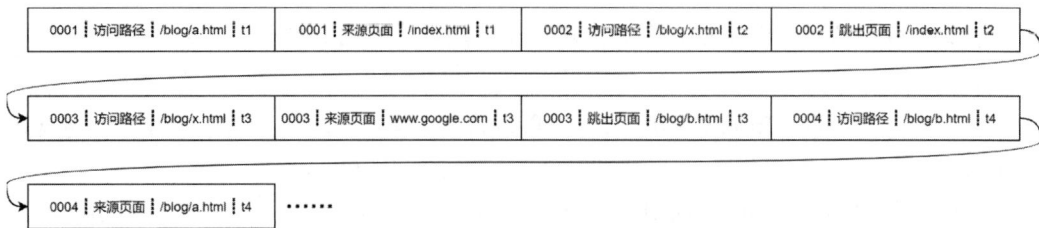

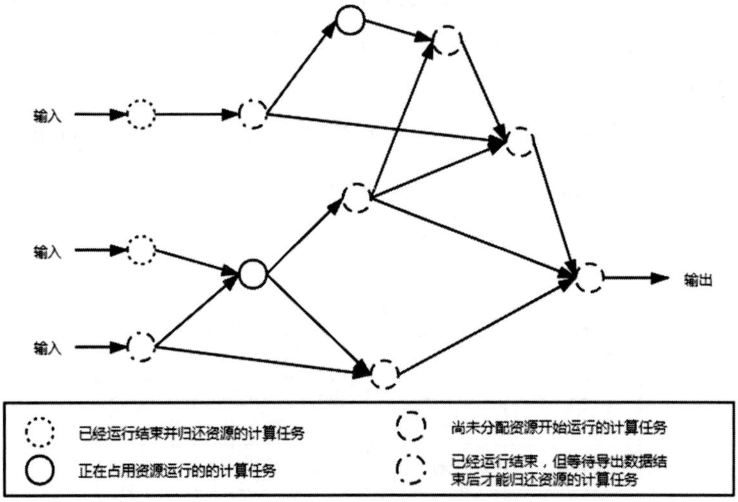

图 7.11　任务执行流程图

我们可以使用关系型数据库存储图，一般将图拆分成点和边，分别存入不同的表中。但这种存储方式在进行图的遍历、路径搜索等操作时往往需要多次查询数据库，效率很低。而当图的规模较大时（例如，社交管理软件可能存在千万甚至上亿的节点），关系型数据库则难以胜任。

图数据库专门为存储和搜索图而设计，具有极高的效率。常用的图数据库有 Neo4j、OrientDB 等。

以 Neo4j 为例，其操作语句并不复杂，图 7.12 展示了创建和查询节点的操作。

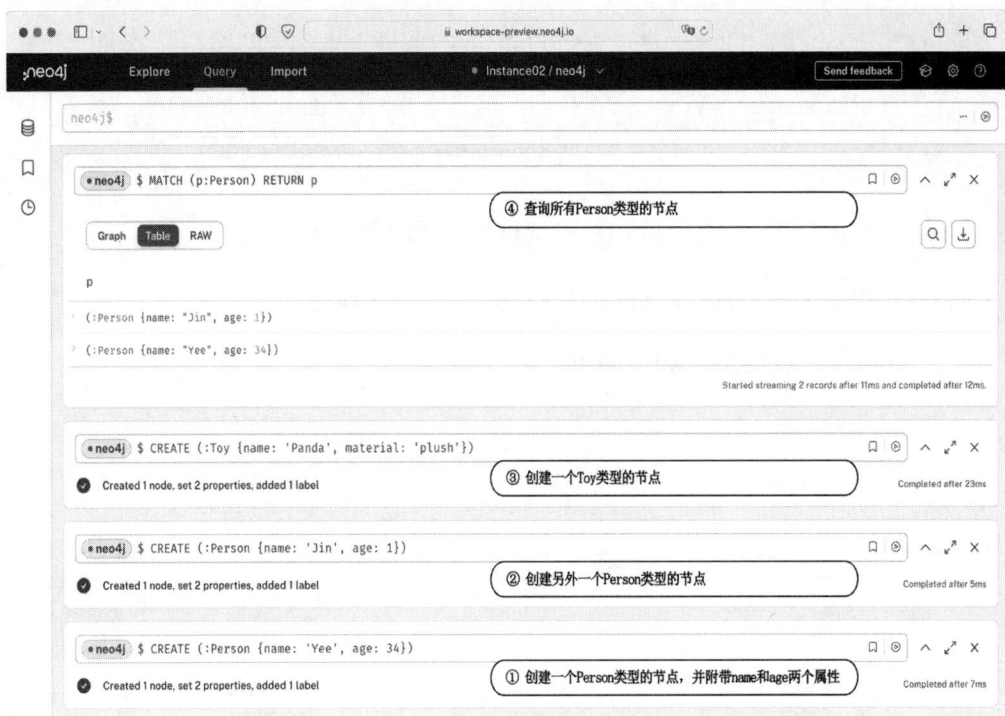

图 7.12　创建和查询节点操作

备注

Neo4j 官网提供了免费的在线数据库供我们进行学习，只需要简单注册即可使用。Neo4j 的操作演示图都是作者在其官网操作并截取的。

图 7.13 展示了创建和查询关系的操作。

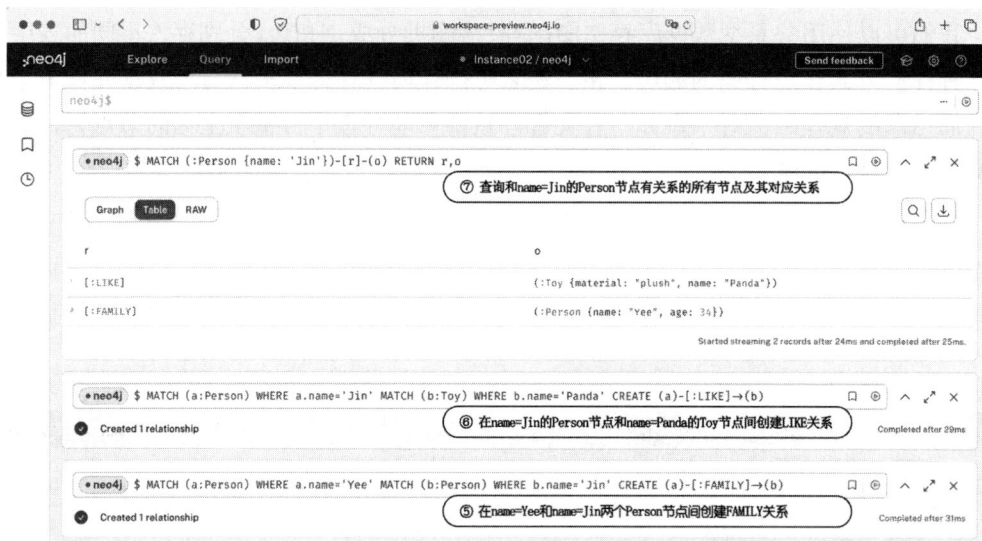

图 7.13　创建和查询关系操作

Neo4j 也提供了多种驱动、API 供我们使用，如图 7.14 所示。

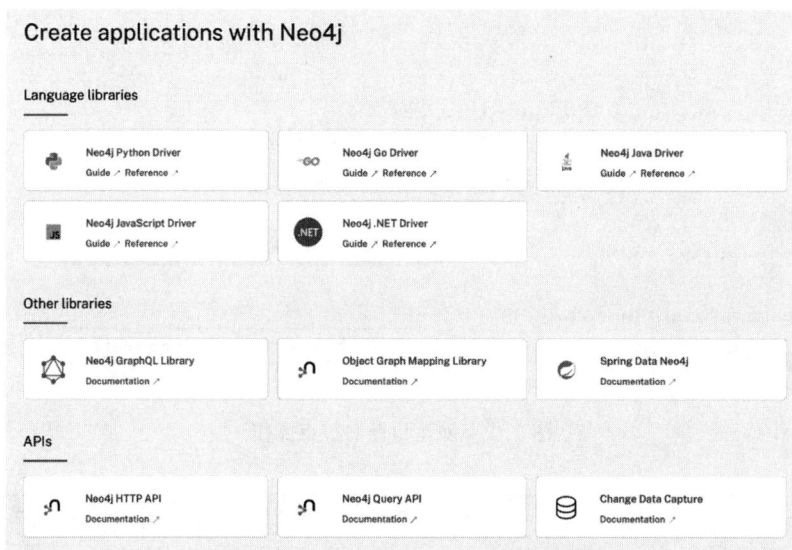

图 7.14　Neo4j 提供的驱动和 API

如果大家需要在系统中对大规模的图进行操作，则可以考虑引入图数据库。

7.5　面向对象数据库

在面向对象编程中，万物都被抽象为对象。为了在关系型数据库中存储这些对象，我们会将复杂的对象拆解为简单的对象，然后将这些简单对象的各个属性以记录的形式存放到数据表中。

　　例如，桌子是一个相对复杂的对象，它是由桌面、桌腿、抽屉等部分组成，而每个部分又都有各自的属性，其 E-R 图如图 7.15 所示。为了在关系型数据库中存储桌子的信息，则需要创建桌面表、桌腿表、抽屉表来对这些部分的每个属性分别进行存储，并通过关系表来记录这些部分和桌子的对应关系。

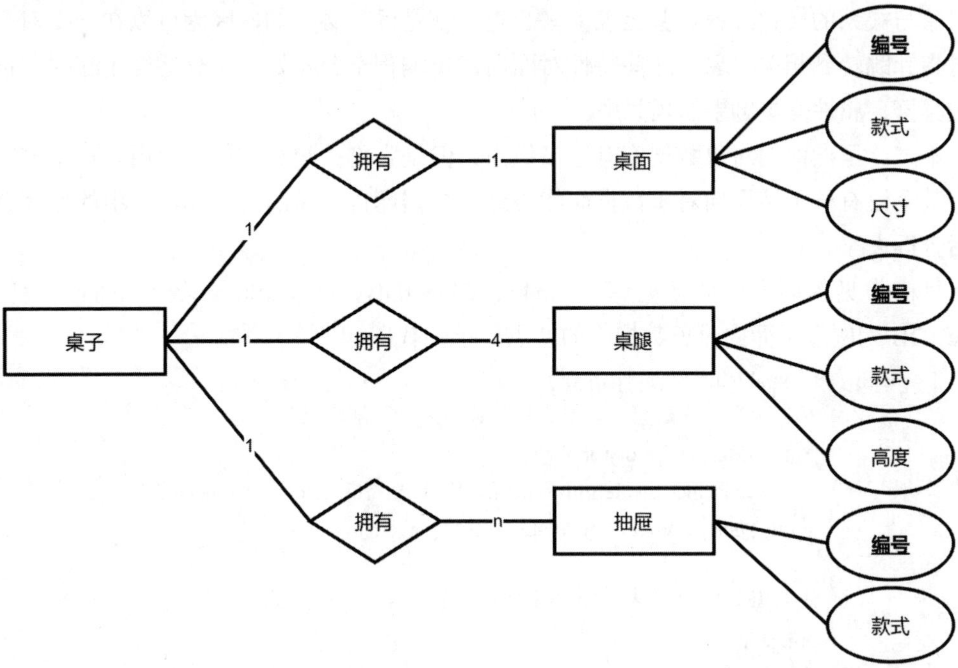

图 7.15　桌子的 E-R 图

　　于是，原本一个完整独立高内聚的对象（桌子）就被拆分到了多个表中，每个表（例如桌腿表）中存放的却是属于不同对象的关系很弱的组成部分（除了都叫桌腿，铁艺桌的桌腿和实木桌的桌腿之间确实没有太大关系，但它们都要被存放入桌腿表）。这与现实生活是相悖的，在现实生活中，对象（桌子）总是和它的组成部分（桌面、桌腿等）一起出现，而不是按照组成部分分类出现（在加工厂中，才可能出现大量桌腿聚集的情况）。

　　我们使用关系型数据库存储对象的过程，就是将对象拆解后再写入不同表的过程；从关系型数据库读取对象的过程，就是从不同表查询属性后再拼装成对象的过程。这显然不合理：既违背了对象的内聚原则，又在拆解和拼装的过程中降低了性能。在这种情况下，对高内聚的对象单独读写才是更合适的，但关系型数据库并不支持。

　　Esther Dyson 的一段话可以很好地描述上述矛盾："利用表格存储对象，就像是将汽车开回家，然后拆成零件放进车库里，早晨再把汽车装配起来。但是人们还不禁要问，这难道不是泊车的最有效的方法吗？"

显然，这并不是泊车的最有效的方法。最有效的方法是将车直接开进车库，每天早晨直接从车库开出来。面向对象数据库可以做到这一点。

面向对象数据库是一种以对象的形式进行数据存储的数据库，它能够与面向对象编程更融洽地结合。基于它就可以解决我们在章节开始时讨论的面向对象编程和关系型数据库之间的矛盾。

面向对象数据库引入了类、对象、继承等概念，从数据库中读写对象时不再需要经过对象与关系的转化过程。甚至表的联合查询都是没有必要的，因为可以在一个对象中通过指针跳转到相关对象。这些特性对面向对象编程十分友好，十分适合用在对象创建销毁频繁、属性变更频繁的场景中。

不过，虽然面向对象数据库有诸多优点，但是它们并没有被广泛应用。在本书写作时，甚至没有一个纯面向对象数据库能够进入数据库排行榜的前 150，其中的原因会在稍后告诉大家。

目前常见的面向对象数据库有 db4o、ObjectDB、ObjectStore 等。下面，我们以 ObjectDB 为例展示面向对象数据库的特点，示例代码如下：

```java
public static void main(String[] args) {
    // 打开数据库链接，如果不存在数据库，则创建一个
    EntityManagerFactory emf =
        Persistence.createEntityManagerFactory("$objectdb/db/points.odb");
    EntityManager em = emf.createEntityManager();

    // 向数据库中存储 1000 个坐标点对象
    em.getTransaction().begin();
    for (int i = 0; i < 1000; i++) {
        Point p = new Point(i, i);
        em.persist(p);
    }
    em.getTransaction().commit();

    // 从数据库中查询坐标点对象的总数
    Query q1 = em.createQuery("SELECT COUNT(p) FROM Point p");
    System.out.println("Total Points: " + q1.getSingleResult());

    // 从数据库中查询坐标点的 x 坐标平均值
    Query q2 = em.createQuery("SELECT AVG(p.x) FROM Point p");
    System.out.println("Average X: " + q2.getSingleResult());

    // 从数据库中取出所有坐标点对象
    TypedQuery<Point> query =em.createQuery("SELECT p FROM Point p", Point.class);
    List<Point> results = query.getResultList();
```

```
       for (Point p : results) {
           System.out.println(p);
       }


       // 关闭数据库链接
       em.close();
       emf.close();
   }
```

备注

该示例的完整代码请参考本书示例项目 201。

在示例代码中，我们可以直接向 ObjectDB 写入对象，以及直接从 ObjectDB 读出对象。下面的这句查询代码极具代表性。我们直接从数据库中读取出了 Point 对象，而不经过任何转换。这就是面向对象数据库的魅力所在。

```
TypedQuery<Point> query =em.createQuery("SELECT p FROM Point p", Point.class);
List<Point> results = query.getResultList();
```

当然，你也可能对上面的这段代码习以为常。因为平时我们使用关系型数据库时，在 MyBatis 等 ORM 框架的帮助下，也可以实现类似的效果。

关系型数据库虽然不能直接存储对象，但 ORM 框架帮助完成了这一转换。而关系型数据库应用更为广泛，性能优化方案也更为成熟，这使得关系型数据库加 ORM 框架的组合比单纯使用对象数据库更便于上手，性能也更高。这就是面向对象数据库没有被普及的原因。

但从设计思想上看，面向对象数据库依旧是一种优秀的数据库，而且它的存在对于关系型数据库、ORM 框架的发展也起到了鞭策和指引的作用。

第 8 章

缓存设计

08

在第 2 章至第 4 章我们介绍了许多提升系统性能的方案，这些方案的思路可以分为两类：一类是分流，减少每个系统处理的用户请求数；另一类是并发，提升系统处理用户请求的能力。此外，还有一种提升系统性能的思路，那就是导流——将原本触发复杂操作的请求引导到简单操作上。

缓存就是导流思路的运用。某个原本需要复杂的操作才能得出结果的请求，可以导流到缓存中，然后经过简单的缓存查询便可以得出结果。缓存也是一个用空间换时间的策略，牺牲了一些空间，用于存储已经得出过的结果，在之后遇到同样的请求时，及时返回节约了时间。

在这一章，我们将详细了解如何使用缓存来提升系统的性能。在介绍的过程中，我们将先介绍最常见的读缓存，并在 8.7 节介绍写缓存。

8.1 缓存的收益

我们常说的缓存是读缓存，它存在于调用方和数据提供方之间，用来缓存数据提供方给出的数据。缓存的引入会带来一些收益，也会增加一些成本。我们这里所说的收益、成本主要是针对时间维度，毕竟大多数场景下引入缓存的目的就是为了减少系统响应时间。

引入缓存后，在每次进行请求时，需要先计算请求的键以便在缓存中进行检索，假设计算请求键所需的时间为 $T_{createKey}$，从缓存中检索出某个键的时间为 $T_{findKey}$。根据键检索到值后，还需要对值进行反序列化等转化，假设该时间为 $T_{parseValue}$。则在命中缓存的情况下，从查询到获得结果对象需要的总时间为：

$$T_{createKey} + T_{findKey} + T_{parseValue}$$

事实上，并不是所有的查询都会命中缓存。假设缓存命中率为 p，未命中缓存的原查询时间为 $T_{original}$。则引入缓存后，获得结果对象所花费的时间期望值为：

$$T_{\text{createKey}} + T_{\text{findKey}} + p \times T_{\text{parseValue}} + (1-p) \times T_{\text{original}}$$

可见引入缓存后，无论缓存是否命中，都会新增加 $T_{\text{createKey}}$ 和 T_{findKey} 两个额外时间。

此外，缓存的写入也会消耗时间，而且缓存模块也会增加整个系统的复杂度，带来开发维护上的挑战。因此，只有当引入缓存后的查询时间远小于原查询时间时，缓存的引入才是有益的。即必须满足下列不等式：

$$T_{\text{createKey}} + T_{\text{findKey}} + p \times T_{\text{parseValue}} + (1-p) \times T_{\text{original}} \ll T_{\text{original}}$$

在上述不等式中，右侧减去左侧的差值就是缓存模块的收益。缓存模块要确保上述不等式的左侧尽可能小。上式中，T_{original} 值是确定的，为了尽可能降低不等式左侧的值，可以采取的手段有：

- 减小 $T_{\text{createKey}}$，即减小缓存键的生成时间。
- 减小 T_{findKey}，即减小缓存键的检索时间。
- 减小 $T_{\text{parseValue}}$，即减小缓存中内容的转换时间。
- 增大 p，即提升缓存的命中率。

经过对缓存收益的分析我们也能知道，缓存应该应用在以下场景中：

- 读多写少的场景。因为缓存的存在能加快读操作，但是会给写操作带来额外的工作。读多写少的场景更能使得缓存扬长避短。
- 原查询时间较长的场景。原查询时间越长，则引入缓存后能够节约的时间也就越多。这样更能发挥缓存的价值。

以上就是我们在设计和使用缓存模块时的参考依据。

8.2　缓存的键与值

缓存中存储的数据通常由两部分组成：一是用来标识缓存的键，二是键对应的值。在这一节中，我们要对缓存的这两部分进行分析。

8.2.1　缓存的键

缓存的键是查找缓存中数据的依据，这就要求缓存的键必须是和值一一对应的。否则可能会导致缓存值的覆盖，这可能直接引发信息的泄露，甚至系统崩溃。

通常可以使用缓存值的哈希结果作为缓存的键。只要所选的哈希算法得当，可以使得出现键碰撞（两个值对应着同一个键）的概率极低，在大多数场景下可以忽略不计。但仍有一些系统，主要是并发数极高的系统，会采取一些更为严格的手段避免键碰撞的发生。因为在极高的并发数下，小概率事件也很有可能发生。

缓存键的另一个要求是快速，这里的快速是指尽可能小的生成时间 $T_{\text{createKey}}$ 和检索时

间 $T_{findKey}$。其中，检索时间 $T_{findKey}$ 主要与缓存的物理位置（内存中还是硬盘中）和数据结构（Map 还是 List 等）相关，与键相关的部分其实是比较时间 $T_{compareKey}$，即比较两个键是否相等所需要的时间。

于是我们可以总结出缓存键的设计中需要考虑的三个因素。

- 无碰撞：必须要保证两个不同的数据对应的键不同，否则会引发命中错误缓存，导致严重的错误。

- 高效生成：给定一个数据后，需要用极小的代价生成对应的键。

- 高效比较：给定两个缓存键后，需要高效地比较出两者是否完全一致。

其中，无碰撞代表的准确性和高效生成、高效比较代表的效率这两者是矛盾的。为了提升准确性必然牺牲效率，为了提升效率则必然会牺牲准确性。缓存键的设计需要在这两者之间进行平衡。MyBatis 源码中给出了一种值得借鉴的设计方案。

MyBatis 作为一个出色的 ORM 框架，为数据库查询提供了两级缓存。MyBatis 并没有使用数值、字符串等简单类型作为键，也没有使用数据的哈希结果作为键，而是设计一个 CacheKey 类。这种键的设计在准确度和效率之间取得了很好的平衡。我们可以借鉴其实现思路。

CacheKey 中最主要的部分是类的属性、update 方法和 equals 方法。其中类的属性如下面代码所示。

```
// 乘数，用来计算 hashcode 时使用
private final int multiplier;
// 哈希值，整个 CacheKey 的哈希值。如果两个 CacheKey 该值不同，则两个 CacheKey 一定不同
private int hashcode;
// 求和校验值，整个 CacheKey 的求和校验值。如果两个 CacheKey 该值不同，则两个 CacheKey
// 一定不同
private long checksum;
// 更新次数，整个 CacheKey 的更新次数
private int count;
// 更新历史
private List<Object> updateList;
```

CacheKey 中有一个 update 方法，该方法就是用来生成 CacheKey 的方法，只是这个生成过程不是一个瞬间的过程而是一个持续的过程：只要有新的信息（查询操作的编号、参数、翻页限制等）产生就通过 update 方法写入到 CacheKey 中。update 方法的源码如下所示。

```
/**
 * 更新 CacheKey
 * @param object 此次更新的参数
 */
public void update(Object object) {
```

```
        int baseHashCode = object == null ? 1 : ArrayUtil.hashCode(object);

        count++;
        checksum += baseHashCode;
        baseHashCode *= count;

        hashcode = multiplier * hashcode + baseHashCode;

        updateList.add(object);
    }
```

可见每一次 update 操作都会引发 count、checksum、hashcode 值的变化，这三个信息都可以作为这次查询操作的摘要信息。同时，每次 update 操作传入的参数还会被放入 updateList，这个信息便是这次查询操作的详细信息。

下面代码便展示了如何基于 update 方法创建 CacheKey。通过下面代码可见，与这次查询相关的所有细节信息（查询操作的编号、参数、翻页限制等）都通过 update 方法写入到了 CacheKey 对象中。

```
/**
 * 生成查询的缓存的键
 * @param ms  映射语句对象
 * @param parameterObject  参数对象
 * @param rowBounds  翻页限制
 * @param boundSql  解析结束后的 SQL 语句
 * @return  生成的键值
 */
@Override
public CacheKey createCacheKey(MappedStatement ms, Object parameterObject, RowBounds
rowBounds, BoundSql boundSql) {
    if (closed) {
        throw new ExecutorException("Executor was closed.");
    }
    // 创建 CacheKey，并将所有查询参数依次更新写入
    CacheKey cacheKey = new CacheKey();
    cacheKey.update(ms.getId());
    cacheKey.update(rowBounds.getOffset());
    cacheKey.update(rowBounds.getLimit());
    cacheKey.update(boundSql.getSql());
    List<ParameterMapping> parameterMappings = boundSql.getParameterMappings();
    TypeHandlerRegistry typeHandlerRegistry = ms.getConfiguration().getTypeHandlerRegistry();
    // mimic DefaultParameterHandler logic
    for (ParameterMapping parameterMapping : parameterMappings) {
        if (parameterMapping.getMode() != ParameterMode.OUT) {
```

```
                Object value;
                String propertyName = parameterMapping.getProperty();
                if (boundSql.hasAdditionalParameter(propertyName)) {
                    value = boundSql.getAdditionalParameter(propertyName);
                } else if (parameterObject == null) {
                    value = null;
                } else if (typeHandlerRegistry.hasTypeHandler(parameterObject.getClass())) {
                    value = parameterObject;
                } else {
                    MetaObject metaObject = configuration.newMetaObject(parameterObject);
                    value = metaObject.getValue(propertyName);
                }
                cacheKey.update(value);
            }
        }
        if (configuration.getEnvironment() != null) {
            // issue #176
            cacheKey.update(configuration.getEnvironment().getId());
        }
        return cacheKey;
    }
```

然后我们比较两个 CacheKey 是否相等的 equals 方法，如下面代码所示。

```
    /**
     * 比较当前对象和入参对象（通常也是 CacheKey 对象）是否相等
     * @param object 入参对象
     * @return 是否相等
     */
    public boolean equals(Object object) {
        // 如果地址一样，是一个对象，那么肯定相等
        if (this == object) {
            return true;
        }
        // 如果入参不是 CacheKey 对象，那么肯定不相等
        if (!(object instanceof CacheKey)) {
            return false;
        }
        final CacheKey cacheKey = (CacheKey) object;
        // 依次通过 hashcode、checksum、count 判断。必须完全一致才相等
        if (hashcode != cacheKey.hashcode) {
            return false;
        }
        if (checksum != cacheKey.checksum) {
            return false;
```

```
    }
    if (count != cacheKey.count) {
        return false;
    }

    // 详细比较变更历史中的每次变更
    for (int i = 0; i < updateList.size(); i++) {
        Object thisObject = updateList.get(i);
        Object thatObject = cacheKey.updateList.get(i);
        if (!ArrayUtil.equals(thisObject, thatObject)) {
            return false;
        }
    }
    return true;
}
```

在 equals 方法中，先比较了 count、checksum、hashcode 这三个摘要信息，只要这三个摘要信息不同，则两个 CacheKey 对象一定不同。只要三个摘要信息相同，则两个 CacheKey 对象极大概率相同。但是，MyBatis 为了提升准确度还依次比较了 updateList 中存储的每个细节信息，确保万无一失。

可见 MyBatis 中的 CacheKey 设计使用了逐步退让的方法，在准确性和高效之间取得了平衡。先用最短的时间使用摘要信息进行判断，只有在判断通过的情况下，才会逐步花费更多的时间进行详细校验。

在设计缓存的键时，我们可以参考 MyBatis 中 CacheKey 的设计思路。

拓展阅读

阅读优秀源码是提升软件从业者视野和技术水平的极佳手段。通过阅读源码，你能找到自己系统与优秀系统的差距，能发现和补足自己的知识短板。当然，阅读源码也是一项需要耐心和技巧的工作。为了帮助大家进行源码阅读，作者编写并出版了《通用源码阅读指导书——MyBatis 源码详解》一书。

在书中，作者对 MyBatis 项目源码中各个包、类、方法所涉的基础知识、实现原理、架构技巧、组织脉络等都进行了详细分析，并以此为基础总结了源码阅读的通用方法和技巧。《通用源码阅读指导书——MyBatis 源码详解》是一本不错的源码阅读指导书，也是一本 MyBatis 源码的详解书。

8.2.2　缓存的值

缓存中的值就是需要通过缓存进行存储的数据，可以分为两大类：序列化数据和对象数据。

值为序列化数据是指在将对象写入缓存之前，先将对象进行序列化处理，最终写入缓存的实际是对象的序列化串。在读取缓存数据时，需要对读取到的序列化串进行反序列化处理，才能得到写入前的对象本身。

在缓存中存储序列化数据的方式十分通用，毕竟绝大多数的缓存系统都支持二进制数据或者文本数据的存储。但存储序列化数据需要在存储时进行序列化操作，在读取时进行反序列化操作，这两步操作的引入会占用一些额外的计算资源和时间。

如果缓存支持对象存储，可以直接将对象作为值存入缓存中。例如，我们可以直接在内存中创建一个 Map 作为缓存，然后直接向缓存中写入对象。这时，缓存中数据的读写不需要经过序列化和反序列化过程，更为高效。

在使用缓存存储对象数据时，一个容易忽略的问题是重复引用问题。如图 8.1 所示，缓存中以对象的形式存储了一些数据，当调用方 A 读取到缓存中的对象 2 时，实际是获得了对象 2 的引用。此时如果调用方 A 修改了对象 2 的属性，便污染了缓存。之后调用方 B 在读取缓存中的对象 2 时，引用的是已经修改后的对象 2。

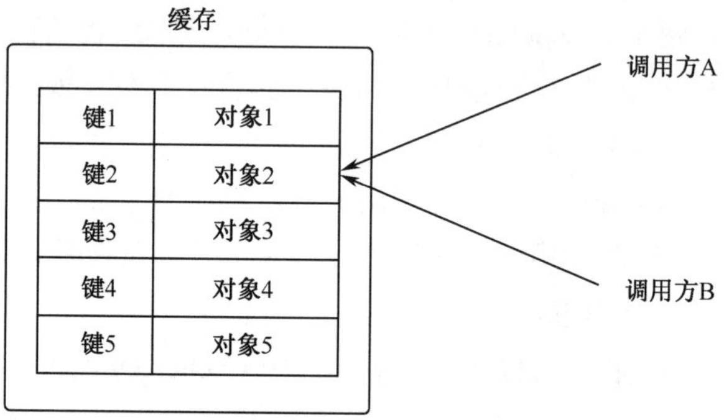

图 8.1　缓存中对象数据的重复引用

仍旧以 MyBatis 作为例子，如果 MyBatis 的缓存中存入的是对象。那么操作方 A 从数据库中检索出某个对象 o，此时对象 o 就被操作方 A 和缓存同时引用了。这时，操作方 A 对对象 o 进行了修改，使之变为 o′。则操作方 B 使用同样的查询条件查询数据库时，会命中缓存，从而拿到对象 o′。而事实上，数据库中存储的仍然是对象 o。这就引发了错误。

通常，我们不想让污染缓存的情况发生。如果要解决该问题，可以在缓存中存储序列化数据，因为序列化串每次反序列化得到的总是一个新对象。

在 MyBatis 中，允许用户配置某个缓存中的值是只读的或可读可写的（通过 Mapper 文件中 cache 节点下的 readOnly 配置项）。如果是缓存中的值是只读的，则 MyBatis 会将对象作为值写入缓存中，这种情况下不需要序列化和反序列化，更为高效。如果缓存中的值是可读可写的，则 MyBatis 会将对象的序列化结果写入缓存中，并在读取缓存时反序列化出一个新的对象，这样避免了对缓存中结果的污染。

8.3　缓存的更新机制

缓存不是数据的提供方，它只是处在需求方和提供方之间的暂存方。而数据的正确值由提供方决定，而不是由缓存决定的。这就需要缓存根据提供方数据的变化进行更新，这种机制被称为缓存的更新机制。

缓存的更新机制可以分为时效性更新和主动更新两种，在这一节中，我们将对这两种缓存机制进行介绍。当然，在实际使用中，我们也可以将这两种机制结合使用。

8.3.1　时效性更新机制

时效性更新是一种被动的更新机制，它放弃了缓存中数据和提供方数据的实时一致性，转而保证最终一致性。这种机制假设缓存中的数据在一定时间内是有效的，无论提供方的数据在这段时间内如何变动。这种假设大大地降低了缓存设计的复杂度。

在往时效性缓存中写入数据后，缓存会保存该数据一段时间。在这段时间内，所有对该数据的读取操作由缓存提供，所有对该数据的写入操作则直接写给数据提供方。直到数据到达失效时间后，从缓存中清除。缓存中的值被清除后的下一次查询会真正从数据提供方查询，而这次查询的结果会在缓存中保存一份直到再次失效。

时效性更新机制可能引发读写不一致，图 8.2 展示了这一过程。在我们将 value 的值更新为 B 之后，因为缓存中存储的 value=A 尚未失效，则操作方读取到的仍旧是 value=A。

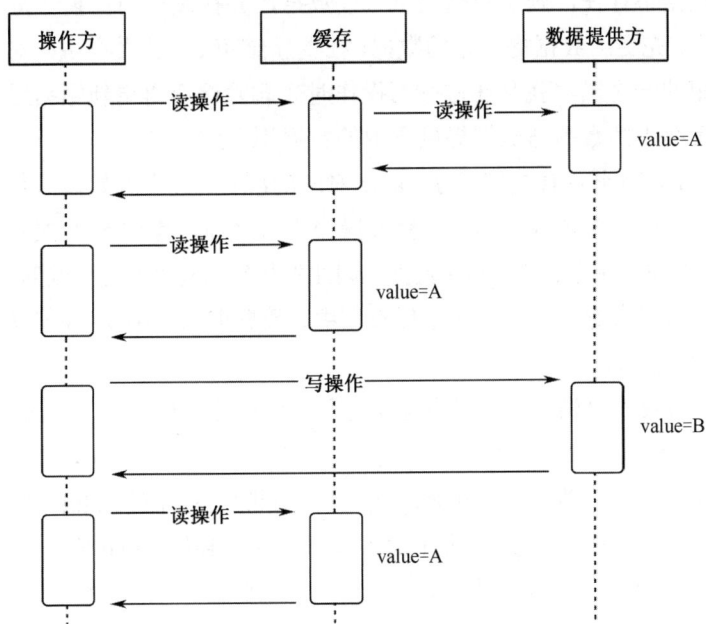

图 8.2　时效性缓存

时效性缓存的实现非常简单，如下所示。

- 读取数据时，只要缓存中存在指定数据，则通过缓存读取；缓存中不存在，则通过数据提供方读取，并将读取到的数据在缓存中保存一份。
- 写入数据时，直接操作数据提供方。
- 缓存中的每条数据都有过期时间，到达过期时间后，该条数据则被缓存清除。

时效性缓存虽然不能保证缓存中数据与提供方数据的实时一致，但因为其实现简单高效，在对实时性要求不高的场景下得到了广泛应用。例如，在商品抢购活动中，需要显示已售出商品的数目。这个数据并不要求实时一致，可以存在一定的延迟。这时可以使用时效性缓存来保存该数据。

8.3.2　主动更新机制

还有很多场景下，需要确保缓存中的数据和提供方中的数据实时一致，这时就要用到主动更新缓存。主动更新缓存的具体实施上存在不同的变种，也各自具有其优点和缺点。

接下来，我们将介绍主动更新缓存的几种实现形式。

1. Cache Aside 机制

这种机制非常简单，其具体的读写策略如下所示。

- 读操作：操作方先从缓存查询数据，如果数据存在，则直接读取缓存中的数据；如果数据不存在，则从数据提供方读数据，并在缓存中记录一份。
- 写操作：先更新数据提供方的数据，在更新结束后，让缓存中的对应数据失效。

这里容易犯的一个错误就是在进行写操作时先删除缓存再更新数据提供方。这种错误可能会导致缓存中的数据与数据提供方中的数据不一致。

如图 8.3 所示，操作方 B 先删除了 value 对应的缓存，然后开始修改数据提供方中的数据，将 value 的值从 A 修改为 B。在修改操作完成之前，操作方 A 展开了一次数据查询操作，因为此时缓存中不存在 value 数据，因此先从数据提供方处读取到 value 值为 A，然后将该接入写入了缓存中。于是在之后查询中，数据提供方中 value 值为 B，但是缓存中 value 依然是旧值 A。

当然，先更新数据提供方，再删除缓存的方式也可能出现错误。如图 8.4 所示，操作方 A 读取 value 值时，发现缓存中无此数据，于是去数据提供方读取数据。此时，操作方 B 把 value 值从 A 修改为 B，并在修改完成后，删除缓存中的 value（缓存中本来就无 value 记录）。之后，操作方 A 的去读操作才结束，且读取到的 value 值为 A，并将 value=A 的数据写入缓存。最终，数据提供方中 value=B，而缓存中 value=A。

然而，图 8.4 所示的这种错误的发生概率是很低的。因为它要求以下四个条件同时满足：①读操作时缓存中无数据；②读操作进行的同时存在一个写操作；③读操作在数据提供方中的持续时长大于写操作；④在读写操作并发时读操作读取到的是旧值。因为读操作往往要比写操作快很多，所以上述四条同时满足的概率是极低的。因此，我们一般会选用先更新数据提供方的数据，再删除缓存数据的策略。

图 8.3　先删除缓存再更新提供方时引发的缓存错误

Cache Aside 机制是一种简单有效的缓存更新机制，应用非常广泛。

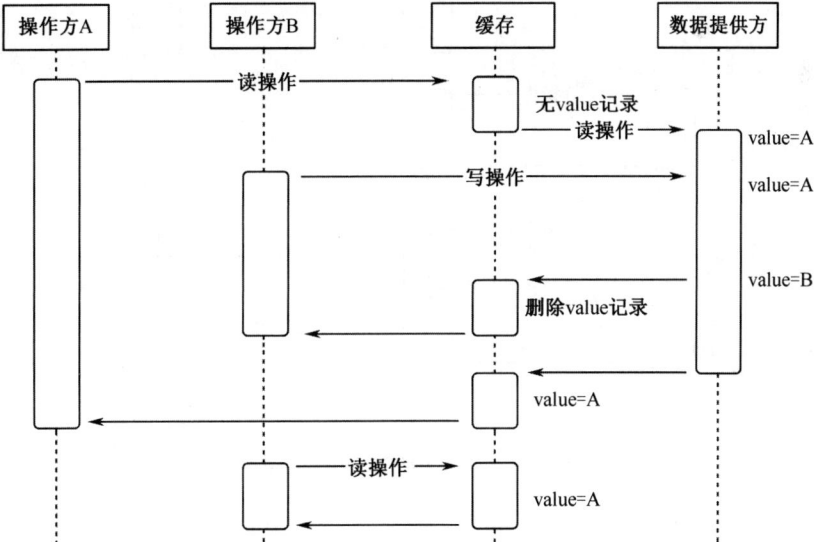

图 8.4　先更新提供方再删除缓存时引发的缓存错误

2. Read/Write Through 机制

在 Cache Aside 机制中，无论先修改数据提供方还是先删除缓存，都可能会出现缓存不一致的错误，虽然概率极低。要想彻底避免缓存不一致的出现也很简单，即进行写入操作时，直接将结果写入缓存，而由缓存再同步写入数据提供方。等写入数据提供方操作结束后，写入操作才被返回。

这就演化成了 Read/Write Through 机制。

在 Read/Write Through 机制下，调用方只需要和缓存打交道，而不需要关心缓存后方的数据提供方。而由缓存来保证自身数据和数据提供方的一致性。

如图 8.5 所示，在读操作中，由缓存直接返回结果；在写操作中，调用方写入缓存，再由缓存同步写入数据提供方。

在 Cache Aside 机制中，数据写入缓存的操作是由调用方的查询操作触发的，而在 Read/Write Through 机制中，则需要缓存自身完成将所有数据从数据提供方读入缓存的过程。

另外，在 Cache Aside 机制中，缓存只是一个辅助的存在，即使缓存不工作，调用方也可以通过数据提供方完成所有的读写操作。而在 Read/Write Through 机制中，缓存直接对调用方屏蔽了数据提供方，这就意味着缓存系统不可或缺，要求其工作十分可靠。

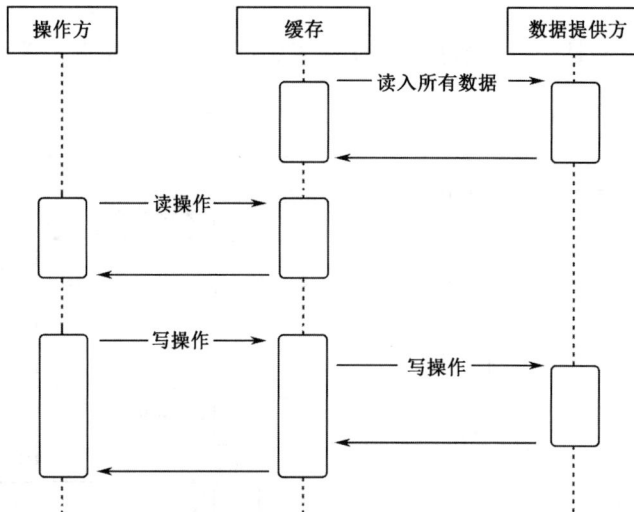

图 8.5 Read/Write Through 机制

3. Write Behind 机制

在 Read/Write Through 机制中，进行数据写操作时会将缓存中的数据同步写入数据提供方，这会导致写操作比较缓慢。而 Write Behind 机制则在此基础上进一步升级，即让写入缓存的数据异步写入数据提供方。

Write Behind 机制提升了写操作的响应速度，但是也引入了一个问题：如果缓存在异步写入某条更新前崩溃，则这条更新会丢失。这是同步操作转异步操作带来的代价。

8.4 缓存的清理机制

我们已经讨论过，提升缓存的命中率便可以提升缓存的收益。在不考虑外界约束的情况下，提升缓存命中率的方法非常简单——增大缓存空间。

缓存命中率和缓存空间存在如图 8.6 所示的关系，只要缓存空间足够大，则缓存命中率便可以提升到 100%，即将所有的数据都放置到缓存中。

然而，受到物理条件、经济条件的制约，缓存系统的空间往往很有限，这就需要设计一套机制来让这有限的缓存空间发挥最大的作用。这种机制就是缓存清理机制。

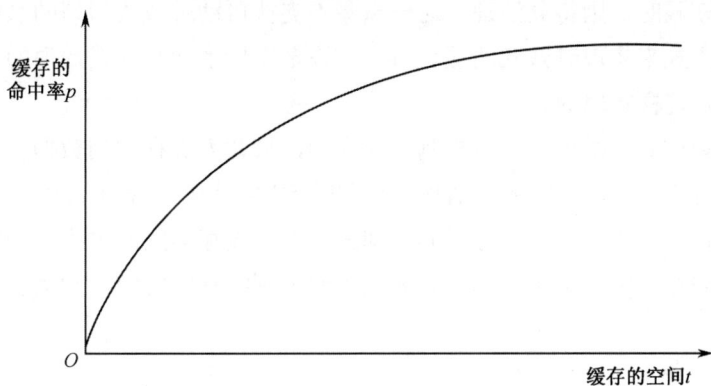

图 8.6　缓存命中率和缓存空间的关系

在清理缓存的过程中，最理想的策略是清理在未来一段时间内不被访问的数据，而保留未来一段时间内会被频繁访问的数据，这样可以最大限度地减少对命中率 p 的影响。然而这种假设太过理想，毕竟一条数据在未来一段时间内被访问的次数是多少是难以预知的。

完全理想的假设无法实现，于是提出了很多近似的假设，最有名的一条便是：如果一条数据最近被访问，则它很有可能在接下来被访问。而在实际生产中，可能还会对这一条策略进行进一步的简化，变成：如果一条数据最近被写入缓存，则它很有可能在接下来被访问。

在上述思想的指导下，产生了很多缓存清理机制。这些机制有的简洁，但离理想假设很远；有的更贴近理想，实现也更复杂。大家在学习下面的清理机制时，可以对应它们采用了上述哪种假设。

我们将缓存清理机制总结成了三类：时效式清理、数目阈值式清理、非强引用式清理。接下来我们对这三类清理策略分别进行介绍。

8.4.1　时效式清理

时效式清理是一种最为简单的清理机制，它要求缓存中的每条数据都有一个生存时间。当数据超过生存时间时，则会被清理，为其他更新的数据让渡空间。

细分起来，时效式清理又有很多具体的实现方式。

- 自动时效式清理：在往缓存中写入数据时，同时写入该数据的存活期限。当数据到达存活期限时，会被缓存系统自动删除。这种机制需要缓存系统的支持，例如 Redis、Cookie 等都支持这种机制。
- 轮询时效式清理：在往缓存中写入数据时，可以同时写入该数据的存活期限。另外存在一个线程以一定频率扫描缓存中的所有数据，当发现某条数据超过其存活期限时，则将其清理。对于一些不支持自动时效式清理的系统，可以通过这种方式来实现时效式清理。事实上许多支持主动时效式清理的缓存系统其内部也是这样实现的。

时效式清理机制和时效性更新机制是一样的，只要为缓存中的数据设置生存时间就同时满足了这两点。因此，时效式清理机制和时效性更新机制简单易用。

时效式清理限定了数据的生存时间，却无法限定缓存的空间大小。当短时间内出现密集查询时，缓存的空间会急剧增大。如果需要限制缓存的空间，则需要配合其他方式一同使用。

8.4.2　数目阈值式清理

数目阈值式清理可以通过限制数据的数目来间接限制缓存空间的大小。在限定数据数目的基础上，再配合限定缓存中值的大小，便可以达到限制缓存空间大小的目的。

数目阈值式清理机制的关键点在于当缓存中数据数目达到限定值时，采用何种策略找出需要清理的数据。最常用的策略有两种：FIFO（先进先出）策略和 LRU（近期最少使用）策略。

1. FIFO

在这种策略中，当缓存中的数据达到上限时，优先清理最先写入缓存中的数据。这时，缓存空间就像是一个定长的队列，新的数据不断地从队首写入，而旧的数据不断地在队尾删除。

这种策略的实现也非常简单，我们只需要使用一个定长的队列来存储缓存中的数据，然后在队列满时，从队尾删除对应的数据即可。

2. LRU

关于缓存有一个指导规律：如果缓存中的一条数据在近期被访问，则它很有可能在接下来还会被访问；如果缓存中的一条数据很久没有被访问，则它很有可能在接下来依旧不被访问。这就意味着在缓存清理时，要尽量清理长久未被访问的数据，而保护最近被访问过的数据。LRU 可以实现这一点。

LRU 采用的假设更贴近理想假设，而 LRU 的实现也比 FIFO 稍微复杂一些。

在实现上，可以使用支持排序的树或者链表来保存缓存数据，并在每次访问某个数据时，将数据置于树或者链表的头部。然后在缓存满时，从树或者链表的尾部删除数据即可。

3. 开发实践

使用 Java 进行开发的读者应该知道，在 Java 中 LinkedHashMap 是实现 FIFO 缓存和 LRU 缓存的极佳基础类，它具有以下特点。

- 作为一个 Map，它可以直接存储键值对的结构。
- LinkedHashMap 是有序的，而其顺序可以选择插入顺序和访问顺序。
    - 如果选择按插入顺序排序，则可以实现 FIFO 缓存。
    - 如果选择按访问顺序排序，则可以实现 LRU 缓存。
- LinkedHashMap 中有一个 removeEldestEntry 方法，该方法在向 LinkedHashMap 对象中添加元素时调用。通过重写这个方法，我们可以方便地进行 LinkedHashMap 对象中元素数量的判断，并根据判断结果展开尾部元素的删除操作。

> **备注**
>
> LinkedHashMap 类存在构造方法 public LinkedHashMap(int initialCapacity, float loadFactor, boolean accessOrder)，该构造方法的第三个入参 accessOrder 便是排序规则的设置参数。accessOrder=true 表示创建的 LinkedHashMap 对象中的元素按照访问顺序由最近到最远排序；accessOrder=false 表示创建的 LinkedHashMap 对象中的元素按照插入顺序由最近到最远排序。

为了给大家直观地展示，接下来我们介绍 MyBatis 中 LRU 功能的源码。在 MyBatis 中，提供 LRU 功能的是一个装饰器类 LruCache，而真正的缓存也就是被装饰类为 Cache 类。LruCache 装饰器类的属性如下面代码所示。

```
// 被装饰对象，即真正的缓存
private final Cache delegate;
// 使用 LinkedHashMap 保存的缓存数据的键。通过这里来实现 LRU 功能
private Map<Object, Object> keyMap;
// 最近最少使用的数据的键
private Object eldestKey;
```

在使用 LruCache 装饰器类时，需要在其构造方法中传入真正的缓存类 Cache 类，与此同时，其构造方法也会将整个缓存的数据数目上限设置为 1024。LruCache 装饰器类的构造方法如下面代码所示。

```
/**
 * LruCache 构造方法
 * @param delegate  被装饰对象
 */
public LruCache(Cache delegate) {
    this.delegate = delegate;
    setSize(1024);
}
```

setSize 方法如下面代码所示。在 setSize 方法中，设置了 LinkedHashMap 对象（对应 keyMap 变量）的容量大小，并且对 LinkedHashMap 对象的 removeEldestEntry 方法进行了重写。需要注意的是，removeEldestEntry 方法并没有将超出阈值的数据直接删除，而是将它们的键记录到了 eldestKey 属性中，交由其他方法删除。

```
/**
 * 设置缓存空间大小
 * @param size  缓存空间大小
 */
public void setSize(final int size) {
    keyMap = new LinkedHashMap<Object, Object>(size, .75F, true) {
        private static final long serialVersionUID = 4267176411845948333L;

        /**
         * 每次向 LinkedHashMap 放入数据时触发
         * @param eldest  最久未被访问的数据
         * @return  最久未被访问的元素是否应该被删除
         */
        @Override
        protected boolean removeEldestEntry(Map.Entry<Object, Object> eldest) {
            boolean tooBig = size() > size;
            if (tooBig) {
                eldestKey = eldest.getKey();
            }
            return tooBig;
        }
    };
}
```

在上面代码中，LinkedHashMap 的 removeEldestEntry 方法在有新的数据加入时，判断数据总数是否超过阈值。如果当前数据总数超过阈值，会将最久未访问的元素的键放入 eldestKey 属性中。

　　需要注意的是，这里的 LruCache 只是一个装饰器，真正的缓存数据保存在 Cache 类中，因此这里的 LinkedHashMap 只保存了数据的键来记录各个键被访问的情况，而没有保存值。这一点可以通过上面代码中的 keyMap.put(key, key)操作看出，keyMap 变量的键和值都设为了数据的键。如果我们不将 LruCache 设计为装饰器而是直接设计为缓存，则可以直接在 LinkedHashMap 中保存键和值。

　　向缓存中写入元素的方法为 putObject，该方法在向 Cache 类写入数据的同时，也将数据的键通过 cycleKeyList 方法写入了 LruCache 装饰器的 LinkedHashMap 中。putObject 方法如下面代码所示。

```
/**
 * 向缓存中写入一条信息
 * @param key 信息的键
 * @param value 信息的值
 */
@Override
public void putObject(Object key, Object value) {
    // 真正的查询操作
    delegate.putObject(key, value);
    // 向 keyMap 中也放入该键，并根据空间情况决定是否要删除最久未访问的数据
    cycleKeyList(key);
}
```

　　而 cycleKeyList 还会判断当前缓存数据数目是否超过设定的阈值，如果超过的话，会直接将超出的数据（它们的键已经通过 LinkedHashMap 的 removeEldestEntry 方法放入了 eldestKey 属性中）删除。cycleKeyList 方法如下面代码所示。

```
/**
 * 向 keyMap 中存入当前的键，并删除最久未被访问的数据
 * @param key 当前的键
 */
private void cycleKeyList(Object key) {
    keyMap.put(key, key);
    if (eldestKey != null) {
        delegate.removeObject(eldestKey);
        eldestKey = null;
    }
}
```

　　当然，我们在每次命中缓存时，需要调用 LinkedHashMap 的 get 方法，以便于 LinkedHashMap 对所有的键按照 LRU 原则进行重新排序。LruCache 的缓存读取方法如下面代码所示。

```
/**
 * 从缓存中读取一条信息
 * @param key 信息的键
 * @return 信息的值
 */
@Override
public Object getObject(Object key) {
    // 触及一下当前被访问的键，表明它被访问了
    keyMap.get(key);
    // 真正的查询操作
    return delegate.getObject(key);
}
```

这样，一个 LRU 缓存装饰器便完成了。在项目开发和设计时我们可以参考该方案，而且可以经过极少的变动直接将该装饰器修改为真正的缓存，也可以经过极少的变动将其修改为 FIFO 缓存。

8.4.3　非强引用式清理

数目阈值式清理策略配合限定数据大小便可以限定缓存占用的空间大小。然而，这对缓存而言并不是一种最好的策略。

我们说过，缓存是一种用空间换时间的辅助模块。一种更优的缓存策略应该是这样的：如果整个系统的空间很充足，则缓存可以占据更大的空间，以节约更多的时间；如果整个系统的空间紧张，则缓存应该减少空间的占用，将空间让渡给更为核心的模块。在这种情况下，缓存空间是弹性的，缓存会尽可能地占用空间以提升效率，但又不会造成负面影响。

这种理想化的策略确实是可以实现的，那就是非强引用式清理。

了解非强引用式清理的关键在于了解非强引用。我们以 Java 为例逐步介绍相关内容。

在 Java 程序的运行过程中，JVM 会自动地帮我们进行垃圾回收操作，以避免无用的对象占用内存空间。这个过程主要分为两步：

- 找出所有的垃圾对象。
- 清理找出的垃圾对象。

我们这里重点关注第一步，即如何找出垃圾对象。其关键在于如何判断一个对象是否为垃圾对象。

判断一个对象是否为垃圾对象的方法主要有引用计数法和可达性分析法，JVM 采用的是可达性分析法。

可达性分析是指 JVM 会从垃圾回收的根对象（Garbage Collection Root，GC Root）为起点，沿着对象之间的引用关系不断遍历。最终能够遍历到的对象都是有用的对象，

而遍历结束后也无法遍历到的应用便是垃圾对象。

根对象不止一个，例如栈中引用的对象、方法区中的静态成员等都是常见的根对象。

我们举一个例子。如果图 8.7 中的对象 c 不再引用对象 d，则通过 GC Root 便无法到达对象 d 和对象 f，那么对象 d 和 f 便成了垃圾对象。

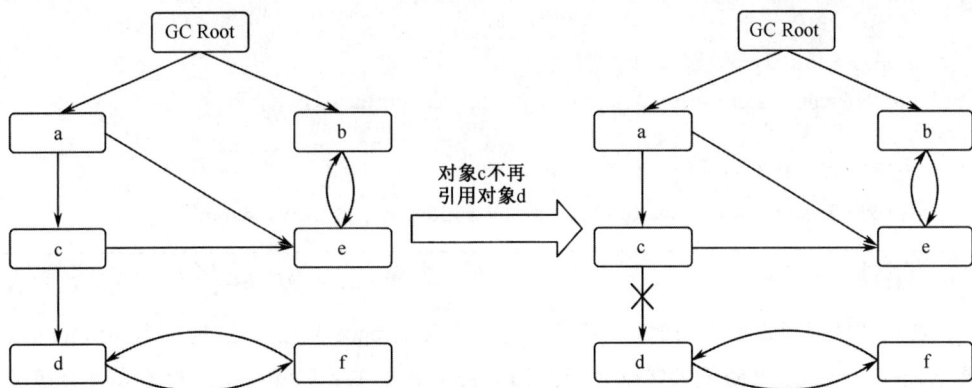

图 8.7　可达性分析法示例

有一点要说明，在图 8.7 中我们只绘制了一个 GC Root，实际在 JVM 中有多个 GC Root。当一个对象无法通过任何一个 GC Root 遍历到时，它才是垃圾对象。

不过图 8.7 展示的这种引用关系是有局限性的，在这种机制下，一个对象要么被标定为有用对象，要么被标定为垃圾对象。有用的对象可以继续占用空间，而垃圾对象则会释放占用的空间，无法实现弹性的空间分配。

试想存在一个非必需的大对象，我们希望系统在内存不紧张时可以保留它，而在内存紧张时释放它，为更重要的对象让渡内存空间。这时应该怎么做呢？

Java 已经考虑到了这种情况，Java 的引用中并不是只有"引用""不引用"这两种情况，而是有四种情况。

- 强引用（StrongReference）：我们平时所说的引用。只要一个对象能够被 GC Root 强引用到，那么它就不是垃圾对象。当内存不足时，JVM 会抛出 OutOfMemoryError 错误，而不是清除被强引用的对象。
- 软引用（SoftReference）：如果一个对象只能被 GC Root 软引用到，则说明它是非必需的。当内存空间不足时，JVM 会回收该对象。
- 弱引用（WeakReference）：如果一个对象只能被 GC Root 弱引用到，则说明它是多余的。JVM 只要发现它，不管内存空间是否充足都会回收该对象。与软引用相比，弱引用的引用强度更低，被弱引用的对象存在时间相对更短。
- 虚引用（PhantomReference）：如果一个对象只能被 GC Root 虚引用到，则和无法被 GC Root 引用到时一样。因此，就垃圾回收过程而言，虚引用就像不存在一样，并不会决定对象的生命周期。虚引用主要用来跟踪对象被垃圾回收器回收的活动。

下面代码给出了强引用、软引用和弱引用的示例。

```
// 通过等号直接建立的引用都是强引用
User user = new User();

// 通过 SoftReference 建立的引用是软引用
SoftReference<User> softRefUser =new SoftReference<>(new User());

// 通过 WeakReference 建立的引用是弱引用
WeakReference<User> weakRefUser = new WeakReference<>(new User());
```

备注

在创建软引用或弱引用时，还可以指定一个 ReferenceQueue。这样，当 SoftReference 或 WeakReference 中的值被回收时，SoftReference 或 WeakReference 对象本身会被放入 ReferenceQueue 中。这样，通过访问 ReferenceQueue，我们便可以知道哪些值已经被回收。

了解了 Java 中的非强引用后，便可以基于软引用或弱引用来实现具有非强引用式清理功能的缓存。例如，我们可以把缓存设置成下面代码所示的结构。

```
LinkedHashMap<Object, SoftReference<Object>>
```

LinkedHashMap 的键中存放缓存的键，LinkedHashMap 值中存放经过 SoftReference 或者 WeakReference 包装的缓存值。这样，当空间充足时，我们可以读取到软引用或者弱引用的缓存值；而在空间紧张时，缓存值所占据的空间会被回收，这时我们便需要通过数据提供方读取数据，并再次更新到缓存中。

8.4.4　清理策略使用实践

在使用时，我们可以将多种策略混合起来使用，而不需要只拘泥于一种策略。

例如，我们可以采用时效式加数目阈值式的清理策略。这样能够保证每个缓存数据存活一段时间后便被销毁，从而需要再次写入，实现了和数据提供方的同步。也保证了整个缓存的数目不会超过阈值，防止短时间内密集查询导致的缓存空间急剧增大。

也可以采用 LRU 加非强引用式的清理策略。将最近访问过的缓存记录使用强引用保存，保证这些数据是一定存在的；而对于最近未访问过的记录使用弱引用或者软引用保存，这些数据将由系统的内存情况决定是否存在。这样，我们便尽可能地利用空间来提升缓存的命中率，同时也不会因为占用过多空间影响其他模块的运行。

在以上所述的时效式清理、数目阈值式清理、非强引用式清理三种清理机制中，不建议单独使用非强引用式清理。因为这种清理机制下，缓存的存活与否是完全不可控的。建议非强引用式清理与其他清理机制联合使用，作为其他清理机制的补充。

在架构设计中，根据具体使用场景设计缓存模块的清理策略，将能够明显地提升缓存的命中率，进而提升整个系统的性能。

8.5　缓存的风险点

缓存在工作过程中也会引入一些风险点，这些风险点可能会引发系统压力的上升。我们有必要对这些风险点进行了解，并在实践中采取相应的措施避免风险的发生。

8.5.1　缓存穿透

缓存中存放的是数据提供方给出的数据。如果数据提供方也不存在某个数据呢？

上述问题所述的场景会引发下面的流程：调用方访问缓存获取某个数据，未检索到，于是调用方通过数据提供方获取数据。数据提供方也没有查询到对应的数据，于是直接返回给调用方，其整个过程如图 8.8 所示。

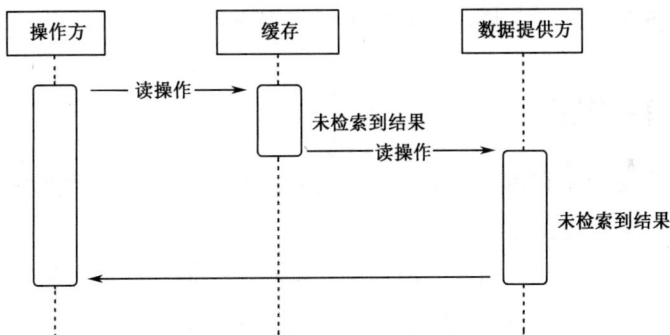

图 8.8　缓存穿透整个过程

当调用方再次请求上述数据时，则还要经过上述流程。如果调用方对上述数据的请求频率非常高，则频繁地调用数据提供方检索数据，会对系统造成压力。整个过程中，缓存无能为力。

只要意识到这个风险点，便可以很简单地解决它：在数据提供方给出空值时，将空值结果也在缓存中保存一份即可。也就是说将空值结果完全当作一个普通结果对待即可。这样，在下一次查询同样的数据时，缓存可以直接返回空值结果，避免了对数据提供方的请求。

8.5.2 缓存雪崩

缓存雪崩是指大量缓存突然失效，导致大量请求倾泻到数据提供方上引发的数据提供方压力骤增。

通常，数目阈值式清理策略不会出现这样的问题，因为在这种清理策略下，缓存数据是逐一失效的，而不是批量失效的。时效式清理机制和非强引用式清理机制可能会出现这种情况。

对于时效式清理机制，如果我们在某个时间（例如，缓存数据集中初始化时）向缓存中写入大量数据，且这些数据具有相同的存活时长。则当存活时长耗尽时，这些数据会同时失效。此时，大量的请求便会倾泻到数据提供方上。而解决这一问题的办法也很简单，只要我们在设置失效时间时加上一定的随机值即可，例如缓存数据的存活时长设为"固定时间长度+随机时间长度"的形式。这样，缓存便不会集中失效。

对于非强引用式清理机制，如果某个时间的内存空间突然紧张，则会使缓存中的大量数据被回收而失效。这样，大量的请求便交由数据提供方处理。单独的非强引用式清理机制无法解决这一问题，因此需要非强引用式清理机制配合其他清理策略使用。例如配合 LRU 策略，对最近常访问的数据建立强引用，对最近不常用的数据建立非强引用。这样，如果内存空间突然紧张，仅仅造成最近不常用数据被清理，而不会导致更为重要的最近常访问数据被清理。这样，便避免了缓存雪崩的发生。

8.5.3 缓存击穿

缓存击穿是指缓存中存在一个被高频率访问的数据，如果该数据突然失效，则大量的访问会被倾斜到数据提供方上。

我们已经说过多次，非强引用式清理中的缓存数据的存活与否是完全不可控的，因此一般不建议单独使用非强引用式清理策略。此处我们不再讨论。

对于 LRU 清理策略，则显然不会出现缓存击穿的情况。因为一个被高频率访问的数据必然会排在缓存队列的前端，不会被清理掉。

时效式清理策略或 FIFO 清理策略可能会出现一个高频访问的数据突然消失的情况。而如果缓存采用了 Read/Write Through 或者 Write Behind 的更新机制，则也不会造成缓存击穿。因为大量的针对某一特定数据的请求都会被阻塞，而只有第一个请求才会被数据提供方接处理。

可见在存在高频率访问数据的同时，只有采用时效式清理策略或 FIFO 清理机制，且同时采用时效性缓存或 Cache Aside 更新机制的时候，缓存击穿才有可能发生。因此，只要修改清理机制或者更新机制中的一项，就可以避免缓存击穿。

8.5.4　缓存预热

除非是采用 Read/Write Through 或者 Write Behind 这两种缓存更新机制，在缓存正式工作前对缓存中的数据进行预加载，否则缓存都有一个预热的阶段。在预热阶段，缓存中的数据还很少，此时缓存命中率也很低。随着请求的不断到来，缓存慢慢通过数据提供方加载到比较多的数据，这时命中率才会提升到一个相对稳定的值。图 8.9 展示了缓存的预热阶段。

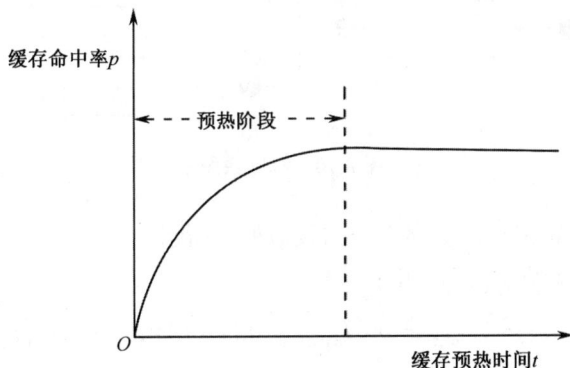

图 8.9　缓存的预热阶段

时效式清理机制还会带来重复预热问题。当长时间无查询操作时，缓存中的数据会逐渐过期。此时如果突然出现大量查询，则这些查询都会穿过缓存而直接倾泻到数据提供方上，这可能会给数据提供方带来很大的压力。而在查询持续一段时间后，缓存中的数据量逐渐增大，缓存命中率也会提升。

在缓存使用过程中，要尽量避免突然给缓存接入大量的请求，以便让缓存充分预热。在第 9 章我们会介绍相关方法。

8.6　缓存的位置

缓存最早出现在 CPU 和内存之间，用来解决 CPU 和内存速率不匹配的问题。而在软件领域，缓存最常出现在服务系统和数据库之间，用来解决数据库响应时间相对较长的问题。不过，缓存的位置不局限于此，只要能够带来收益，它可以出现在软件系统的任何位置。

同一个缓存所处的位置不同，带来的收益也不同。缓存的收益如下面式子所示。

$$T_{\text{value}} = p \times \left(\sum T_{\text{original}} - T_{\text{parseValue}} \right) - T_{\text{createKey}} - T_{\text{findKey}}$$

其中 $\sum T_{\text{original}}$ 为缓存后方所有的模块的总查询时间。$\sum T_{\text{original}}$ 越大，则缓存的收益越

大。即在一个级联的系统中，缓存出现的位置越靠前，则越能屏蔽掉对后方系统的压力，其效益也变越大。

我们可以通过一个实例来展示上述结论。例如，存在如图 8.10 所示的级联系统，存在 A 到 E 多个模块，假设每个模块的原查询时间为 T_A 到 T_E。模块 A 负责发起调用。假设存在一个 $T_{createKey}$、$T_{findKey}$、$T_{parseValue}$ 都固定的缓存。

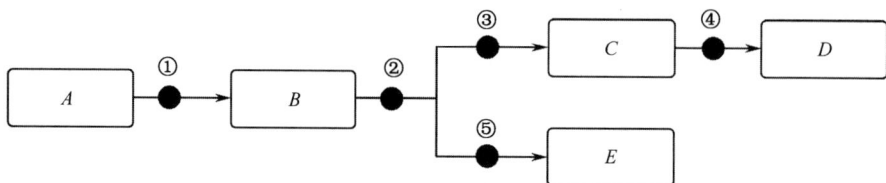

图 8.10　级联系统

当将缓存置于位置①时，缓存带来的收益如下所示。

$$T_{value1} = \left(T_B + \max\left(T_E, T_C + T_D\right)\right)$$
$$- \left(T_{createKey} + T_{findKey} + p \times T_{parseValue} + \left(1 - p\right) \times \left(T_B + \max\left(T_E, T_C + T_D\right)\right)\right)$$
$$= p \times \left(T_B + \max\left(T_E, T_C + T_D\right) - T_{parseValue}\right) - T_{createKey} - T_{findKey}$$

而当缓存置于位置②时，缓存带来的收益如下所示。

$$T_{value2} = \max\left(T_E, T_C + T_D\right)$$
$$- \left(T_{createKey} + T_{findKey} + p \times T_{parseValue} + \left(1 - p\right) \times \max\left(T_E, T_C + T_D\right)\right)$$
$$= p \times \left(\max\left(T_E, T_C + T_D\right) - T_{parseValue}\right) - T_{createKey} - T_{findKey}$$

显然，T_{value1} 大于 T_{value2}。且两者的差值如下所示。

$$T_{value1} - T_{value2} = p \times T_B$$

可见，当缓存置于位置①时，收益要比缓存置于位置②时更高。

因此，要想系统性能好，缓存一定要趁早。

在图 8.10 中，缓存的位置都是置于两个模块之间的。但在实际生产中，一般不会在模块之间单独设置缓存，而是将缓存集成到前置模块或者后置模块中，如图 8.11 所示。但这并不影响我们上面所做的收益计算。

当缓存集成在前置模块时，命中缓存可以节省前置模块和后置模块之间的通信时间。当缓存集成在后置模块时，一个缓存模块往往可以服务多个前置模块。因此，两种集成方式各有优劣，根据实际需求选用即可。

接下来我们将介绍可以引入缓存的几个典型位置，这几个典型位置往往在系统中按先后顺序出现。

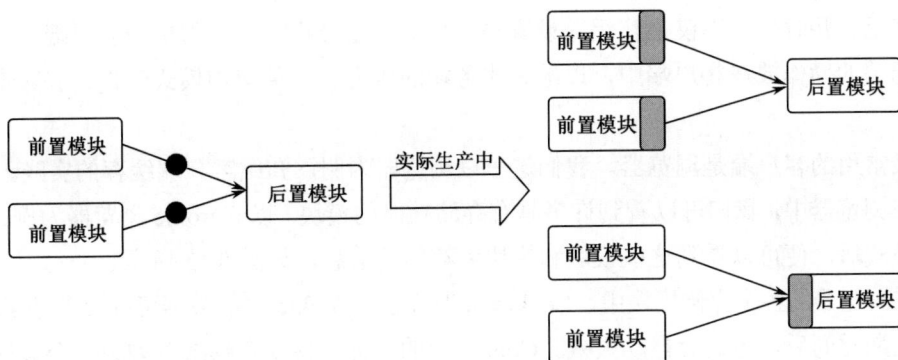

图 8.11　缓存的实际位置

8.6.1　客户端缓存

用户是请求最起始的发起方，而与用户交互的系统模块我们称为客户端。这里的客户端是统称，它包括浏览器、电脑客户端、Android 客户端、IOS 客户端，甚至一些嵌入式系统界面。

根据我们前面讨论的缓存位置对收益的影响，显然在用户和客户端之间增加缓存是最有效的。例如，用户打开电脑准备通过系统的浏览器界面查询某个信息时，发现电脑屏幕旁用便笺纸贴着这个信息，则用户便不需要调用浏览器了。这个便笺其实就是用户和客户端之间的缓存。但是，这种缓存超出了系统的边界，不在我们的讨论范围内。

因此，通常而言客户端是系统的最上游模块，在客户端中增加缓存能够屏蔽掉一些请求，分担后方系统的压力。而客户端本身是分散部署在不同用户的设备上的，每个客户端承载的并发数较小，如图 8.12 所示。因此，在客户端中增加缓存是一种十分有效的提升系统整体性能的方式。

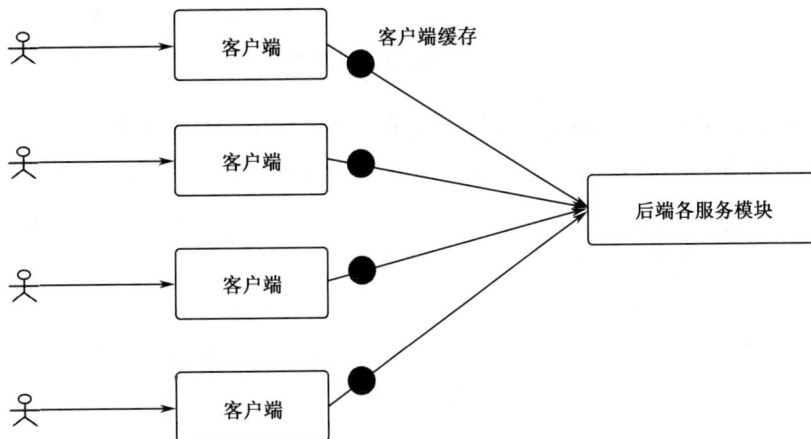

图 8.12　客户端缓存示意图

甚至有些时候，不仅是将缓存设置在客户端，还会将一些只与单一客户端有关和与整体无关的操作放在客户端中，以减轻服务端的压力。这种架构模式叫作"胖客户端"模式。

最常用的客户端是浏览器。我们这里以浏览器为例，介绍客户端缓存的实践。

在浏览器中，我们可以看到许多具有存储功能的模块。以 Chrome 浏览器为例，进入调试模式后，便可以看到这些模块和模块中存储的信息，如图 8.13 所示。

在浏览器的各个存储模块中，Cookie 最为著名。Cookie 中的数据可以设置过期时间，到达过期时间后，数据会自动失效。Cookie 中的数据支持安全模式，如果一个数据使用了安全模式，浏览器会在传输过程中对 Cookie 进行加密。要注意的是，仅仅对传输过程加密，而保存在浏览器的时候，Cookie 仍然是明文的。如果确实需要对 Cookie 的保存过程加密，则需要自己处理。这些特性让 Cookie 看上去非常适合做缓存，但实则不然。因为在访问特定的网址时，浏览器会将 Cookie 信息带出发送给后端，这对于缓存而言是没有必要的，会带来不必要的网络开销。因此，除非你确实需要使用 Cookie 会在请求中被发出这一特性，否则不要使用 Cookie 作为浏览器的缓存。

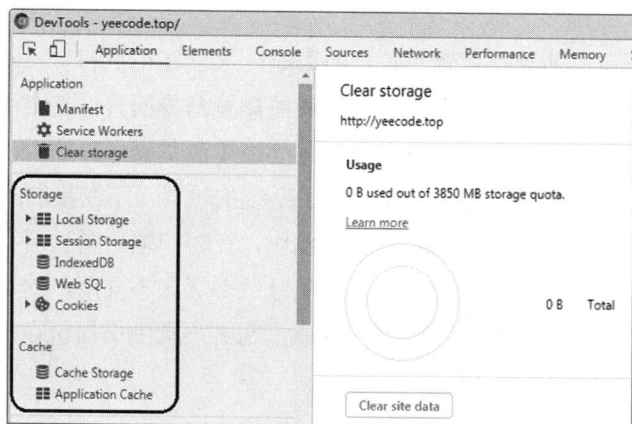

图 8.13　浏览器中的存储模块

LocalStorage 和 SessionStorage 是两个键值对存储模块，且具有相同的操作 API。它们两者都能够提供较大数据的存储，且数据不会随请求往后端发送，可以作为前端缓存使用。LocalStorage 和 SessionStorage 也有不同，LocalStorage 中的数据可以长久保存，而 SessionStorage 中的数据会在会话结束时被销毁。

IndexedDB 和 Web SQL 是两个前端数据库。IndexedDB 采用键值对存储的方式，但其能够存储的数据更大，并且支持异步读写，防止读写过程阻塞浏览器的渲染。IndexedDB 还支持事务。IndexedDB 具有同源限制功能，每个网页都只能访问自身域名下的数据库。Web SQL 则是一个关系型数据库。

CacheStorage 可以缓存请求，存储其中的内容以请求为键、以回应为值。因此，时效性要求不高的请求可以直接缓存在 CacheStorage 中，从而避免了同一个请求对后端的多次调用。

Application Cache 则可以直接缓存页面文件，这意味着只要 Application Cache 存在，可以实现网页的离线访问。只要在特定的页面更新时再通过访问后端更新 Application Cache 即可。这种操作大大减少了后端服务的压力。

以上各种存储模块有的需要 HTML5 的支持，有的还需要浏览器支持。在实际使用时要根据具体场景来选用。

我们这里以浏览器为例介绍了客户端缓存，但实际上不同类型的客户端可以使用不同的缓存方式。例如，在 Android 开发中，可以直接在 Android 客户端使用自带的微型数据库 SQLite 作为缓存。甚至可以将 SQLite 缓存作为主要的存储介质，只有在必要时才会连接网络访问服务以更新 SQLite 中的信息。这样就能保证 Android 客户端在无网络连接时也能提供服务。

8.6.2 静态缓存

静态缓存是指后端给出的静态数据的缓存。

以一个新闻网站为例，网站首页中的背景图、Banner 图、视频、音乐等就是静态数据。这些信息可以直接缓存起来，在用户请求时直接返回，而不是每次请求时通过业务应用查询。

然而，静态数据的概念应该更宽泛。新闻网站中的新闻页面，虽然它们是根据编辑提供的文稿配以固定的模板动态生成的，但它们也应该属于静态数据。因为这些数据一旦生成后，无论哪位用户访问，看到的页面都是相同的。因此，广义来看，凡是与用户个体无关的具有较强通用性的数据都可以作为静态数据进行缓存。

因此，作为新闻网站，一种可行的高性能设计是这样的：用户访问新闻页面，如果该页面还未生成，则由页面生成模块生成后放入静态页面缓存模块中。之后，所有用户再访问同样的新闻页面时，由静态页面缓存模块直接返回页面结果。为了保证对新闻稿件的编辑能够及时生效，系统可以在某条新闻更新后删除相关缓存，以便于重新生成新的缓存，如图 8.14 所示。

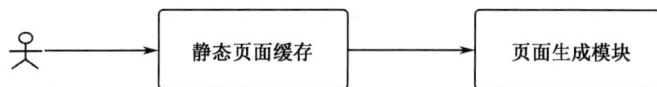

图 8.14 新闻网站结构

静态缓存适合缓存与用户无关的元素、页面等通用性很强的数据，但它不适合缓存通用性很差的数据。因为不同的用户、请求参数访问到的数据不同，缓存这些特异性数据也没有太大意义。

其实在 2.1 节中介绍的 CDN 就是一种静态缓存。只不过这种静态缓存分布到网络中的不同节点上，还起到了请求分流的作用。

8.6.3　服务缓存

如果用户请求的数据不是静态结果，而是根据不同的用户、请求参数、时间等信息动态生成的结果，那么结果的形式变化极大，且很少有结果会被多次访问。在这种情况下，缓存最后的数据结果便没有太大意义。

但是无论如何，动态的数据结果其生成都有一个过程。在这个过程中，可能需要不同的服务模块来完成。而每个服务模块给出的结果可能是具有一定通用性的。我们可以将每个服务给出的结果分别缓存起来，这种缓存就是服务缓存。

如图 8.15 所示，模块 A 负责给出最终结果数据，但是这个数据需要服务模块 B 到 F 的支持。如果 A 中给出的结果数据特异性极大，没有缓存的意义。但是服务模块 C、D、F 给出的结果具有一定的通用性，则可以在它们中设置缓存。这样，可以在系统调用到这些模块时，通过缓存快速得到结果。

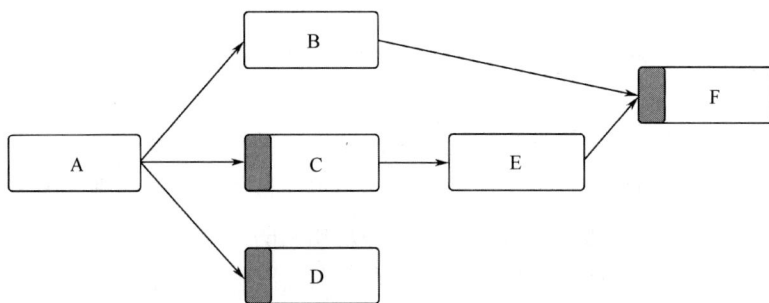

图 8.15　服务缓存的位置

8.6.4　数据库缓存

数据库是为系统提供持久化服务的模块，因此数据库缓存属于服务缓存。数据库的查询操作涉及 IO、检索等过程，其耗时一般较长，因此为数据库增加缓存能够获得较大的收益。所以，数据库缓存在系统设计中非常常见。

数据库模块一般都不会提供缓存功能。因此，通常需要数据库模块的前置模块来增加缓存功能。在很多应用场景下，也会单独为数据库开发一个缓存模块，如图 8.16 所示。

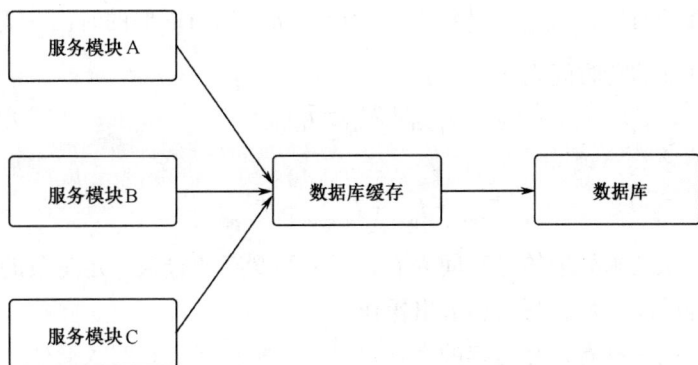

图 8.16 数据库缓存模块

8.7 写缓存

在前几节中，我们已经介绍了关于缓存的种种知识，而这些缓存都是读缓存。读缓存存在于调用方和数据提供方之间，通过缓存数据提供方给出的数据来为数据提供方分担压力。这是缓存常用的方式。

缓存除了作为读缓存，还可以作为写缓存。写缓存存在于调用方和数据处理方之间，减少巨量调用操作对数据处理方进行的冲击，起到了削峰填谷的作用。

我们可以把写缓存理解为电路中的电容，带有纹波的电压经过电容后便变得平坦了。也可以将其理解为水库，只要水库不干涸，无论注入水库的水量如何变化，水库总以相对恒定的水量向下游放水。图 8.17 展示了写缓存在系统中的作用。

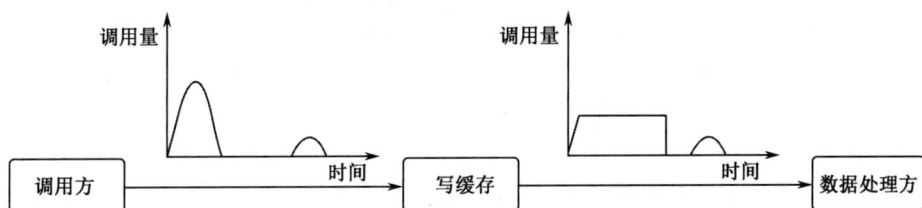

图 8.17 写缓存在系统中的作用

8.7.1 写缓存的收益问题

既然要使用写缓存，那么写缓存必定是有收益的。接下来我们讨论写缓存的收益问题。写缓存也是在用空间换时间，其带来的收益也主要是时间上的收益。

假设原来数据处理方处理某个请求所需要的时间为 $T_{original}$。引入写缓存后，写入一条缓存数据所需要的时间为 T_{push}，从缓存中给出一条数据所需要的时间为 T_{pop}。则引入写缓存后，请求处理的总时间为：

$$T_{push} + T_{pop} + T_{original}$$

则显然有：

$$T_{push} + T_{pop} + T_{original} > T_{original}$$

也就是说，从请求处理的总时间来看，引入写缓存的收益一定是负的。这是因为写缓存引入了额外的缓存数据写入和给出操作。

但从请求方的角度看，写缓存的存在可以让请求完成缓存写入后便立刻返回，而不需要等待数据处理方完成请求的处理工作。于是请求方感知到的响应时间变为 T_{push}，而只要下面的不等式成立，写缓存就能减少请求的响应时间，带来收益。

$$T_{push} < T_{original}$$

可见从收益角度看，读缓存和写缓存有着本质的不同。读缓存是用缓存以命中率 p 替换数据提供方的操作，而读缓存则是额外花费时间 $T_{push} + T_{pop}$ 来延迟数据处理方的操作。读缓存能够减少请求响应时间且能减少系统总处理时间，而写缓存只能减少请求响应时间，反而会增加系统的总处理时间。

8.7.2 写缓存实践

在系统中增加写缓存非常简单，如图 8.18 所示，只要将写缓存增加到调用方和数据处理方之间即可。写缓存实际上是一种限流方案，在第 9 章我们会详细介绍限流。在实现上，Redis、数据库、内存中的列表、消息系统等都可以作为写缓存。

图 8.18 写缓存结构示意图

可能有些读者会认为数据库不能作为缓存使用。甚至，很多资料中，都直接将数据提供方称为数据库。其实这种称呼是狭隘的。缓存的介质实际是非常宽泛的。对于读缓存而言，只要能满足 $T_{createKey} + T_{findKey} + p \times T_{parseValue} + (1-p) \times T_{original} \ll T_{original}$，任何存储介质都可以。对于写缓存而言，只要能满足 $T_{push} < T_{original}$，任何存储介质也都可以。这才是对缓存的宏观认识。

对于写缓存而言，数据处理方的处理过程中可能涉及多次数据库操作和复杂的逻辑操作，即使使用数据库也能很好地满足 $T_{push} < T_{original}$，带来明显的收益。而且，数据库具有持久性特性，能保证其中缓存的数据不会丢失。所以，数据库是一种很好的缓存介质。

在写缓存和数据处理方之间，如果是由写缓存负责将数据推送到数据处理方，则实现相对复杂。因为写缓存的推送过程中必须要考虑数据处理方的负载情况。因此，在实践中通常由数据处理方负责从写缓存中拉数据。当数据处理方处理完已有的数据出现空闲时，可以查看写缓存中是否还有未处理的数据，如果有则拉入数据处理方进行处理。

　　写缓存非常适合用在请求峰谷变化明显、对实时性要求不高的系统中，如一些抢购系统、竞拍系统。在请求的峰值附近，写缓存储存请求，降低请求的响应时间，提升系统吞吐量。在请求的谷值附近，写缓存会将缓存的请求释放出来，供数据处理方慢慢处理。

　　例如，存在一个推送系统，在某个时间点进行大量的信息推送工作，会导致大量的请求突然涌入系统。如果推送系统实时处理每个请求，则会导致系统的并发数急剧升高，导致系统吞吐量下降、响应时间变长。严重时系统可能崩溃。而引入写缓存后，请求只需要完成缓存的写操作便可以快速返回，使系统的压力大大降低。之后系统中的数据处理方可以慢慢处理写缓存中的数据，将消息一一推出。当然，写缓存的存在也带来一个问题，即请求不是实时处理的，而是异步处理的。在使用写缓存时，要确保这种异步处理的方式是满足系统要求的。

第9章

可靠性设计

系统正常运行是保证软件系统维持吞吐量、并发数、响应时间等各项指标的基础，如果软件失效，则上述指标会发生恶化，甚至直接导致系统宕机。因此，保证系统的可靠性十分必要。

可靠性也是软件性能的一个重要维度。在 1.4.4 节我们简要介绍了软件系统的可靠性指标。在这一章，我们将详细介绍软件可靠性相关指标，并给出提升软件可靠性的架构手段。

9.1 软件可靠性概述

软件可靠性是指系统、产品或组件，在指定条件下、指定时间内执行指定功能的程度。

按照软件可靠性的形成原因，可以分为固有可靠性和使用可靠性。固有可靠性是指通过设计、开发而决定的软件产品的可靠性；使用可靠性既受到设计、开发的影响，还受使用条件的影响。因此，一般情况下，使用可靠性总是低于固有可靠性。

传统领域的系统也存在可靠性的概念。在传统领域中，系统的可靠性随着系统运行时间的延长而逐渐降低，主要是由系统的物理退化引发的。但软件系统不同，构成软件系统的数据结构、算法并不会随着运行时间的延长而退化。此外，软件系统也不会因为复制而导致数据结构、算法发生变化，因此也不会因为复制而退化。

通常，软件系统失效的原因如下所示。

- 复杂性：相比于传统领域的系统，软件系统的复杂性高，存在众多分支。对于许多软件系统而言，对系统中的全部语句、分支、路径进行测试是极为困难的。这导致软件系统本身就存有一些缺陷。

- 多变性：不同于传统系统，软件系统通常以很高的频率进行迭代更新。在迭代更新的过程中，很有可能引入与之前版本不兼容的功能点，并且难以进行全面的回归测试。这也会引入一些缺陷。

- 环境未知性：即使是经过可靠迭代、全面测试的软件系统也可能会失效。这是因为软件的运行过程中可能面临全新的硬件环境和用户环境。硬件环境可能导致软件因不兼容而发生错误；用户环境则可能使系统接收到从未经过测试的输入数据而发生错误（很多系统的漏洞就是这样被发现的）。

可见，要想全面避免软件系统失效是不可能的。在软件测试领域有一个思想就是"任何软件都有缺陷"。

但是，我们可以通过更为科学的软件测试手段减少系统漏洞，也可以通过专业的架构手段提升系统的可靠性。

9.2　软件可靠性指标

前面我们简要介绍了软件系统可靠性指标中的可靠度 $R(t)$ 和平均无故障时间 θ 。接下来，我们介绍下与可靠性相关的其他指标。

9.2.1　失效概率

软件的可靠度 $R(t)$ 表示在指定的运行条件下，软件在规定的时间内不失效的概率。有 $R(0)=1, R(+\infty)=0$ 。而软件的失效概率 $F(t)$ 则与可靠度的概念互补，为：

$$F(t) = 1 - R(t)$$

显然有 $F(0)=0, R(+\infty)=1$ ，即软件刚开始运行时是有效的，而只要运行时间足够长都会失效。

9.2.2　失效强度

失效强度（Failure Intensity）是指单位时间内软件的失效概率。

显然，失效强度 $f(t)$ 是失效概率的导数。即有：

$$f(t) = F'(t) = \lim_{\Delta t \to 0} \frac{F(t + \Delta t)}{\Delta t}$$

9.2.3　失效率

失效率（Failure Rate）是指软件运行至当前未失效的情况下，单位时间内失效的概率。又被称为条件失效强度、风险函数。或者我们可以用数学语言来描述：失效率 $\lambda(t)$ 是指软件在 $[0,t)$ 时刻未失效的情况下，t 时刻失效的概率，有：

$$\lambda(t) = \frac{f(t)}{R(t)}$$

9.3 模块连接方式与可靠性

软件系统通常由多个模块组成，多个模块的可靠性共同影响了软件系统整体的可靠性。在这一节，我们从理论层面来研究模块可靠性和软件系统整体可靠性之间的关系。

9.3.1 串联系统的可靠性

假设系统由模块串联组成，如图 9.1 所示。且各个模块的可靠度依次为 R_1，R_2，…，R_n，对应的失效率依次为 λ_1，λ_2，…，λ_n。

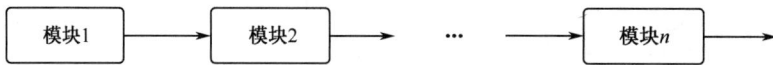

图 9.1　串联系统示意图

那么，系统的可靠性 R 为：

$$R = R_1 \times R_2 \times \cdots \times R_n$$

系统的失效率 λ 为：

$$\lambda = \lambda_1 + \lambda_2 + \cdots + \lambda_n$$

9.3.2 并联系统的可靠性

假设系统由多个模块并联组成，如图 9.2 所示，且各个模块的可靠度依次为 R_1、R_2，…，R_n。

那么，系统的可靠性 R 为：

$$R = 1 - (1 - R_1) \times (1 - R_2) \times \cdots \times (1 - R_n)$$

假设所有的模块的失效率均为 λ，则系统的失效率 μ 为：

$$\mu = \frac{1}{\frac{1}{\lambda} \sum_{j=1}^{n} \frac{1}{j}}$$

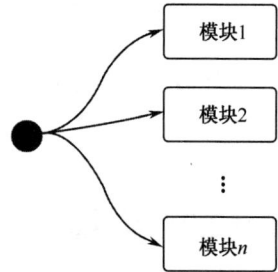

图 9.2　并联系统示意图

9.3.3 冗余系统的可靠性

冗余系统是指存在模块冗余的系统。最简单的，我们可以设计 n（令 n 为奇数，即 $n = 2m+1$）个模块，在系统运行时让 n 个模块并行工作，然后通过表决器汇总 n 个模块的输出值，取过半数作为最终结果。在这种情况下，只要有 $[m+1, n]$ 个模块正常工作，则系统便可以得出正常的结果（见图 9.3）。

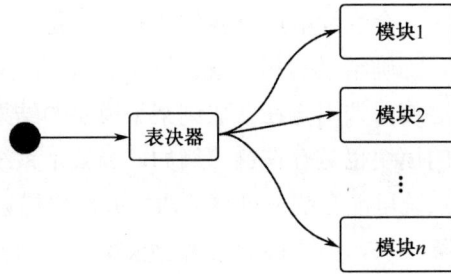

图 9.3 冗余系统示意图

假设每个模块的可靠度为 R_0，则此时系统的可靠性为 R 。

$$R = \sum_{i=m+1}^{n} C_n^j \times R_0^i \left(1 - R_0\right)^{n-i}$$

9.3.4 模块连接方式的可靠性讨论

我们把串联系统的可靠性记为 $R_串$，并联系统的可靠性记为 $R_并$，冗余系统的可靠性记为 $R_冗$ 。在组成系统的各个模块的可靠性相同且模块数目足够大时有：

$$R_串 < R_冗 < R_并$$

关于 $R_串 < R_并$，$R_串 < R_冗$ 很好理解，因为在串联模块组成的系统中，任何一个模块失效会导致系统失效，因而容错性最差，可靠性最低。

我们要着重探讨的是 $R_冗 < R_并$。这一点从直观上不难理解，因为并联系统容许出现 $n-1$ 个失效模块，而冗余系统则只容许出现 m 个失效模块（ $n = 2m+1$ ）。这时会引出一个疑问：冗余系统需要引入一个表决器，结构上更为复杂，且其可靠性更低，那么为什么要设计冗余系统，而不直接采用更为简单且可靠性更高的并联系统呢？

要解决这个问题，我们需要了解软件失效模型。

9.4 软件失效模型

软件失效模型讨论的是软件失效时的对外表现。我们可以借鉴容错算法中的概念来讨论这一问题，当一个模块失效时，可以对外表现为两种形式：一种表现为故障；另一种表现为恶意。

对于表现为故障的模块，会停止响应外界的请求。外界在调用该模块时，会因为无法获得请求而判断出该模块发生故障。失效时表现为故障的模块十分常见。例如，数据库系统失效时，调用方将无法连接到数据库或者无法获得查询结果；当某个接口失效时，调用方将无法从该请求获得结果。

对于表现为恶意的模块，会继续响应外界的请求，但是却会给出错误的结果。这些错误的结果可能是随机值、正确结果的相反值、抖动的值等。外界调用该模块时，仍然能从该模块获取到结果。这使得调用方在获取到某个模块的结果时，无法判断结果的正确性。失效时表现为恶意的模块也是存在的。例如，当某个系统因为外界环境变化连接到错误的数据源上，则该系统可能会响应外界请求，并给出错误的结果。

如果系统能够容忍故障模块，但不能容忍恶意模块，我们就会称该系统能够实现非拜占庭容错。如果一个系统能够在存在恶意模块的情况下正常工作，我们就会称该系统实现了拜占庭容错。实现拜占庭容错的系统要判别和排除恶意模块的影响，其所需要的信息量更大、实现的成本更高。

9.3 节中介绍的并联系统能够实现非拜占庭容错，而冗余系统能够实现拜占庭容错。相比于并联系统，冗余系统能容忍的错误级别更高。为了实现对恶意模块的容忍，冗余系统需要的信息量更大，要求的正常模块数更多，故 $R_\text{冗} < R_\text{并}$。

通常的模块在失效时会表现为故障。恶意模块的产生可能来自代码错误、配置错误、黑客入侵等，在充分验证的内部系统中是很少出现的。因此，通常的软件架构设计中，我们可以不用实现拜占庭容错。

9.5　可靠性设计

在前面的章节中，我们介绍了软件系统的可靠性指标，以及模块串联、并联、冗余等各种组织形式对系统可靠性的影响。在这一节中，我们将介绍如何利用这些知识来提升软件系统的可靠性。

9.5.1　消除单点依赖

消除系统中的单点依赖是提升系统可靠性的重要策略。当系统中出现单点依赖时，意味着出现了模块串联。如图 9.4 所示的系统中，模块 m 是一个单点模块，这意味着它串联接入了整个系统中。如果它失效，则直接导致系统失效。

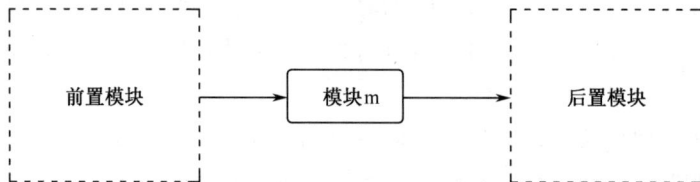

图 9.4　单点依赖示意图

如果系统中存在单点依赖的模块。我们可以通过为其增加并联模块以提升其可靠性、为其设置旁路以降低系统对其依赖等方式，提升整个系统的可靠性。

9.5.2　化串联为并联

经由 9.3 节我们可以得出结论：同等条件下，并联系统的可靠性远高于串联系统。因此，在可能的情况下，我们可以通过将串联系统改造为并联系统的方式来提升系统的可靠性。

例如，在 8.3.2 节中，我们介绍了缓存更新机制中的 Read/Write Through 机制。在这种机制下，调用方只需要和缓存打交道，而缓存负责保证自身数据和数据提供方的一致性。这使得调用方的处理逻辑更为简单。但是 Read/Write Through 机制却使得各个模块之间组成了串联，如图 9.5 所示。

图 9.5　Read/Write Through 机制示意图

在 Read/Write Through 机制下，只要缓存模块失效，则系统便会失效，其可靠性较差。而缓存更新机制中的 Cache Aside 机制，则在模块的串联关系基础上增加了并联关系，如图 9.6 所示。

图 9.6　Cache Aside 机制示意图

并联关系的引入提升了系统的可靠性。当缓存模块单独失效时，系统可以绕过缓存模块而基于数据提供方模块正常工作。

在架构设计中，我们可以采取以上思路，在串联关系的基础上通过增加旁路组成并联模块。

9.5.3　采用集群

集群是一种典型的并联实现方式。在集群系统中，只要有一个模块有效，则集群对外表现为有效。集群的实现方式有很多，典型的有主备式、等价式。

　　在主备式集群中，有一个模块为主模块，由它对外提供服务。而其他模块为备用模块，负责将主模块的状态等信息同步到自身。当主模块失效时，备用模块中会产生新的主模块承担对外服务的功能。

　　在等价式集群中，各个模块是平等的，且同时对外提供服务。外部请求会按照一定的规则分配到各个模块上。在这种工作方式下，当某个模块失效后，其请求会被分配到其他模块上，而不影响整个集群的功能。3.2 节介绍的各种集群方式都是等价式集群的实现形式。

第 10 章

应用保护

在第 9 章中我们讨论了软件失效的相关问题，并给出了提升软件可靠性的架构手段。然而，任何软件都有缺陷，优良的架构设计只能减少而不能避免失效。

在实际项目中，我们还可以通过一些其他手段对应用进行保护，以尽量减少软件失效。这一节我们将介绍这些手段。

10.1 应用保护概述

在 1.5.1 节我们给出了吞吐量与并发数的关系曲线图，并将系统的工作区间划分为 OA、AB、BC 三段。

在 OA 段，系统的吞吐量会随着并发数增减而增减，从而确保了并发数和吞吐量始终匹配。因此，系统工作在这个区间段内时是稳定的。

在 AB 段，无论并发数如何增减，系统的吞吐量总保持不变，不会受到并发数的影响。因此，在这个区间段内系统也是稳定的。

在 BC 段，如果并发数下降，则系统的吞吐量增加，最终系统会进入 AB 段，因此系统是稳定的。如果在 BC 段并发数提升，则系统的吞吐量下降，吞吐量的下降进一步导致请求的堆积，因而并发数继续提升。最终可能导致系统失效。因此，系统在 BC 段是不稳定的。

在系统的架构设计中，我们要避免系统进入不稳定的 BC 工作段。前面章节所介绍的分流、并行与并发、缓存等手段可以降低系统进入 BC 段的可能性。

如果系统在这种情况下仍然运行到了 BC 段，则我们要采取更进一步的措施来避免系统的进一步恶化。这些措施包括降级、熔断、隔离、限流、恢复等。这些保护措施在微服务系统中得到了较为广泛的引用，因此常在这些保护措施前增加"服务"二字，如"服务限流""服务降级"等，在本节中我们也采用这些惯用名称。但我们也要明确，这些手段不仅适用于微服务系统，也适用于各类其他软件系统。

10.2 应用保护方案

10.2.1 降级

在 1.4.3 节我们已经讨论过，平均响应时间将会对系统并发数造成影响。在请求频率一定的情况下，平均响应时间越短，则系统的并发数越低，如图 10.1 所示。

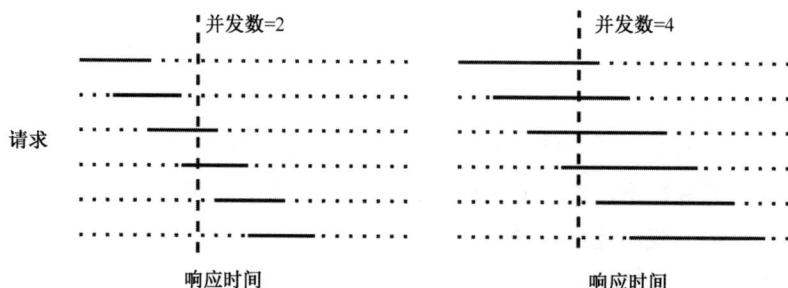

图 10.1 并发数与平均响应时间的关系

因此，通过降低系统平均响应时间的方式，可以降低系统的并发数，进而使系统工作在稳定的区间段内。

在系统软硬件条件不变、外部请求类型和频率不变的情况下，要想降低系统的平均响应时间只能从系统内部下手。降级就是通过简化内部处理逻辑来降低平均响应时间，将一些耗时的操作裁剪掉，只保留必要的、快速的操作。

要想实现降级，最复杂的是降级级别和降级策略的划定，这两者都需要根据具体的业务场景展开。我们这里列举一些典型的降级策略供大家参考。

- 停止读取数据库：将从数据库读取准确结果改为从缓存中读取近似结果，以避免访问数据库造成的时间损耗。例如，某件商品的已销售数量，可以直接从缓存中取出近似结果返回。
- 准确结果转近似结果：对于一些需要复杂计算的结果，可以直接使用近似结果代替。例如，在基于位置的服务（Location Based Services，LBS）中采用低精度的距离计算算法。
- 直接返回静态结果：直接略去数据读取、计算等过程，显示一个静态的模板结果。例如，某个产品的推荐理由可以从原本的个性化推荐话术修改为固定的推荐话术。
- 同步操作转异步操作：在一些涉及写的操作中，直接暂存操作内容后返回。后续再异步处理任务即可，本书 8.7 节就给出了详细的实施方案。
- 功能裁剪：将一些非必要的功能直接裁剪掉，例如"猜你喜欢"模块、"热榜推荐"模块等。

- 禁止写操作：直接将写操作禁止，而只提供读操作。例如，在系统运行高峰期禁止用户修改昵称等。
- 分用户降级：针对不同的用户采取不同的降级策略。典型的，可以直接禁止爬虫用户的访问，而维持普通用户的访问。
- 工作量证明式降级：工作量证明（Proof Of Work，POW）是软件系统中常见的一种促进资源合理分配的手段，它要求获取服务的一方完成一定的工作量，以此来证明自己确实需要获取相关服务。这种方法可以帮助软件系统排除恶意访问，但也使得用户的体验变差。常见的方法是在服务之前增加验证码、数学题、拼图题等，而且还可以根据需要增加题目的难度。

根据触发手段不同，可以将降级分为两种：自动降级和手动降级。

自动降级的范围一般比较小，例如是接口级别的。自动降级主要包含以下几个要素：

- 备用方案。降级就是从原有的执行方案切换到备用方案上，备用方案是要提前准备好的。例如，我们要让某个方法具备降级能力，就要在这个方法之外再写一个备用方法。以便于在降级时，从原有方法切换到备用方法。
- 触发条件。即系统在什么条件下开启降级。
- 恢复条件。系统在满足一定条件后，应该停止降级，恢复到原有的执行方案上。

手动降级的范围一般较大，例如是系统级别的、功能模块级别的。

手动降级和自动降级往往是联合使用的：

- 如果系统流量高峰是可预知的（例如，一些准点开始的抢购业务），我们可以提前手动降级，以降低系统压力。然后待流量高峰到达时，系统再根据自动降级策略进行自我保护。
- 如果系统流量高峰是不可预知的（例如，一些突发事件导致访问暴增），则往往先引发系统的自动降级和报警。之后系统管理员介入，再手动降级为系统释压。

但无论自动降级和手动降级，都依赖风险点的提前识别和预案的制定。

对于自动降级，必须提前识别出哪些应用、模块、方法可能会面临较大的压力，并为它们编写好备用方法、触发条件、恢复条件。

对于手动降级，则必须要识别出哪些服务、功能可以裁切，并制定好裁切方案。此外，还要做好人员培训和协作流程安排：

- 降级报警信息通过什么途径发送？发送给哪些人？
- 收到报警信息后的决策与审批流程是怎样的？
- 谁是最终的降级操作人，具体操作步骤是怎样的？

不仅要做到每个环节责任人清晰，还要安排好备份人员，并对以上流程进行周期性的演练。

10.2.2 熔断

对于自动降级，其发生是瞬时的，每个请求都会先进入原方法，在原方法执行出现错误时调用备用方法。如果连续多个请求都走到了备用方法，那么继续调用原方法则很有可能仍然得到错误结果，还会引发两方面的问题：

- 从调用方角度来看，每次调用都需要等原方法出现问题后才调用备用方法，增加了调用的时延。
- 从原方法角度来看，连续不断地调用增加了原方法的压力，使原方法更难以恢复。

于是，一种较为合理的办法是在原方法频繁出错时直接调用备用方法，以给原方法一些恢复时间。熔断就是这样的机制。

熔断器会统计一定时间内原方法的调用失败率，其失败包括异常、超时等，并在失败率高于一定阈值时触发熔断。熔断发生后，会持续一段时间。之后，熔断器进入测试状态。在测试状态中，熔断器会放出少量请求给原方法以判断原方法的恢复情况。如果原方法恢复，则熔断器切换到通路状态，否则熔断器继续保持断路状态。图 10.2 给出了熔断器的状态转换图。

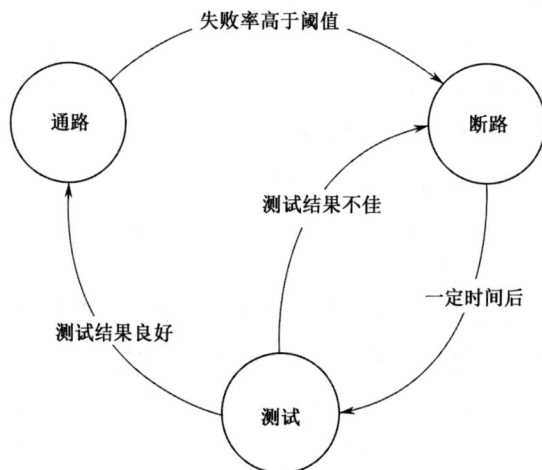

图 10.2 熔断器的状态转换图

10.2.3 隔离

隔离是软硬件系统设计的一种重要思想，多从软件的安全性、可靠性角度考量，采用多种手段，以达到防止危险入侵、崩溃蔓延的目的。例如，在硬件层面将应用的主备服务器部署到不同机架以实现故障隔离，在网络层面通过设置防火墙来实现访问隔离，在系统层面使用虚拟机技术以实现资源隔离等。

具体到软件系统的内部，则要避免崩溃在软件中蔓延。在典型的、串联的多个模块中，如果一个模块失效，那么它的前置模块也会因为调用超时而失效。于是，失效会在串联的模块中向前蔓延。

假设系统中节点 N1 会调用节点 N2、N3、N4 三个节点提供不同的服务，如图 10.3 所示。

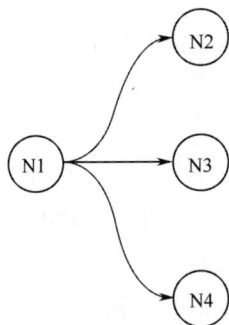

图 10.3　服务串联示意图

在不考虑隔离的情况下，节点 N1 的工作过程通常如下面的伪代码所示。

```
public Result service(Request request) {
    Result result = new Result();
    result.append(n2.service(request));
    result.append(n3.service(request));
    result.append(n4.service(request));
    return result;
}
```

当节点 N2 失效时，n2.service(request)操作将会阻塞，从而导致节点 N1 中的 service 操作被阻塞。于是，大量的请求拥塞在节点 N1 上，使节点 N1 的并发线程数急剧升高，最终导致节点 N1 内存耗尽而失效。

具体的隔离手段主要有线程隔离和信号量隔离两种。线程隔离是将不同节点的调用放到不同的线程池中，如果某个节点阻塞，则最多会导致其对应的线程池资源被耗尽，而不会继续向外蔓延。信号量隔离是对不同节点的调用采用信号量计数，某个节点阻塞后，信号量被占满，后续的请求也不会再进入，避免了蔓延。

以线程池隔离为例，我们在 N1 中为调用节点 N2、N3、N4 的操作各设立一个线程池，每次需要调用它们的服务时，从线程池中取出一个线程操作，而不占用 N1 节点的主线程，相关伪代码如下。

```
public Result service(Request request) {
    Result result = new Result();
    // 从调用 N2 节点的专用线程池中取出一个线程
```

```
        Thread n2ServiceThread = n2ServiceThreadPool.get();
        if (n2ServiceThread != null) {
            // 使用获得的线程调用 N2 节点的服务
            n2ServiceThread.start();
            // 获得 N2 节点给出的结果，并汇总入 N1 节点的处理流程中
            result.append(n2ServiceThread.get());
        }
        // 省略对 N3、N4 节点的调用流程
        return result;
    }
```

这样，当 N2 节点失效时，会使 N1 节点中的调用线程阻塞，进而导致 N1 节点中操作 N2 节点的线程池被占满。之后，这一崩溃不会再继续扩散，不会对其他线程池造成影响，从而保证节点 N1 的资源不会被耗尽。

这种操作将 N2 节点失效引发的影响隔离在了节点 N1 的一个线程池中，提升了节点 N1 的稳定性。

线程的给出、回收、切换都需要成本，在对一些小的操作进行隔离时，线程操作显得太过厚重，可以使用第 4 章中介绍的信号量来进行隔离。某个操作出现故障后，会导致该操作对应的信号量被耗尽，而不会继续向外扩散。关于线程隔离与信号量隔离的区别，我们会在本章后面内容中进行详细的介绍。

这里要说明一点，如果节点 N2 提供的服务是系统不可或缺的，则只要节点 N2 失效，系统便失效了。此时任何将节点 N2 的失效隔离起来的操作都是没有意义的。当节点 N2、N3、N4 提供一些非必需的服务时，这种隔离手段才有效。

10.2.4　限流

系统进入不稳定工作区间的原因是并发数太高，因此，只要将系统的并发数限制在一定值以下，便可以保证系统工作在稳定区间。基于这种思想，我们可以通过限流来对系统进行保护。

接下来我们介绍限流的具体实现方法。

1. 并发数限流

最简单、最常用的限流方法是限制系统的并发数，并在超过最大并发数时将请求缓存进队列。例如，我们可以对 Tomcat 设置最大线程数 maxThreads，当这些线程被耗尽时，未获得线程的请求将会排队。再比如，我们可以对 Java 线程池设置核心线程数 corePoolSize、最大线程数 maximumPoolSize，当最大线程数用完后，新到来的任务将会排队。以上都是十分常见且实用的并发数限流场景。

但是，这种限流手段存在两个问题：首先，其本质上不是在限制进入系统的流量，

而是在限制总数；其次，这种限制是通过触及系统的承载上限实现的。

可以将并发数限流类比为一个拥挤的医院诊室，所有病人一拥而入将诊室挤满，来晚的患者自然就挤不进去了，实现了限流。通过这个例子可以看出：首先，来晚的患者挤不进去是因为诊室能承载的患者总数满了；其次，只有诊室人满为患后才能阻止后续患者的涌入。

可见，并发数限流不是最理想的限流方式。

理想的限流方式应该确保进入系统的流量是均匀的，甚至是与系统的处理能力动态匹配的。例如，让患者按照固定的时间间隔依次进入诊室，这样就能够确保诊室有着均匀的患者流量。再比如，让患者在候诊大厅排队等待，医生每看完一个患者后叫号，则能使患者流量与医生的处理能力动态匹配。

顺着这个思路，我们继续介绍几种更为合理的限流算法。

2. 时间窗限流法

为了限制流量，我们可以在每段时间内，只允许一定数量的请求进入系统。这里的每段时间就是一个时间窗。

时间窗是指一段固定的时间间隔，而时间窗限流法就是在固定的时间间隔内允许一定数量以内的请求进入服务。如图 10.4 所示，每个时间窗内只允许三个请求进入。对于未能进入服务的请求，可以直接返回失败，也可以使用队列存储起来，等待下个时间窗。

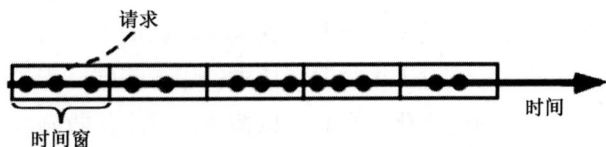

图 10.4　时间窗限流法

在时间窗限流法中，新请求的到来和放行的过程是同步的，因此实现非常简单，使用一个计数变量和计时变量便可以完成。每当一个请求进入时，判断当前时间窗内是否还有请求额度，然后根据判断情况放行或拦截，实现的伪代码如下所示。

```
public Result timeWindowLimiting (Request request)
{
    // 判断是否开启新的时间窗
    if(nowTime() - beginTime > TIME_WINDOW_WIDTH) {
        // 开启新的时间窗，并将请求数清零
        beginTime = nowTime();
        count = 0;
    }

    // 判断时间窗内是否还有请求额度
```

```
        if(count < COUNT_THRESHOLD) {
            // 放行请求
            count ++;
            return service.handle(request);
        } else {
            // 阻止请求
            return "Please try again later.";
        }
    }
```

时间窗限流法有一个很明显的缺点，即存在请求突刺。在每个时间窗的开始阶段可能会突然涌入大量的请求，而在时间窗的结束阶段可能因为额度用完而导致没有请求进入服务。从服务的角度来看，请求数目总是波动的，这种波动可能会对服务造成冲击。

3. 漏桶限流法

为了避免时间窗限流法的请求突刺对服务造成过大的冲击，我们可以减小时间窗的宽度。而当时间窗足够小时，小到每个时间窗内只允许一个请求通过时，就演化成了漏桶限流法。

漏桶限流法采用恒定的时间间隔释放请求，避免了请求的波动。

在实现漏桶限流法时，需要一个存储请求的队列。当外部请求到达时，先将请求放入队列中，然后再以一定的频率将这些请求释放。其工作原理就像是一个漏水的水桶，如图 10.5 所示。

对于接收漏桶请求的服务而言，无论外部请求量的大小如何变化，它总是以恒定的频率接收到漏桶给出的请求。

漏桶中存储请求队列的长度毕竟是有限的，在它被请求占满的情况下，可以直接将后续的请求丢弃或者返回失败。

在漏桶限流法中，请求的到来和释放并不是同步的，而是两个独立的过程。因此漏桶限流法的实现要比时间窗限流法略复杂一些，需要有一个独立的线程，以一定的频率释放请求。漏桶限流法的伪代码如下所示。

图 10.5　漏桶限流法

```
public class LeakyBucket {
    // 缓存请求的队列
    Queue<Request> requestQueue = new LinkedList<>();

    // 接收请求并将请求存入队列
    public void receiveRequest(Request request) {
        if (requestQueue.size() < REQUEST_SIZE_THRESHOLD) {
            requestQueue.offer(request);
        }
```

```
    }

    // 以一定时间间隔向后方服务释放请求
    @Scheduled(TIME_INTERVAL)
    public void releaseRequest() {
        Request request = requestQueue.poll();
        service.handle(request);
    }
}
```

受到请求复杂程度、软硬件活动的影响，服务处理不同请求所花费的时间是不同的。而漏桶限流法总是以相同的频率向服务释放请求，这可能导致两种情况：第一种情况下，服务无法及时处理完成收到的请求，从而造成请求的拥塞，并进一步导致系统性能的下降；第二种情况下，服务能很快处理完收到的请求，于是在接收到下一个请求之间，服务存在一定的空闲，这造成了处理能力的浪费。

4. 令牌限流法

漏桶限流法不能根据系统的负载情况调整请求频率的根本原因是缺乏反馈机制。只有将服务处理请求的情况进行反馈，才能使限流模块根据服务的情况合理地释放请求。于是，这就演化成了令牌限流法。

令牌限流法要求请求必须拿到令牌才能被发送给服务进行处理。而服务则会根据自身的工作情况向限流模块发放令牌，在自身并发压力大时降低令牌的发放频率，在自身空闲时提高令牌的发放频率。反馈的引入使服务能够最高程度地发挥自身的处理能力。

令牌限流法释放请求的时机有两个：一是新请求到来时，二是新令牌到来时。所以不需要一个独立的线程来检查暂存的令牌和请求的数目，编程实现比较简单。其伪代码如下所示。

```
public class TokenPool {
    // 缓存请求的队列
    Queue<Request> requestQueue = new LinkedList<>();
    // 缓存令牌的队列
    Queue<Request> tokenQueue = new LinkedList<>();

    // 接收请求，根据令牌情况处理请求
    public void receiveRequest(Request request) {
        if (tokenQueue.size() > 0) {
            // 尚有令牌，直接释放请求
            tokenQueue.poll();
            service.handle(request);
        } else if (requestQueue.size() < REQUEST_SIZE_THRESHOLD) {
            // 暂存请求
```

```
                    requestQueue.offer(request);
            }
        }

        // 接收令牌，根据请求情况处理令牌
        public void receiveToken(Token token) {
            if (requestQueue.size() > 0) {
                // 尚有请求，直接消耗令牌释放请求
                Request request = requestQueue.poll();
                service.handle(request);
            } else if (tokenQueue.size() < TOKEN_SIZE_THRESHOLD) {
                // 暂存令牌
                tokenQueue.offer(token);
            }
        }
    }
}
```

　　提供服务的一方可以根据自身的负载情况调整向令牌池放入令牌的速率。

　　令牌限流法的实现中有一种容易想到的错误方案需要注意，即在每次服务处理完请求时，将令牌返还给限流模块，以保证整个系统中存在恒定数量的令牌。按照这种方案，服务处理越快，则令牌循环越快；服务处理越慢，则令牌循环越慢。如图 10.6 所示，图中恒有六个令牌存在。

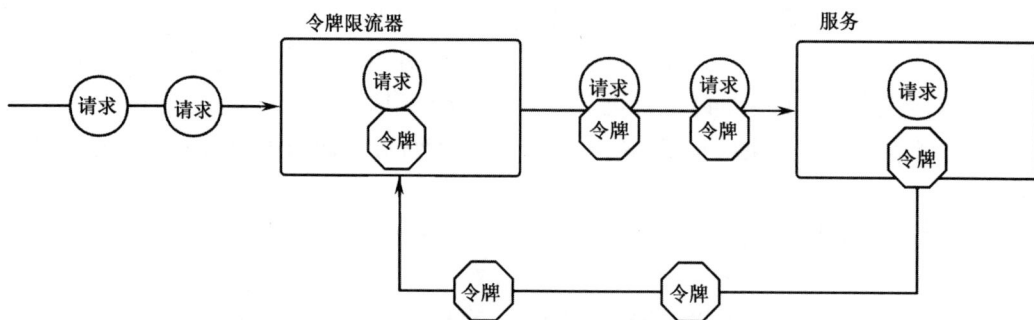

图 10.6　保持令牌数恒定方案示意图

　　然而，这种方案过于理想，在实际应用中可能存在严重的问题。服务、限流模块、通信过程中都可能因为异常而丢失令牌，最终令牌数目会随着时间逐渐减少，引发系统吞吐量的下降。因此，在实际生产中，不建议使用这种方案。

　　令牌限流法也可能存在请求突刺，即当令牌池中存在大量令牌而又瞬间向令牌池中涌入大量请求时，这些请求会被瞬间释放从而对服务造成冲击。可以通过调整令牌池缓存令牌的数目来解决这一问题。

10.2.5　恢复

降级、熔断、限流都是为了保护系统而采取的暂时性手段。在系统正常之后，则需要恢复系统的服务，包括消除降级、关闭熔断器、取消限流等。一种简单的操作是在探测到系统正常后直接恢复，但这并不是最佳的策略。这涉及应用的预热过程。

应用启动后，其能够提供的最大吞吐量不是阶跃上升的，而是如图 10.7 所示逐渐上升的。

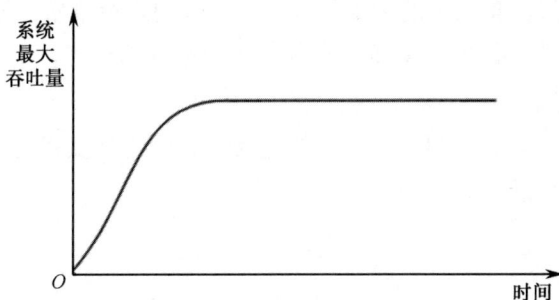

图 10.7　系统启动后最大吞吐量变化曲线

吞吐量需要爬升的原因包括但不限于以下几个方面：

一是系统的加载。以 Java 为例，它规定每个 Java 类在被"首次主动使用"前完成加载，这里所说的"首次主动使用"包括创建类的实例、访问类或接口的静态变量、被反射调用、初始化类的子类等。在系统的启动初期，许多类正在因"首次主动使用"而被加载，这个过程会消耗系统资源，引发平均响应时间的延长。此时系统的吞吐量是较低的。随着时间的推移，大多数类都被加载完毕，此时系统的吞吐量才会稳定到较高的值。

二是缓存的预热。系统刚启动时，系统的缓存中是没有数据的，这时所有的查询操作都需要直接查询数据提供方，因此平均响应时间也是比较长的。只有在系统运行一段时间后，缓存预热结束，才能以相对恒定的命中率对外提供服务。这时系统的吞吐量才会稳定到较高的值。

在限流、降级、熔断发生前，针对系统的请求可能是巨量的，在系统恢复到正常阶段后，这些请求可能仍然是巨量的。如果直接去除限流、降级、熔断等保护手段让这些请求倾泻到尚未达到最大吞吐量的系统上，可能会导致系统的再次失效。因此，在恢复阶段，应该逐渐增加请求。

逐渐增加请求的方式类似于限流，只是在限流的过程中逐渐增大请求的释放量。具体的实施细节我们不再赘述。

10.2.6　应用保护方案小结

以上这些手段并不是孤立的，我们常常会组合使用，而且其概念上也有许多关联。

- 降级是隔离、限流、熔断的基础。因为无论隔离、限流、熔断，本质都是阻止系统走原有的流程。既然原有的流程走不通，就必须要走备用的流程，这就是降级。
- 隔离和限流可以是同一种手段在两种不同视角的体现。如果下游应用 B 开启了限流，对超过流量阈值的请求采取快速失败的降级策略。那么在上游应用 A 看来，即使 B 系统阻塞，A 调用 B 的请求也会快速返回，不会影响到系统 A，实现了与 B 的隔离。
- 恢复是降级、隔离、限流、熔断的逆操作。因为恢复就是让系统从上述状态回到原有的工作状态。

10.3　Hystrix

以上介绍的内容中，我们介绍了隔离、降级、限流、熔断、恢复等相关理论知识，其中很多手段的实施需要业务团队、开发团队、运维团队等各方的参与，并不是单靠开发团队能够实现的。

当然，对于软件开发者而言，也有许多工作需要开展。在本节我们将介绍一个技术开发领域中实用的应用保护框架——Hystrix。

本章在介绍各参数设置时尽可能详尽，以便大家可以将本章作为 Hystrix 工具书查阅；在介绍示例时尽可能简单，以便大家能够快速学会 Hystrix 的功能使用。

10.3.1　运行原理

Hystrix 是一个功能强大的开源库，提供了降级、熔断、隔离、限流等各项功能，除此之外它还支持方法合并、请求缓存等操作。

图 10.8 汇总展示了 Hystrix 的主要功能。图中的原方法，即外部请求要调用的目标方法。当原方法的执行出现问题时，则会用备用方法替代原方法。

通过图 10.8 可以看出，原方法执行之前存在三个过滤条件，可以防止原方法受到过大的流量冲击。原方法执行后存在两个判断，可在原方法失败或超时后调用备用方法。

外部调用共计有六种可能的执行情况，图 10.9 进行了汇总。熔断器会对自身后方的四种情况进行统计，除原方法执行成功且未超时这一种情况外，其他的三种情况均被认定为执行失败，进而可以统计出熔断器后方的失败率。当失败率高于一定阈值时，熔断器则会断开，阻止请求调用原方法。

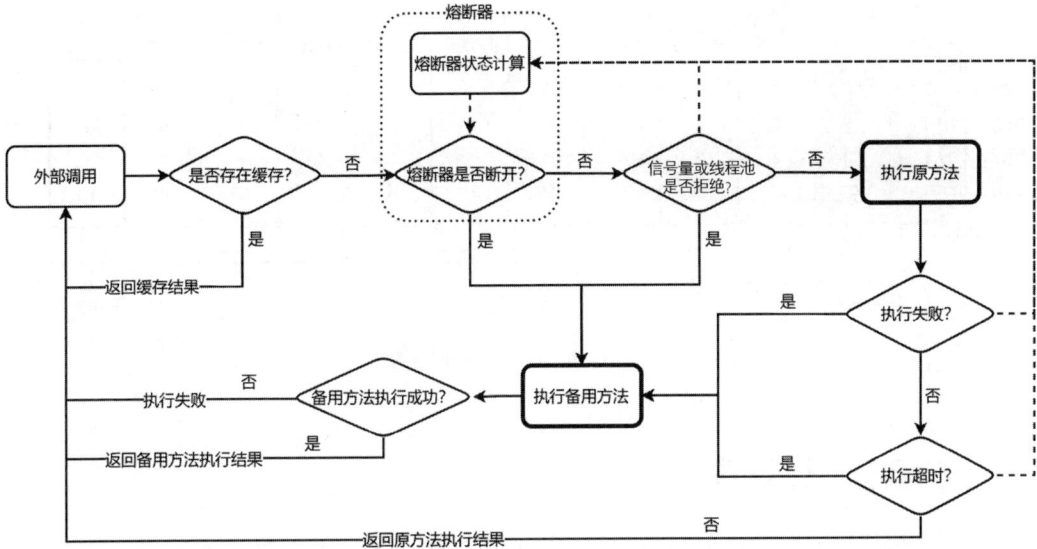

图 10.8 Hystrix 的主要功能汇总

图 10.9 外部调用的六种情况汇总与失败率计算

熔断器在进行失败率统计时，依据的是最近一段时间的统计结果，这段时间被称为时间窗。为了简化统计，时间窗又被等分为几个时间桶。

我们可以按需配置时间窗的长度和时间桶的数目。例如，我们设置时间窗长度为 1s，时间桶个数为 10，则每个时间桶的时间长度为 100ms。每隔 100ms 就会有一个最老的桶失效并产生一个新的桶，当前的统计结果会计入最新的桶中。这样，始终会有 10 个桶存在时间窗中，如图 10.10 所示。根据这 10 个桶的汇总结果计算失败率，就决定了熔断器的通断。

熔断器断开后，每隔一段时间会放出少量请求进行试探。如果试探发现原方法执行成功，则会关闭熔断器，否则熔断器继续熔断。

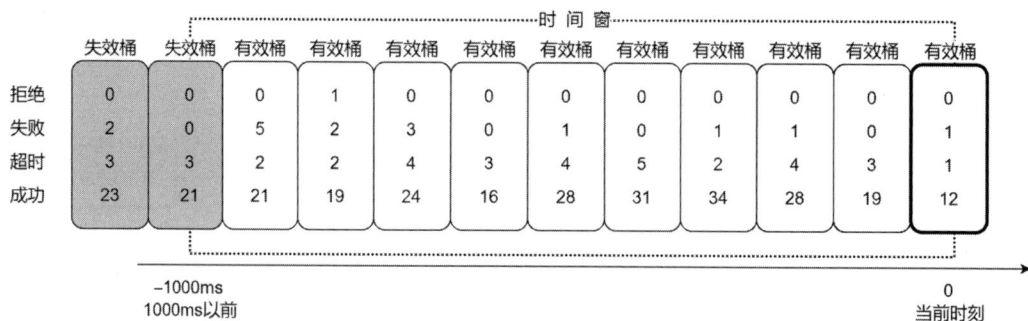

图 10.10　时间窗与时间桶

10.3.2　运行设置

我们已经对 Hystrix 的运行原理进行了初步了解，接下来我们详细介绍下 Hystrix 的设置。

Spring Boot 是一个用于创建基于 Java 应用程序的开源框架，它使用简单、配置方便、应用广泛。接下来我们就以 Spring Boot 为框架介绍下 Hystrix 的设置。

1. HystrixCommand 注解

在 Spring Boot 中使用 Hystrix 时，HystrixCommand 是最常用的注解。我们只要在某个方法上增加这个注解，便可以为该方法开启降级、熔断、限流等保护。

使用该注解时，有以下的设置项。

- groupKey：组名。通过为命令指定一个组名，我们可以将多个指令分到同一个组中。有了组名，我们可以使用配置文件为该组设置参数，也可以对指标汇总分类。默认为该注解所处类的类名。

- commandKey：指令名，用来唯一指定一个指令。这样，我们可以使用配置文件为某个指令设置参数，也可以在指标展示时知道指标具体来自哪个指令。默认为该注解所在方法的方法名。

- threadPoolKey：线程池名，用来唯一指定一个线程池。也方便我们使用配置文件对线程池进行配置。通过在不同的 HystrixCommand 注解中写入相同的线程池名，就可以实现线程池的共用。

- fallbackMethod：备用方法名。用来指定该方法的备用方法，当该方法发生错误或超时时，将执行该备用方法。注意，备用方法必须和该方法有相同的入参类型和返回值类型。

- commandProperties：命令参数。在这里可以为该指令设置多个命令参数。具体命令参数的介绍详见 10.3.3 节。

- threadPoolProperties：线程池参数。在这里可以为线程池设置多个参数。具体的参数介绍详见 10.3.3 节。
- observableExecutionMode：异步执行模式。有 EAGER 和 LAZY 两种，前者适用于需要立即获取结果的场景，后者适用于需要延迟执行的场景。默认为 EAGER 模式。
- ignoreExceptions：要忽略的异常。通常，当原方法执行抛出异常时，Hystrix 会自动帮我们调用备用方法。通过该参数指定一些异常，就可以让 Hystrix 遇到这些异常时，将它们抛出而不触发备用方法。这些忽略的异常也不会被统计到熔断器的通断计算中。
- raiseHystrixExceptions：异常包装设置。该配置只有两个选项，要么为空，要么填写 RUNTIME_EXCEPTION。在降级关闭的情况下（否则异常会触发降级而不会抛出），如果填写 RUNTIME_EXCEPTION，那么原方法执行中抛出的所有未被忽略的异常（参见 ignoreExceptions 配置）会被包装进 HystrixRuntimeException 中抛出。这是因为在有些场景下，外部调用方需要捕获相同的异常类型以便于处理。默认值为空，这种情况下原方法的异常会被正常抛出而不被包装。
- defaultFallback：默认备用方法。它比备用方法（参见 fallbackMethod 配置）的优先级更低，因此只在没有配置备用方法的时候生效。默认备用方法不允许有入参，且返回值类型必须要和原方法一致。

2. HystrixCollapser 注解

Hystrix 支持进行方法合并。我们可以在异步方法上增加 HystrixCollapser 注解，为该方法指定一个批处理方法。这样，当我们多次调用这个异步方法时，Hystrix 会将多次调用整合为一个针对批处理方法的单次调用，进而减少调用次数。

方法合并能够减少数据库查询、网络请求等的调用次数，提升系统性能。

HystrixCollapser 注解的参数如下所示。

- collapserKey：请求合并名，用来唯一指定一个请求合并的命令。默认为该注解所在方法的方法名。
- batchMethod：批处理方法，用来指定原方法的批处理方法。所谓批处理方法就是原方法的批量版，例如原方法是输入一个参数返回一个对象，则批处理方法就是输入一个参数列表返回一个对象列表。
- scope：请求合并的范围。只有两个选项：REQUEST 和 GLOBAL。REQUEST 表示只会将同一请求中的多次调用进行合并，即作用范围为一个 HystrixRequestContext 内；GLOBAL 表示系统全局的多次调用都可以合并，即作用范围跨 HystrixRequestContext。默认为 REQUEST。

- collapserProperties：请求合并参数。在这里可以为请求合并操作设置多个参数。具体的参数介绍详见 10.3.3 节。

10.3.3　命令参数

Hystrix 的命令参数，即 commandProperties，是一个数组。数组中的每个元素，都是一个 HystrixProperty 注解，该注解包含 name 和 value 两部分，均为字符串，其中可选的 name 就是我们下面介绍的各个参数。

1. 执行器参数

用来设置执行器的状态，包括隔离策略、是否对原方法开启超时判断等。

- execution.isolation.strategy：隔离策略包含 THREAD 和 SEMAPHORE 两种策略，默认值为 THREAD。THREAD 策略每次调用都会启用线程池中的独立线程，并发请求数目受线程池中线程数的限制。线程隔离策略支持超时后的快速失败，即当原方法延迟过大时会直接失败（未开启降级时）或调用备用方法（开启降级时）返回，而不需要等原方法全部执行完毕。SEMAPHORE 策略调用会在原线程上执行，并发请求数目受信号量计数的限制。当原方法中存在网络调用等容易引发超时的操作时，最好使用 THREAD 隔离策略。不过，相比于 SEMAPHORE 策略，其开销略大，因为 SEMAPHORE 不需要创建额外的线程。
- execution.timeout.enabled：是否启用超时。如果设置为 true，则会在原方法执行超时时启用备用方法。默认值为 true。
- execution.isolation.semaphore.maxConcurrentRequests：在使用 SEMAPHORE 策略时，该参数用来设置允许请求的最大数值。超过该数值的请求将被拒绝。默认值为 10。
- execution.isolation.thread.timeoutInMilliseconds：在启用超时的情况下，该参数用来以毫秒为单位设置超时时间，默认值为 1000。该参数对于 THREAD 和 SEMAPHORE 两种隔离策略均有效。THREAD 策略因为使用独立的线程，可以实现在超时后快速失败或者调用备用方法返回。而 SEMAPHORE 策略因为使用的是调用方的线程，必须要等原方法执行完成，无法做到快速失败。
- execution.isolation.thread.interruptOnTimeout：在使用 THREAD 策略时，用来设置原方法执行超时后，是中断原方法还是继续执行原方法中的后续内容。默认为 true，即中断原方法。
- execution.isolation.thread.interruptOnCancel：在使用 THREAD 策略时，用来设置原方法被取消后，是中断原方法还是继续执行原方法中的后续内容。默认为 false，即继续执行原方法中的后续内容。

2. 降级参数

用来设置备用方法的相关信息。

- fallback.enabled：在原方法失败、超时或者被拒绝后，是否尝试调用备用方法。默认值为 true。如果该值设置为 false，当原方法发生失败或拒绝后，会抛出对应的异常。

- fallback.isolation.semaphore.maxConcurrentRequests：备用方法的最大并发数。当备用方法的并发超过该数值则抛出 REJECTED_SEMAPHORE_FALLBACK 异常。默认值为 10。

3. 熔断器参数

用来对熔断器的行为进行设置。

- circuitBreaker.enabled：是否启用熔断器。默认值为 true。
- circuitBreaker.requestVolumeThreshold：熔断器时间窗中使得熔断器生效的最小请求数。如果请求小于这个数，即使请求全部失效，熔断器也不会熔断。默认值为 20。该配置需要根据系统的 QPS 计算得出。如果该值太小，则增加了熔断器误打开的概率；如果该值太大，则熔断器可能永远不会触发。建议设置为：时间窗长度×QPS×60%。
- circuitBreaker.errorThresholdPercentage：触发熔断器熔断的失败率阈值。默认值为 50。
- circuitBreaker.sleepWindowInMilliseconds：熔断器的熔断时长。熔断器熔断后，将熔断该时间后再尝试重新调用。默认值为 5000。
- circuitBreaker.forceOpen：强制开启熔断，将拒绝所有请求进入原方法。默认值为 false。开启该设置实际就用备用方法完全取代了原方法，除非调试阶段，一般不会开启。
- circuitBreaker.forceClosed：强制关闭熔断，将允许所有请求通过。默认值为 false。开启该设置实际就相当于 circuitBreaker.enabled 设置了 false，即关闭了熔断器功能。除非处于调试阶段，一般不会开启。

4. 指标参数

这里的指标分为两类：一类是状态统计指标（以 metrics.rollingStats 开头），这些指标会用来决定熔断器的通断；一类是响应时间指标（以 metrics.rollingPercentile 开头），这些指标用来对接口的相应情况进行统计和展示。

- metrics.rollingStats.timeInMilliseconds：进行状态统计时，时间窗的长度，单位为毫秒，默认值为 10000。

- metrics.rollingStats.numBuckets：进行状态统计时，时间窗内划分的桶数，该值必须可以被 metrics.rollingStats.timeInMilliseconds 整除。默认值为 10。
- metrics.rollingPercentile.enabled：是否给出响应时间的指标信息，默认值为 true。
- metrics.rollingPercentile.timeInMilliseconds：进行响应时间指标计算时的时间窗口大小，单位为毫秒，默认值为 60000。
- metrics.rollingPercentile.numBuckets：进行响应时间指标计算时要划分的桶的个数，该数字要被 metrics.rollingPercentile.timeInMilliseconds 整除，默认值为 6。
- metrics.rollingPercentile.bucketSize：进行响应时间指标计算时，每个滑动窗口的桶内会保留的请求数。当桶内的请求超出这个值后，会覆盖最前面保存的数据。默认值为 100。在其他参数也全为默认值的情况下，每个桶的时间长度为 60000ms/6=10000ms，即 10 秒。即这 10 秒内只保留最后 100 条数据。
- metrics.healthSnapshot.intervalInMilliseconds：该值用来设置计算熔断器状态和响应时间指标的频率，增大该值可降低频繁计算带来的 CPU 消耗。默认值为 500。

5. 请求参数

用来对请求的缓存、日志进行开关设置。

- requestCache.enabled：是否对请求启用缓存。默认值为 true。
- requestLog.enabled：是否对请求启用日志。默认值为 true。

6. 请求合并参数

Hystrix 中的请求合并功能允许将多个请求合并成一个批处理请求，以提高性能和资源利用率。

- maxRequestsInBatch：设置批处理中允许的最大请求数，到达该请求数则会立刻将合并后的请求发出。默认值为 Integer.MAX_VALUE。
- timerDelayInMilliseconds：设置批处理创建后，允许等待的最长时间。到达该时间后则会立刻将合并后的请求发出。默认值为 10。

7. 线程池参数

用来对 Hystrix 的线程池进行设置，当使用线程池隔离模式时，就会用到这些线程池。

- coreSize：核心线程池大小。默认值为 10。
- allowMaximumSizeToDivergeFromCoreSize：设置是否允许最大线程数偏离核心线程数，即是否允许线程池根据需要动态地创建更多线程。默认值为 false。
- maximumSize：线程池中线程数量的最大值，默认值为 10。该设置仅在 allowMaximumSizeToDivergeFromCoreSize 属性设置为 true 时生效。
- keepAliveTimeMinutes：在 allowMaximumSizeToDivergeFromCoreSize 属性设置

为 true，且 maximumSize>coreSize 的情况下，该参数用来设置多于核心线程数
的线程在空闲多久后销毁，单位为分钟。默认值为 1。

- maxQueueSize：最大队列大小。如果该值为-1，则使用 SynchronousQueue；如
  果为正值，则使用 LinkedBlockingQueue。默认值为-1。注意，此属性仅在初始
  化时适用，在程序运行中不支持动态修改大小。

- queueSizeRejectionThreshold：队列长度拒绝阈值，队列中超过该数目的请求后，
  后续请求将直接被拒绝。该参数支持程序运行中动态修改。默认值为 5。注意，
  如果 maxQueueSize 设置为-1，则该参数不适用。

10.3.4　使用举例

接下来，我们用尽可能简单易懂的示例对这些功能进行展示，以便大家了解如何应
用 Hystrix 的各设置项。

希望大家不仅能掌握它的基本使用，而且能通过它来了解应用保护框架的设计思路。

> **备注**
>
> 该示例的完整代码请参考本书示例项目 202。

1. 降级

Hystrix 支持在某个方法执行出现错误时调用备用方法，即降级。使用 Hystrix 开启
降级很方便，只需要少量的配置即可，下面给出了一个简单的示例。

```
@HystrixCommand(
        commandKey = "FallBackService_queryUserNameById",
        fallbackMethod = "queryDefaultUserName",
        commandProperties = {
                // 超时判定时间设置为30ms
                @HystrixProperty(name = "execution.isolation.thread.timeoutInMilliseconds",
value = "30"),
        }
    )
String queryUserNameById(int i) throws InterruptedException {
    System.out.print("正在查询用户名，用户编号为" + i);
    int randomValue = new Random().nextInt(100);
    if (randomValue < 30) {
        // 约30%概率会触发异常
        System.out.println("：查询发生异常 ");
        throw new RuntimeException();
    } else if (randomValue < 60) {
```

```
            // 约 30%概率会触发超时
            System.out.println(" : 查询发生延迟 ");
            Thread.sleep(50);
            System.out.println("编号" + i +"的用户名查询终于完成");
            return "编号" + i +"的用户名查询超时";
        } else {
            // 约 40%概率会正常执行
            System.out.println(" : 查询成功 ");
            return "易哥" + i;
        }
    }

    String queryDefaultUserName(int i) {
        System.out.println("生成默认用户名，用户编号为" + i);
        return "平台用户" + i;
    }
```

在示例中，queryUserNameById 是原方法，即上游会主动调用的方法。我们故意让它一定概率抛出异常、一定概率发生延迟、一定概率成功，并且在原方法上增加 HystrixCommand 注解，开启降级。

queryDefaultUserName 是备用方法。在原方法的 HystrixCommand 注解内，我们通过 fallbackMethod 参数指向了该备用方法。这里要注意的是，备用方法要和原方法有相同类型的入参和返回值，只有这样才能做到原方法和备用方法的无缝替换。

在 HystrixCommand 注解中，我们还使用 commandKey 设置了指令名，而不是默认采用原方法的名字。这是因为示例代码中存在许多同名方法，它们也都带有 HystrixCommand 注解，会引发配置的干扰。

备注

commandKey 的默认值是原方法的不含类名前缀的方法名。因此，只要有同名方法增加了 HystrixCommand 注解，哪怕它们在不同类中，也会引发配置干扰。

在实际生产中，即使应用内不存在同名方法，我们也强烈建议大家在使用 HystrixCommand 指令时为其指定一个特殊的指令名。因为应用后续更新迭代中，仍有可能新增出带有 HystrixCommand 注解的同名方法，进而引发参数干扰。

降级、熔断、限流等功能仅会在系统遇到大流量冲击时才能体现，是偶发的而不是必现的。因此一旦遇到参数干扰，定位排查会非常困难。

我们调用 10 次原方法，则可在控制台看到如下的输出（因异常和延迟为随机发生，故每次调用的结果不一定完全一致）：

```
正在查询用户名，用户编号为 1：查询发生延迟
```

```
生成默认用户名，用户编号为 1
正在查询用户名，用户编号为 2：查询发生延迟
生成默认用户名，用户编号为 2
正在查询用户名，用户编号为 3：查询发生异常
生成默认用户名，用户编号为 3
正在查询用户名，用户编号为 4：查询发生延迟
生成默认用户名，用户编号为 4
正在查询用户名，用户编号为 5：查询发生延迟
生成默认用户名，用户编号为 5
正在查询用户名，用户编号为 6：查询发生延迟
生成默认用户名，用户编号为 6
正在查询用户名，用户编号为 7：查询发生异常
生成默认用户名，用户编号为 7
正在查询用户名，用户编号为 8：查询成功
正在查询用户名，用户编号为 9：查询发生异常
生成默认用户名，用户编号为 9
正在查询用户名，用户编号为 10：查询成功
```

这表明只要原方法发生延迟或者异常，备用方法就会被触发。在最终的返回值中，我们可以看到如下的结果。

```
平台用户 1
平台用户 2
平台用户 3
平台用户 4
平台用户 5
平台用户 6
平台用户 7
易哥 8
平台用户 9
易哥 10
```

可见，当原方法发生延迟或者异常时，备用方法的结果会被返回给调用方。

通过该示例，我们演示了 Hystrix 的降级功能。

2. 熔断

降级是在某个方法执行出现错误时调用备用方法，而熔断则在此基础上更进一步，即发现该方法频繁出错时直接停止对该方法的一切调用，直到该方法的情况好转。

使用 Hystrix 开启熔断和开启降级操作几乎是一样的。只不过有一些熔断相关的参数需要我们根据实际情况修改。

下面给出熔断的示例。

```
@HystrixCommand(
        commandKey = "CircuitBreakerService_queryUserNameById",
```

```
                    fallbackMethod = "fallBackForSayHi",
                    commandProperties = {
                            // 开启熔断器（可以省略，因为默认就是开启的）
                            @HystrixProperty(name = "circuitBreaker.enabled", value = "true"),
                            // 超时判定时间设置为 30ms
                            @HystrixProperty(name = "execution.isolation.thread.timeoutInMilliseconds",
value = "30"),
                            // 时间窗内的最小采样值为 5
                            @HystrixProperty(name = "circuitBreaker.requestVolumeThreshold", value =
"5"),
                            // 错误超过 30%时即引发熔断
                            @HystrixProperty(name = "circuitBreaker.errorThresholdPercentage", value =
"30"),
                            // 熔断后恢复时间为 500ms
                            @HystrixProperty(name = "circuitBreaker.sleepWindowInMilliseconds", value =
"500")
                    })
String queryUserNameById(int i) throws InterruptedException {
    System.out.print("正在查询用户名，用户编号为" + i);
    int randomValue = new Random().nextInt(100);
    if (randomValue < 30) {
        // 约 30%概率会触发异常
        System.out.println("：查询发生异常  ");
        throw new RuntimeException();
    } else if (randomValue < 60) {
        // 约 30%概率会触发超时
        System.out.println("：查询发生延迟  ");
        Thread.sleep(50);
        System.out.println("编号" + i +"的用户名查询终于完成");
        return "编号" + i +"的用户名查询超时";
    } else {
        // 约 40%概率会正常执行
        System.out.println("：查询成功  ");
        return "易哥  " + i;
    }
}

public String fallBackForSayHi(int i) {
    System.out.println("生成默认用户名，用户编号为" + i);
    return "平台用户" + i;
}
```

当我们在原方法上增加 HystrixCommand 注解时，默认就会开启熔断。按照默认设置，熔断器时间窗中使得熔断器生效的最小请求数为 20，而我们在降级示例中只发送了 10 个请求，因此一定不会触发熔断。触发熔断器熔断的失败百分比默认值是 50，即当原方法失败率超过 50%时，便会触发熔断。熔断器的熔断时长默认值为 5000，即熔断器熔断后，在 5 秒后再尝试重新调用。

在上述示例中，我们更改了熔断器的设置，让熔断器生效的最小请求数变为 5，只要这些请求中失败率超过 30%即发生熔断，熔断后，在 500ms 后再尝试重新调用。

我们对上述原方法以 100ms 为间隔进行 100 次连续调用，可以在控制台上看到如下所示的结果片段（因异常和延迟为随机发生，故每次调用的结果不一定完全一致）：

```
正在查询用户名，用户编号为 69：查询成功
正在查询用户名，用户编号为 70：查询发生延迟
生成默认用户名，用户编号为 70
正在查询用户名，用户编号为 71：查询发生异常
生成默认用户名，用户编号为 71
生成默认用户名，用户编号为 72
生成默认用户名，用户编号为 73
生成默认用户名，用户编号为 74
生成默认用户名，用户编号为 75
生成默认用户名，用户编号为 76
正在查询用户名，用户编号为 77：查询发生延迟
生成默认用户名，用户编号为 77
生成默认用户名，用户编号为 78
生成默认用户名，用户编号为 79
生成默认用户名，用户编号为 80
生成默认用户名，用户编号为 81
正在查询用户名，用户编号为 82：查询成功
正在查询用户名，用户编号为 83：查询发生延迟
生成默认用户名，用户编号为 83
```

通过上述片段可以看出，用户编号 72～76 对应的查询并没有触发原方法，而是直接执行了备用方法。这就说明在此期间，熔断器是熔断的。

直到用户编号 77 的查询才再次触发了原方法，此时距熔断发生已经过去了 500ms，说明熔断器正在尝试停止熔断。而此次原方法的执行仍然发生了错误，导致熔断继续。直到后面原方法执行成功了用户编号为 82 的查询操作，熔断才停止。

在最终的返回值中，我们可以看到如下的结果。表明无论是原方法执行错误还是熔断器熔断，原方法的执行结果都会被备用方法的执行结果替代。

```
易哥 69
平台用户 70
平台用户 71
平台用户 72
平台用户 73
```

```
平台用户 74
平台用户 75
平台用户 76
平台用户 77
平台用户 78
平台用户 79
平台用户 80
平台用户 81
易哥  82
平台用户 83
```

通过该示例，我们演示了 Hystrix 的熔断功能。

3. 隔离与限流

如果对某个方法设置了限流，当该方法发生阻塞时，超过限流阈值的请求会进入备用方法，然后返回。从上游调用方的视角看，就做到了与该方法的隔离。因此，限流与隔离是同一件事情的两面，下游的限流对于限流来说就是隔离。因此我们将隔离与限流放在一起介绍。

在下面的示例代码中，我们使用线程隔离为 queryUserNameById 方法增加了限流。根据设置，queryUserNameById 方法支持五个并发调用，还允许两个调用排队，超出限制的请求将会直接调用备用方法返回。

```
@HystrixCommand(
        commandKey = "LimiterService_queryUserNameById",
        fallbackMethod = "fallBackForSayHi",
        threadPoolProperties = {
                // 核心线程设置为 5
                @HystrixProperty(name = "coreSize", value = "5"),
                // 最大排队队列长度为 10
                @HystrixProperty(name = "maxQueueSize", value = "10"),
                // 队列中最多有两个任务排队，超过该数目的任务则拒绝
                @HystrixProperty(name = "queueSizeRejectionThreshold", value = "2"),
        },
        commandProperties = {
                // 关掉熔断器，避免熔断器影响
                @HystrixProperty(name = "circuitBreaker.enabled", value = "false"),
                // 超时判定时间设置为 2000ms，即下方的 1000ms 延时不会引发超时
                @HystrixProperty(name = "execution.isolation.thread.timeoutInMilliseconds",
value = "2000"),
        }
)
String queryUserNameById(int i) throws InterruptedException {
```

```
        System.out.println("正在查询用户名，用户编号为" + i + "。该查询所在的线程名：" +
Thread.currentThread().getName());
        // 故意增加处理时延，以模拟堵塞
        Thread.sleep(1000);
        return "易哥" + i;
    }

    String fallBackForSayHi(int i) {
        System.out.println("平台用户" + i);
        return "平台用户" + i;
    }
```

我们调用原方法 100 次，每两次调用之间间隔 100ms，则可以在控制台上看到如下的输出片段：

```
正在查询用户名，用户编号为 2。该查询所在的线程名：hystrix-LimiterService-1
正在查询用户名，用户编号为 1。该查询所在的线程名：hystrix-LimiterService-2
正在查询用户名，用户编号为 3。该查询所在的线程名：hystrix-LimiterService-3
正在查询用户名，用户编号为 4。该查询所在的线程名：hystrix-LimiterService-4
正在查询用户名，用户编号为 5。该查询所在的线程名：hystrix-LimiterService-5
平台用户 8
平台用户 9
平台用户 10
平台用户 11
正在查询用户名，用户编号为 7。该查询所在的线程名：hystrix-LimiterService-1
正在查询用户名，用户编号为 6。该查询所在的线程名：hystrix-LimiterService-2
正在查询用户名，用户编号为 12。该查询所在的线程名：hystrix-LimiterService-3
正在查询用户名，用户编号为 13。该查询所在的线程名：hystrix-LimiterService-4
正在查询用户名，用户编号为 14。该查询所在的线程名：hystrix-LimiterService-5
```

通过上述输出可以判断，用户编号 1～5 的调用直接进入线程执行，用户编号 6、7 的调用则进入了排队队列。而后续用户编号 8 到 11 的调用则直接进入了备用方法。与我们的参数设置一致。

然后，可以收集到如下的返回结果。

```
易哥 1
易哥 2
易哥 3
易哥 4
易哥 5
易哥 6
易哥 7
平台用户 8
平台用户 9
平台用户 10
```

平台用户 11
易哥 12
易哥 13
易哥 14

关于隔离，大家常疑惑的点在于隔离策略的选择。

线程隔离需要将请求放入到线程中执行，因此比信号量隔离占用的资源更多，这一点很好理解。大家的疑惑点主要是原方法发生超时后，两种隔离策略的表现有何不同，下面我们来着重介绍。

如果使用了线程池，Hystrix 就可以在原方法执行超时后，不等待原方法执行完毕而直接使用其他线程调用备用方法。另外，我们还可以通过 Hystrix 的 execution.isolation. thread.interruptOnTimeout 配置来决定原方法超时发生后未执行的后续内容是否继续执行（但是返回值一定不会被采用，因为已经采用了备用方法的返回值）。该配置的默认值是中断原方法，这一点可以在前面降级和熔断的两个示例中得到证实。在两个示例代码中，都会在延时结束执行下面的操作：

```
System.out.println("编号" + i +"的用户名查询终于完成");
```

但是，我们从没在控制台上看到对应的输出。这就是因为一旦到达超时时间，该线程的后续操作就被直接中断了。

如果使用信号量，Hystrix 还能够识别出原方法的超时吗？

答案是：可以。Hystrix 依旧可以判断出原方法执行超时，并调用备用方法，最终也会采用备用方法的返回值。

那么，Hystrix 能够在原方法执行超时后，立刻调用备用方法，即做到快速失败吗？

答案是：不能。因为备用方法的执行也要使用原方法的线程，因此必须要等原方法执行结束后，备用方法才可以执行。正因为如此，虽然信号量隔离能够识别超时，但因为不能快速失败，所以意义不大。

我们可以使用下面的代码验证上述结论。示例中，两个原方法的执行耗时都约为 5000ms，超时时间均设置为 50ms，分别采用线程隔离模式和信号量隔离模式。

```
@HystrixCommand(
        fallbackMethod = "fallBackForQueryUserNameById",
        commandProperties = {
                // 采用线程隔离模式
                @HystrixProperty(name = "execution.isolation.strategy", value = "THREAD"),
                // 超时判定时间设置为 50ms
                @HystrixProperty(name = "execution.isolation.thread.timeoutInMilliseconds",
value = "50"),
        }
)
String queryUserNameByIdWithThread(int i) throws InterruptedException {
```

```
        System.out.println("正在使用线程模式查询用户名，用户编号为" + i);
        Thread.sleep(5000);
        return "易哥" + i;
    }


    @HystrixCommand(
            fallbackMethod = "fallBackForQueryUserNameById",
            commandProperties = {
                    // 采用信号量隔离模式
                    @HystrixProperty(name = "execution.isolation.strategy", value =
    "SEMAPHORE"),
                    // 超时判定时间设置为 50ms
                    @HystrixProperty(name = "execution.isolation.thread.timeoutInMilliseconds",
    value = "50"),
            }
    )
    String queryUserNameByIdWithSemaphore(int i) throws InterruptedException {
        System.out.println("正在使用信号量模式查询用户名，用户编号为" + i);
        Thread.sleep(5000);
        return "易哥" + i;
    }


    String fallBackForQueryUserNameById(int i) {
        return "平台用户" + i;
    }
```

通过外部调用依次触发上述两个原方法五次，并记录每次的响应时间，可以得到下面的结果。

```
平台用户 1 (+61ms)
平台用户 2 (+61ms)
平台用户 3 (+63ms)
平台用户 4 (+61ms)
平台用户 5 (+61ms)
平台用户 1 (+5003ms)
平台用户 2 (+5004ms)
平台用户 3 (+5005ms)
平台用户 4 (+5012ms)
平台用户 5 (+5000ms)
```

可见两种隔离方式在原方法执行超时后，都会启用备用方法。但只有采用线程隔离的方式，才能做到快速失败。

最终，两种模式的比较如图 10.11 所示。

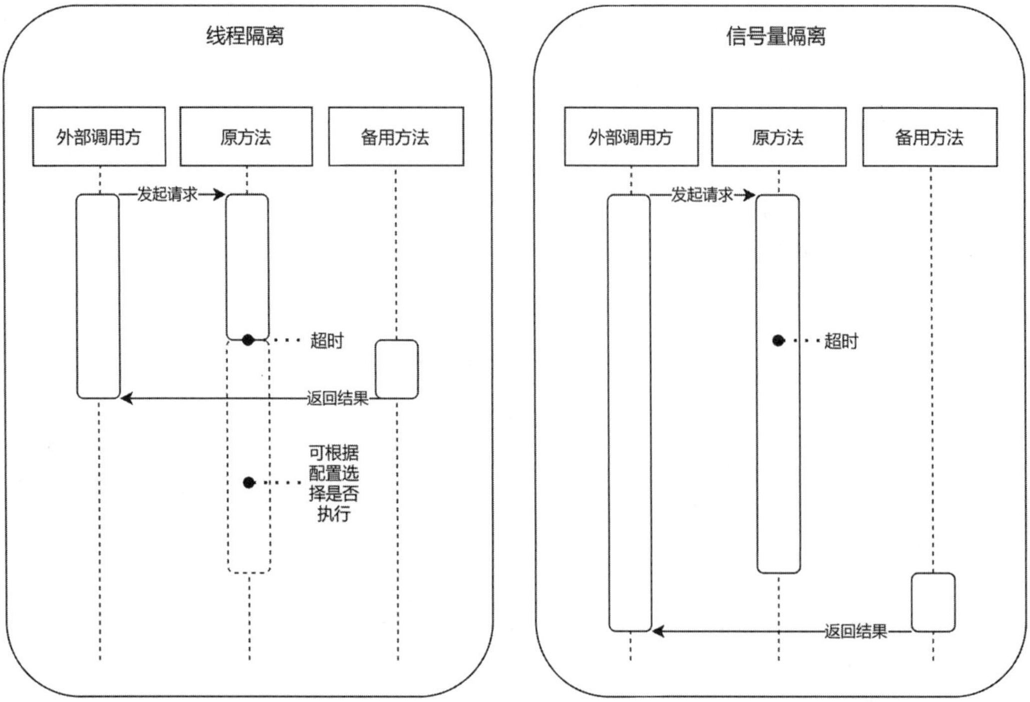

图 10.11　线程隔离和信号量隔离的比较

4. 请求缓存

Hystrix 还支持对方法的执行结果进行缓存。

缓存时，默认会将所有的入参共同作为缓存的键。另外，我们可以使用 CacheKey 注解来指定缓存的键。

还可以指定一个方法，以该方法的返回值作为缓存的键，这种方式具有最高的优先级。要注意的是，这个方法必须和原方法在同一个类中，且入参与原方法完全一致、返回值必须为 String。

为了能够清除缓存，我们可以指定一个缓存清理方法。当调用该方法时，指定方法的缓存将会被清理。

我们先给出请求缓存的示例代码：

```
@CacheResult(cacheKeyMethod = "getUserCacheKey")
@HystrixCommand(
        commandKey = "CacheService_queryUserNameById",
        commandProperties = {
                // 启用请求缓存功能（默认也是启用的）
                @HystrixProperty(name = "requestCache.enabled", value = "true"),
        }
)
```

```
String queryUserNameById(int i) {
    System.out.println("正在查询用户名，用户编号为" + i);
    return "易哥" + i;
}


@CacheRemove(commandKey = "CacheService_queryUserNameById",
        cacheKeyMethod = "getUserCacheKey")
@HystrixCommand
void clearUserResult(int i) {
    System.out.println("入参" + i + "对应的缓存已清空 ");
}


String getUserCacheKey(int i) {
    return "CACHE_KEY_" + i;
}
```

在介绍上述示例代码的同时，我们顺便详细介绍两个注解。

- CacheResult 注解，加在要启用请求缓存的方法上。它只有一个属性 cacheKeyMethod 用来指定要为缓存生成键的方法。默认为空字符串，表示不设置。在该示例中，我们指定了 getUserCacheKey 方法来生成缓存的键。
- CacheRemove 注解，加在用以清理缓存的方法上，它有两个参数。commandKey 参数用来指定是要清理哪个缓存。在本示例中，是要清理指令名为CacheService_ queryUserNameById 的缓存，这正是 queryUserNameById 方法的指令名。cacheKeyMethod 参数用来指定清理缓存时，要清理的键由哪个方法生成。一般要和 CacheResult 注解中 cacheKeyMethod 的值一样。

了解了以上内容后，我们就可以通过下面的代码对上述方法进行调用：

```
public String cache() {
    StringBuilder stringBuilder = new StringBuilder();
    HystrixRequestContext context = HystrixRequestContext.initializeContext();
    try {
        for (int i = 1; i <= 3; i++) {
            stringBuilder.append(cacheService.queryUserNameById(303)).append("\r\n");
            stringBuilder.append(cacheService.queryUserNameById(316)).append("\r\n");
            stringBuilder.append(cacheService.queryUserNameById(808)).append("\r\n");
            cacheService.clearUserResult(808);
        }
    } finally {
        context.close();
    }
    return stringBuilder.toString();
}
```

在上述代码中，一个关键的操作是使用 HystrixRequestContext.initializeContext()在当前线程创建了一个上下文，因为 Hystrix 需要使用该上下文进行缓存信息的存储。

控制台上可以看到如下的输出：

```
正在查询用户名，用户编号为 303
正在查询用户名，用户编号为 316
正在查询用户名，用户编号为 808
入参 808 对应的缓存已清空
正在查询用户名，用户编号为 808
入参 808 对应的缓存已清空
正在查询用户名，用户编号为 808
入参 808 对应的缓存已清空
```

三轮调用中，用户编号 303 和 316 的查询方法只触发了一次，说明后续两轮调用均使用了缓存。而用户编号 808 对应的缓存会被清理，进而触发了三次调用。可见，缓存和清理功能均可以正常生效。

5. 方法合并

Hystrix 还支持对方法合并，即将多个单次调用合并为一个批量调用。这是一个相对独立的功能，其具体的使用条件如下所示：

- 原方法接受单个入参、给出单个结果，且必须是异步的。因为只有异步的方法才能延迟执行，进而与后续的调用进行合并。

- 批处理方法接受入参列表、给出结果列表，也就是原方法的同步且批量版本。

当我们调用原方法时，Hystrix 会将一定时间内的请求合并起来，然后去调用批处理方法。于是，针对原方法的多次调用就被转化为了针对批量方法的单次调用。如果原方法内执行的是网络请求、数据库查询等操作，则方法合并可以极大地提升性能。

进行请求的合并操作时，即使规定的时间内原方法只被调用了一次，那么 Hystrix 也会去调用批处理方法。这意味着原方法永远都不会被真正调用。因此，我们在编写代码时，原方法内的逻辑不需要编写，直接返回 null 即可。

下面的示例代码展示了原方法 queryUserNameById 和对应的批处理方法 queryUsersByIds。

```
@HystrixCollapser(
        batchMethod = "queryUsersByIds",
        collapserProperties = {
                // 批处理中允许的最大请求数为 5
                @HystrixProperty(name = "maxRequestsInBatch", value = "5"),
                // 批处理的最大等待时间为 500ms
                @HystrixProperty(name = "timerDelayInMilliseconds", value = "500"),
        }
    )
Future<String> queryUserNameById(Integer i) {
```

```
            return null;
        }


        @HystrixCommand
        public List<String> queryUsersByIds(List<Integer> idList) {
            System.out.print("批量查询用户名，编号列表为: ");
            idList.forEach(x -> System.out.print(x.toString() + ";"));
            System.out.println();

            List<String> stringList = new ArrayList<>();
            idList.forEach(x -> stringList.add("易哥" + x));
            return stringList;
        }
```

我们需要在原方法上增加 HystrixCollapser 注解，并在批处理方法上增加 HystrixCommand
注解。这样，当我们调用原方法时，Hystrix 会合并这些调用转而去调用批处理方法。调
用批处理方法的时间点有以下几个：

- 对原方法的请求数目累积到了批处理中允许的最大请求数。在本示例中，该数
  字为 5，这意味着 Hystrix 只要收集到针对原方法的 5 次调用，就立刻去调用批
  处理方法。

- 达到了批处理的最大等待时间。在本示例中，该时间为 500ms，这意味着第一
  次调用原方法后，Hystrix 最多只能再等待 500ms，然后无论是否收集到更多的
  原方法调用，都必须去调用批处理方法。不过，经过多次测试我们发现如果把
  批处理的最大等待时间设置得比较小，则 Hystrix 可能会在这个时间前后略微
  变动。

- 针对原方法的返回值进行了 get 操作。原方法的返回值为 Future 对象，对其进
  行 get 操作即为同步获取其执行结果。此时 Hystrix 会放弃等待立刻调用批处理
  方法以尽快返回结果。

我们通过如下代码对上述原方法展开 40 次调用。

```
    public String collapser() throws Exception {
    StringBuilder stringBuilder = new StringBuilder();
        HystrixRequestContext context = HystrixRequestContext.initializeContext();
        try {
            List<Future<String>> futureList = new ArrayList<>();

            // 连续的 10 次调用
            for (int i = 1; i <= 10; i++) {
                futureList.add(collapserService.queryUserNameById(i));
            }
```

```
        Thread.sleep(2000);

        // 间隔 1000ms 的 10 次调用
        for (int i = 11; i <= 20; i++) {
            Thread.sleep(1000);
            futureList.add(collapserService.queryUserNameById(i));
        }
        Thread.sleep(2000);

        // 间隔 150ms 的 10 次调用
        for (int i = 21; i <= 30; i++) {
            Thread.sleep(150);
            futureList.add(collapserService.queryUserNameById(i));
        }
        Thread.sleep(2000);

        // 获取以上 30 次调用的结果
        for (Future<String> future : futureList) {
            stringBuilder.append(future.get()).append("\r\n");
        }

        // 连续进行 10 次调用，但每次调用后立刻同步获取结果
        for (int i = 31; i <= 40; i++) {
            stringBuilder.append(collapserService.queryUserNameById(i).get()).append("\r\n");
        }
    } finally {
        context.close();
    }
    return stringBuilder.toString();
}
```

上述示例代码也为 Hystrix 创建了一个上下文，这是因为 Hystrix 的隔离策略使下游批处理方法在各自的线程中执行，需要通过这个上下文进行线程间数据的传递。

执行上述代码，可以在控制台看到如下的输出：

```
批量查询用户名，编号列表为: 2;3;1;5;4;
批量查询用户名，编号列表为: 8;10;9;6;7;
批量查询用户名，编号列表为: 11;
批量查询用户名，编号列表为: 12;
批量查询用户名，编号列表为: 13;
批量查询用户名，编号列表为: 14;
批量查询用户名，编号列表为: 15;
批量查询用户名，编号列表为: 16;
```

```
批量查询用户名，编号列表为: 17;
批量查询用户名，编号列表为: 18;
批量查询用户名，编号列表为: 19;
批量查询用户名，编号列表为: 20;
批量查询用户名，编号列表为: 22;21;
批量查询用户名，编号列表为: 23;24;25;
批量查询用户名，编号列表为: 28;27;26;
批量查询用户名，编号列表为: 30;29;
批量查询用户名，编号列表为: 31;
批量查询用户名，编号列表为: 32;
批量查询用户名，编号列表为: 33;
批量查询用户名，编号列表为: 34;
批量查询用户名，编号列表为: 35;
批量查询用户名，编号列表为: 36;
批量查询用户名，编号列表为: 37;
批量查询用户名，编号列表为: 38;
批量查询用户名，编号列表为: 39;
批量查询用户名，编号列表为: 40;
```

可见 Hystrix 确实按照参数设置对原方法的调用进行了聚合。最终，返回了如下的结果。从最终结果上看，调用方拿到的返回值和逐次调用原方法的返回值是一样的。方法合并对于上游调用方而言完全透明。

```
易哥 1
易哥 2
易哥 3
易哥 4
易哥 5
易哥 6
易哥 7
易哥 8
易哥 9
易哥 10
易哥 11
易哥 12
易哥 13
(一直输出到"易哥 40"，故省略)......
```

通过以上简单的示例，我们对 Hystrix 的基本功能进行了展示。希望大家在了解 Hystrix 使用的基础上，理解其设计原理，并根据需要在项目中选取对应的功能。

第 11 章

前端高性能

在软件系统中，良好的前端交互能够极大地提升用户体验。这要求前端界面能够给出清晰的操作指引、准确的行为判断、贴切的元素展示、流畅的界面转换等，这涉及数据读写、数值计算、图形绘制、界面排布等诸多工作，给前端的性能带来了挑战。

我们这里所说的前端，不仅仅指桌面和移动端的浏览器，也指 Android 与 IOS 等的客户端软件，以及嵌入在这些客户端软件中的浏览器。但在这一章的介绍中，我们主要以桌面浏览器为代表进行介绍。

后端通过请求分流、节点拆分、数据库优化等方式来提升性能，前端的高性能设计则有着不同的思路。在这一章，我们从前端的性能瓶颈入手，探讨前端的高性能设计。

11.1 前端工作分析

在这一节我们对前端的工作过程进行介绍，并分析各个过程中的性能瓶颈。

11.1.1 前端加载过程

当我们通过浏览器访问某个页面时，访问的是 HTML 文件的地址。浏览器就是从下载和解析这个 HTML 文件开始，逐步请求相关资源，然后对这些资源进行整合、渲染，最终向我们展示出一个丰富的前端页面。相关的资源包括 CSS 文件、JavaScript 文件、图片文件、视频文件等。

HTML 文件会被解析为 DOM 树，DOM 树中包含了文件、图片、超链接等元素，而 CSS 文件则会被解析为样式规则。然后，DOM 树会和样式规则进行连接整合，得到一个呈现树（Render Tree，这是在 WebKit 引擎中的称呼，在 Gecko 引擎中被称为 Frame Tree，即框架树）。接下来，浏览器引擎对呈现树中的各个元素进行布局、坐标计算等工作，最终将所有元素绘制到页面上，向我们展现出整个页面。在整个解析过程中，JavaScript 可能会通过事件监听函数对解析过程进行调整和修改。

整个前端页面的加载过程如图 11.1 所示。

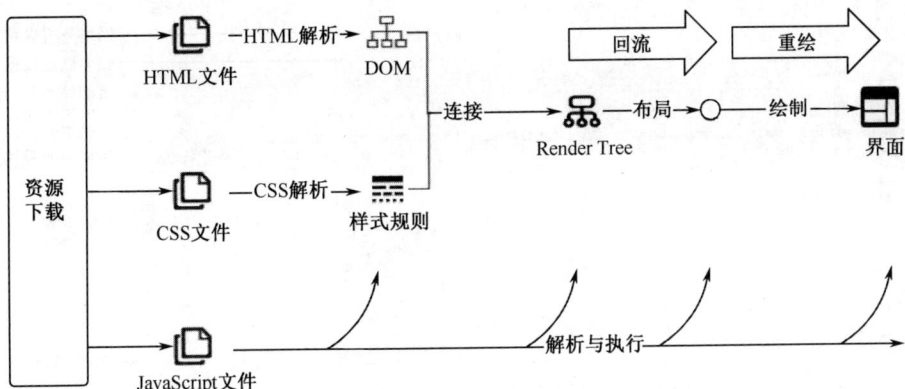

图 11.1　整个前端页面的加载过程

在图 11.1 所示的过程中，涉及的工作可以分为以下两大类。

- 资源下载：通过请求下载页面需要的 HTML 文件、CSS 文件、JavaScript 文件、图片文件等。
- 页面解析：解析 HTML 文件、CSS 文件、JavaScript 文件等，并进行整合绘制。

在过去的很长一段时间，受网速影响，资源下载过程消耗的时间较长，因此资源下载优化一直是前端性能优化的重点。近些年随着网络速度的提升，资源下载过程已经比较迅速。现在用户对前端界面要求变得更高，需要界面有更酷炫的展示和更流畅的响应，因此前端性能优化的重心转移到了页面解析过程优化。

11.1.2　前端性能分析

要想对前端性能展开优化，需要先对前端加载的各个环节进行时间资源和空间资源的分析。许多浏览器自身的调试工具便可以完成相关的分析工作。

我们以 Chrome 调试工具 DevTools 为例，介绍前端性能分析工具的使用。

对前端页面进行性能分析主要基于 Chrome 调试工具的 Performance 面板展开。在这里可以通过时间轴查看网站生命周期内发生的各种事件与运行时性能。调试工具还支持模拟不同网络环境和低速 CPU 下的网站运行情况。

要想进行网页的性能分析，需要录制一次网页的载入情况，然后便可以得到如图 11.2 所示的性能分析结果。

在结果的上方会显示网站的 FPS（Frames Per Second，每秒帧数）。FPS 越高，则页面刷新越流畅；FPS 越低，则页面刷新越卡顿。当 FPS 低于 60Hz 时，用户可能会感受到明显的卡顿。在这个区域中，下方会显示 FPS 的直方图，数值越高则 FPS 越高。而在 FPS 降低区域，会在直方图上方显示红色线条，我们要重点关注这些区域。

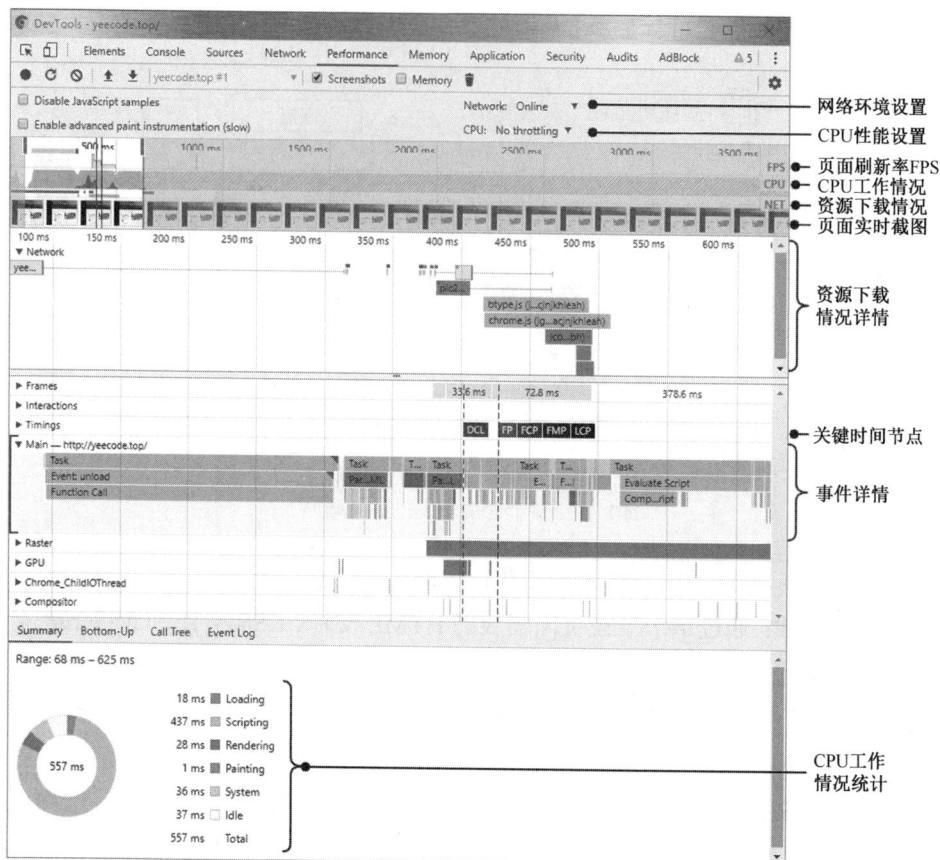

图 11.2　Chrome 浏览器调试工具的性能分析界面

刷新率下方显示的是 CPU 的工作情况，它在时间轴上用不同颜色显示了 CPU 进行的不同类型的工作以及占比。在最下方，还对整个运行过程中 CPU 的使用情况进行了统计。

CPU 运行情况下方显示的是资源下载情况概括图。如果要进行详细的网络分析，可以使用下方的 Network 折叠组件中的数据或者使用 Network 面板。两者都详细记录了整个网页中所有资源的下载情况。我们要重点关注下载耗时过长的资源，并根据原因对其进行压缩、拆分等操作。

如果启用了 Screenshots 设置，界面中还会显示网页的截图。通过这里可以分析每个时刻页面元素的展示情况。

在下方的折叠组件中，则可以详细显示上方时间轴区域内的数据。例如，Network 组件显示了资源的下载情况，Frames 组件显示了页面框架的渲染情况，Timings 组件显示了网页的各个时间节点。其中比较关键的是 Main 组件，这里详细展示了网页渲染过程中的各个事件。通过这些情况，我们可以将耗时的操作定位出来，然后有针对性地降低其耗时。

在前端性能优化的过程中，通常需要根据浏览器调试工具给出的分析结果，有针对性地对网页的性能展开优化。本章则是介绍一些通用的提升前端性能的方法。

同时我们也要注意，前端性能优化并不是一个独立的过程，而是整个系统性能优化的一部分。许多优化手段的实施需要后端架构的支持。例如，长连接转推送、单次加载转懒加载等都需要后端升级接口或者开发新的接口。

11.2　资源下载优化

在网络速度受限、资源数目较多、资源体积较大的情况下，资源下载过程的耗时会占据前端加载总耗时的大部分。这时，我们需要采取一些手段对资源下载过程进行优化。

11.2.1　资源压缩

资源压缩是在不减少或者在可接受范围内减少资源信息量的情况下，减小资源的体积。这可以减少网络上传输的数据量，从而缩短资源下载的时间。

在进行 HTTP 请求时，许多不必要的 Cookie 是可以略去的，这正是不要将 Cookie 当作前端缓存使用的原因。因为 Cookie 中的信息会随着请求发送，增加了请求的数据量。

可以使用图像处理工具对网页中涉及的 JPEG、GIF、PNG 等图像资源进行压缩，具体原理是降低像素密度，减少色彩信息等。因为图片相对都比较大，对图像压缩一般能起到很好的效果。

JavaScript 文件也可以进行压缩，具体原理为删除无效字符及注释、代码语义的缩减和优化等，这些操作不仅可以减小文件的体积，还能降低代码可读性，起到在一定程度上防止代码被盗用的作用。

CSS 文件也可以压缩，但通常效果不显著。其压缩过程通过删除无用字符、合并相同语义的设置等实现。

HTTP 请求本身也支持对回应的内容进行压缩。如果客户端支持解压，则可以在请求头中增加“Accept-Encoding: gzip,compress,deflate”以表示可以接收压缩内容的格式。客户端接收到后，如果支持相关的压缩格式，则将内容压缩后发出，并在回应中增加“Content-Encodin:gzip”表示回应内容的压缩格式。客户端收到内容后，需要解压后才能使用。

这些压缩与解压格式中，gzip 最为常用。gzip 对文本文件有着良好的压缩效果，通常能压缩至原大小的 40%以下。图 11.3 展示了一次 HTTP 请求时的内容压缩。

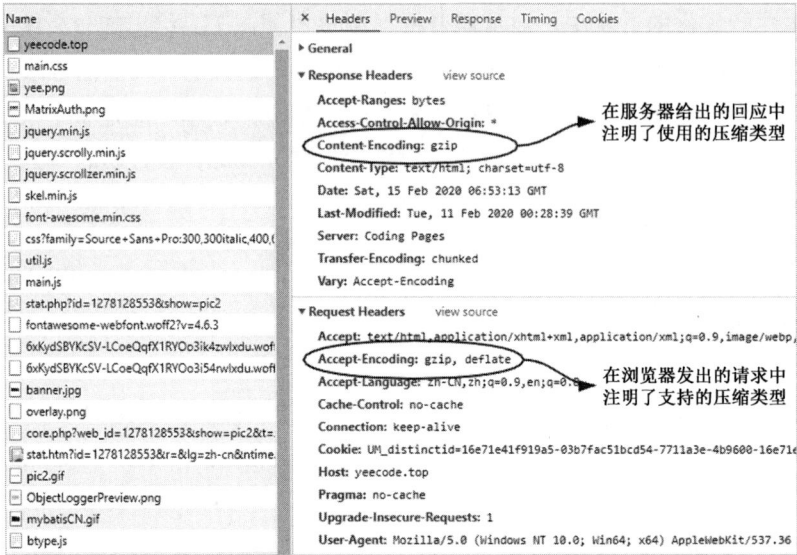

图 11.3　HTTP 请求时的内容压缩

通常，HTTP 内容压缩在浏览器和服务器都是默认启用的。

11.2.2　减少请求

前端在进行资源下载时，需要对每个资源建立 HTTP 连接。HTTP 连接的建立包括请求的发送、三次握手和四次挥手等过程，该过程也会消耗时间和通信资源。如图 11.4 所示，我们可以看到每个请求的发出与接收都会对应着一段准备时间，即图中的 Initial connection 对应的时间。

图 11.4　请求的事件消耗图

当所要下载的资源数目多、体积小时，频繁地进行 HTTP 连接带来的性能损耗会更为严重。尽可能地减少请求可以减少这方面的资源浪费，提升前端的性能。

1. 资源合并

众多小图片可以合并成一张大图片，典型的是雪碧图（Sprite），如图 11.5 所示。在一张大的图片中包含众多的小图片，以一张图片的形式下载，然后在使用时通过偏移（常用的是 CSS 中的 background-position 属性）使用图片的不同部分。

图 11.5　雪碧图

JavaScript 文件也可以合并。许多前端工具可以将多个 JavaScript 文件打包成一个文件，便于一次下载完成。

图片资源也可以直接整合到 HTML 文件中，以实现在下载 HTML 资源的同时下载图片资源的目的。这类方式包括：使用 SVG 图片、Base64 图片等。

2. 长连接长轮询与推送

许多场景下，前端需要不断感知后端的运行状态。例如，前端通过请求异步触发了后端某个耗时的工作，这时前端需要感知后端的工作何时完成。

最简单的实现方式是前端每隔一段时间发送一个请求来询问后端的进展，如果每次询问都需要创建新的连接请求，则会带来很大的性能开销。

HTTP 1.1 支持长连接，与短连接不同，在一个长连接中可以完成多次的信息传输，如图 11.6 所示。

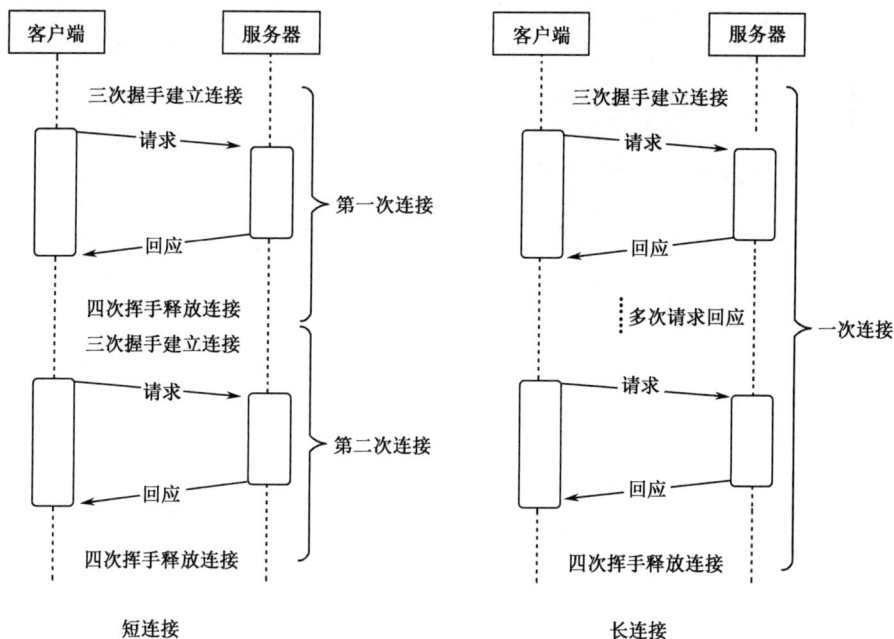

图 11.6　短连接与长连接示意图

这样，我们可以前后端建立一个长连接后，前端使用同一个长连接不断进行后端进度的询问。

要注意的是，这种长连接的方式在 HTTP 1.1 中是默认的，请求发出时会在 HTTP 请求头中自带"Connection: keep-alive"属性来标志要建立长连接，而如果后端也支持长连接，则会在回应头中也带有"Connection: keep-alive"属性。这样，建立的连接就是可以复用的。如果后端不支持连接，则回应头中不含"Connection: keep-alive"属性，那么该连接会在这次应答结束后关闭。

例如，我们基于 nodejs 使用下面所示代码搭建一个后端。在这个后端中，针对"/02"的请求将返回"Connection: close"表示当前连接为短连接，而针对其他路径的请求都返回"Connection: keep-alive"表示当前连接为长连接。

```
const http = require('http')
const fs = require('fs')

http.createServer(function (request, response) {
    console.log('request :', request.url)
    const image = fs.readFileSync('./01.jpg');
    if (request.url === '/02') {
        response.writeHead(200, {
            'Access-Control-Allow-Origin': '*',
            'Content-Type': 'image/jpg',
            'Connection': 'close'
        })
    } else {
        response.writeHead(200, {
            'Access-Control-Allow-Origin': '*',
            'Content-Type': 'image/jpg',
            'Connection': 'keep-alive'
        })
    }
    response.end(image)
}).listen(8888)
```

然后在前端我们使用下面代码所示的 JavaScript 程序每隔 5 秒依次发出指向"/01""/02""/03"的三个请求。

```
<script type="text/javascript">
    function queryImage() {
        $.ajax({
            url: "http://localhost:8888/01",
            timeout: 5000,
            complete: function () {
```

```
                    $.ajax({
                        url: "http://localhost:8888/02",
                        timeout: 5000,
                        complete: function () {
                            $.ajax({
                                url: "http://localhost:8888/03",
                                timeout: 5000
                            });
                        }
                    });
                }
            });
            setTimeout(queryImage, 5000);
        }
        window.onload(queryImage());
    </script>
```

我们可以在浏览器调试工具中看到如图 11.7 所示的结果。可以看出，只要不调用到“/02”接口，则 Connection ID 是一致的，表明 HTTP 连接是复用的。而每次“/02”接口用完请求后，Connection ID 都会发生变化，说明连接被关闭。

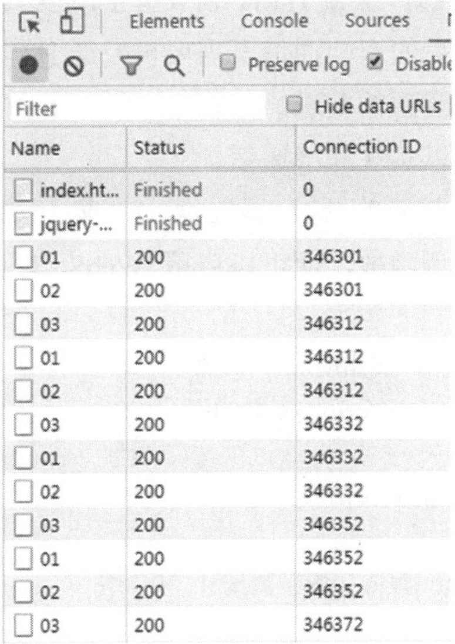
Elements
Console
Sources
Preserve log
Disable
Filter
Hide data URLs
Name
Status
Connection ID
index.ht... Finished 0
jquery-... Finished 0
01 200 346301
02 200 346301
03 200 346312
01 200 346312
02 200 346312
03 200 346332
01 200 346332
02 200 346332
03 200 346352
01 200 346352
02 200 346352
03 200 346372

图 11.7 示例结果

备注

该示例的完整代码请参考本书示例项目 13。

在使用长连接时，我们要确认后端开启了长连接设置，以保证能够使用长连接来避免频繁地建立与断开 HTTP 请求。必要时可以通过前端调试工具给出的 Connection ID 进行确认。

长连接的存在避免了频繁地建立 HTTP 请求，但是前后端都要维护一个连接，这也会带来资源的浪费。更严重的是，后端需要不断地处理前端发来的请求，而这些请求中，大多数会返回相同的结果。为了前端能感知到后端的任务状态变化，耗费了大量的前后端资源。

还有一种方法能够进一步减少请求量，那就是长轮询。长轮询是指前端发出一个轮询请求，后端将该请求阻塞住，直到后端状态发生变化时再将该请求回应给前端。这样避免了频繁地进行轮询操作，但仍然需要前后端维护一个连接。

全双工通信的出现使得后端可以主动向前端推送消息，进一步简化了上述操作。这样，前端不需要频繁轮询，只需要在接收到后端的推送消息时展开对应的操作即可。这样避免了大量的无意义请求。HTML5 支持的 WebSocket 就是支持全双工通信的技术。

WebSocket 是一种全新的协议，不属于 HTTP 协议，其协议名为 ws。WebSocket 的实施需要前后端同时支持该协议，具有以下优点：

- 基于 TCP/IP 协议实现，前后端均比较容易支持。
- 支持双向通信。前后端均可以主动发送消息。
- 与 HTTP 协议兼容性好，采用 HTTP 协议握手，能够通过各种 HTTP 代理服务器。
- 连接建立之后，之后的双端通信不需要再发送 HTTP 请求，节省了带宽。
- 支持文本与二进制资源的发送。
- 没有同源限制，可以实现跨域通信。

前端实现 WebSocket 非常简单，其数据接收、连接断开等操作都基于回调函数完成，只需要实现这几个简单的回调函数，便可以启用 WebSocket。下面代码展示了一段前端建立 WebSocket 的示例。

```
// 初始化 WebSocket 对象，要指明服务器地址
var ws = new WebSocket("ws://localhost:8888/demo");

// WebSocket 建立完成后的回调函数
ws.onopen = function () {
  // 使用 send 方法可以向服务端发送数据
  ws.send("数据");
};

// 接收到服务端数据时的回调函数
ws.onmessage = function (evt) {
  var received_msg = evt.data;
  alert("数据已接收");
};
```

```
// WebSocket 断开时的回调函数
ws.onclose = function () {
    alert("连接已关闭");
};
```

在后端搭建 WebSocket 服务也很简单，我们不再赘述。

最简单的短轮询解决了前端获取后端状态的问题；长连接则在短轮询的基础上减少了 HTTP 请求建立和释放引发的资源浪费；长轮询则通过后端阻塞避免了频繁地进行轮询请求。而 WebSocket 则通过支持后端发送消息，彻底解决了前端获取后端状态的问题，这种方式更为直接和纯粹，避免了无意义的性能浪费。

11.2.3　资源缓存

缓存是减少资源下载时间的非常重要的途径。CDN 缓存是服务端对静态资源的缓存，能够减少资源的生成和传输时间，我们已经在 2.1 节介绍过。另外是客户端本地缓存，如 LocalStorage 和 SessionStorage 等，它们能够直接避免资源的重复查询，提升前端工作效率，关于这点我们已经在 8.6.1 节介绍过。

除上述几种缓存形式外，前端常用的一种缓存还有页面缓存。页面缓存机制能够控制客户端、各级代理、各级交换机等设备对页面资源进行缓存。

页面缓存的控制由请求头或者回应头中的 Cache-Control 属性来实现。在此之前，曾经出现过 Expires 属性，但已经被 Cache-Control 属性替代。

> **备注**
>
> Cache-Control 属性可以由客户端发往服务端，也可以由服务端发往客户端。两者的设置项集合并不相同。为了便于大家区分和使用，我们下面介绍时在每个设置项后都直接进行了标注："[请]"表示只能在请求中发出，"[应]"表示只能在回应中发出，"[请应]"表示可以在请求中也可以在回应中发出。

HTTP 标准的 Cache-Control 属性的设置项可以分为几个大类，如下所示。

- 可缓存性
  - public[应]：表示任何接收到请求的设备都可以缓存该资源，包括客户端、各级代理、各级交换机等。
  - private[应]：表示只能被单个用户缓存，而不能共享缓存。如客户端就属于单个用户，可以缓存该资源；而代理、交换机等设备会服务多个用户，因此不能缓存该资源。
  - no-cache[请应]：表示可以缓存，但是不允许直接使用缓存。使用缓存前必须要前往服务器进行验证。

○ no-store[请应]：任何设备不允许缓存该资源。

- 缓存有效期
  - ○ max-age=<seconds>[请应]：表示缓存可以存活的时长。
  - ○ s-maxage=<seconds>[应]：表示缓存可以在共享缓存上存活的时长，私有缓存会忽略该设置项。
  - ○ max-stale[=<seconds>][请]：表明客户端愿意接收一个已经过期的资源。后面可以设置一个时长，即客户端表示资源可以过期，但是过期不可超过该时长。
  - ○ min-fresh=<seconds>[请]：表示客户端希望获取一个能在指定的秒数内保持其最新状态的响应。
- 重新验证和加载设置
  - ○ must-revalidate[应]：资源过期后，在服务器重新验证之前，不可以使用该资源。
  - ○ proxy-revalidate[应]：同 must-revalidate，该设置项仅对共享缓存有效。
- 其他设置项
  - ○ no-transform[请应]：表示不能对资源进行转换或转变，典型的是不能压缩资源图像。
  - ○ only-if-cached[请]：表示客户端只请求已经缓存的资源，而不是向服务器请求新的资源。

通过以上属性的搭配使用，就可以实现缓存的精确设置，如某资源的回应头中携带'Cache-Control':'public,max-age=315360000'表示共享缓存和私有缓存均可以缓存该资源，该资源的存活时间为 315 360 000 秒。

例如，我们在服务端进行下面代码所示的设置。设置中服务端允许所有设备对路径为 "/01" 的资源进行缓存，而不允许对 "/02" 的资源进行缓存。

```
const http = require('http');
const fs = require('fs');

http.createServer(function (request, response) {
    console.log('request :', request.url);
    const image = fs.readFileSync('./01.jpg');
    if (request.url === '/01' || request.url === '/01/') {
        response.writeHead(200, {
            'Access-Control-Allow-Origin': '*',
            'Content-Type': 'image/jpg',
            'Cache-Control':'public,max-age=315360000',
```

```
        })
    } else if (request.url === '/02'|| request.url === '/02/'){
        response.writeHead(200, {
            'Access-Control-Allow-Origin': '*',
            'Content-Type': 'image/jpg',
            'Cache-Control':'no-cache'
        })
    }
    response.end(image)
}).listen(8888);
```

然后使用下面代码所示的方式每隔 5 秒请求上述两个资源。

```
<script type="text/javascript">
    function queryImage() {
        $.ajax({
            url: "http://localhost:8888/01",
            timeout: 5000,
        });
        $.ajax({
            url: "http://localhost:8888/02",
            timeout: 5000
        });
        setTimeout(queryImage, 5000);
    }


    window.onload(queryImage());
</script>
```

示例可以得到如图 11.8 所示的结果。可见前端一直通过网络获取资源"/02"，而只有第一次通过网络获取资源"/01"，之后均通过缓存读取资源"/01"。

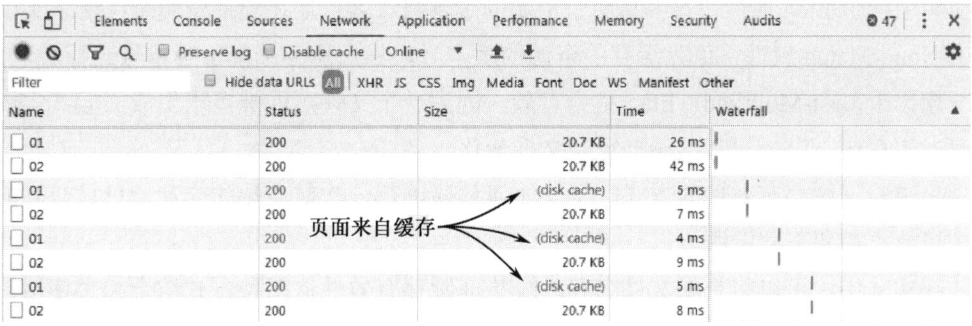

图 11.8　示例结果

要注意，在进行此示例时，一定要关闭浏览器调试工具的"Disable cache"选项，否则浏览器将不会缓存资源。

> **备注**
>
> 该示例的完整代码请参考本书示例项目 14。

页面缓存也会引入一些问题，典型的问题就是更新不及时。在客户端或者代理服务器存在缓存的情况下，服务器的更新无法及时反馈给用户。该问题的解决思路有两种：第一种是更新文件名，使得每次更新都产生新文件；第二种是后端验证缓存有效性。

使用更新文件名的方式时，网页主入口的 index.html 文件名是固定的，而它关联的文件的名称则是在打包时随机生成的。index.html 文件不允许被缓存，而它的关联文件可以被缓存。网页被重新部署之后，客户端访问时会去获取 index.html 文件，而关联文件则是从未被缓存过的具有新名称的文件，于是客户端也会去请求这些文件。这样，通过更改文件名的方式使原有的缓存文件失效。

使用后端验证缓存有效性时，后端可以在 Cache-Control 属性中设置 no-cache。这样，虽然客户端可以缓存资源，但是必须要经过服务器验证后才能使用资源。服务端验证的实现可以基于文件的最后修改时间或者资源版本号进行。

基于最后修改时间验证时，服务端会在发出资源时在回应头中携带 Last-Modified 属性，其中写明了该资源最后被修改的时间。客户端在验证资源时，需要在请求头中增加 If-Modified-Since 属性，为缓存资源的最后修改时间。服务端收到后，如果与当前最新资源的最后修改时间一致，则返回 304 状态码，不返回资源，这样客户端可以直接使用缓存的资源；如果与当前最新资源的最后修改时间不一致，则返回 200 状态码并返回资源。

基于资源版本号的验证方式与基于最后修改时间的验证方式类似，只是服务器会在回应头中携带 Etag 属性，其中写明了资源的版本号。客户端在验证资源时在请求头中增加 If-None-Match 属性，值为缓存的资源的版本号，然后服务端基于版本号进行验证。

相比于 Last-Modified，Etag 更为有效。因为一个文件可能被多次生成，但其实内容没有发生变化。Etag 可以准确地反映文件变化。

后端验证缓存有效性的方式，无论如何都要进行一次前后端的交互，只是交互的过程中可能不需要下载资源。

在实践中，可以将更新文件名和后端验证缓存有效性这两种方式结合起来使用。使用后端验证缓存有效性的方式验证 index.html 文件，而使用更新文件名的方式使得其他文件的缓存失效。这样既能保证请求资源的数据量小，又能保证前端及时感知到后端的变化。

11.3　页面解析优化

当页面中包含复杂的显示元素，或者页面元素需要进行高频率的变动时，对页面解析过程进行优化则显得十分必要。否则，页面会出现卡顿，影响用户体验。

对页面解析过程进行优化的手段主要有两个：顺应解析流程和应用新型前端框架。

11.3.1　顺应解析流程

在 11.1.1 节中我们介绍了前端的加载流程。我们可以根据前端加载流程调整前端代码，以提升整个加载过程的效率。

典型地，我们应该将 CSS 文件的引用放在 HTML 文件的头部，以便于在 DOM 树解析时开展 CSS 文件的下载过程，并尽快展开 CSS 文件的解析。另外，如果 CSS 文件包括内嵌样式和外联样式，则应该先引用外联样式，以便于外联样式文件被异步下载。

JavaScript 文件应该放在 HTML 文件的末尾。因为浏览器在遇到 JavaScript 文件时会运行它，从而暂停了 DOM 的解析过程。同样地，如果存在外联的 JavaScript 文件还内嵌的脚本，则最好先引用外部文件。

在页面解析过程中，有两个操作格外消耗性能，即回流（Reflow）和重绘（Repaint），这两个过程如图 11.9 所示。

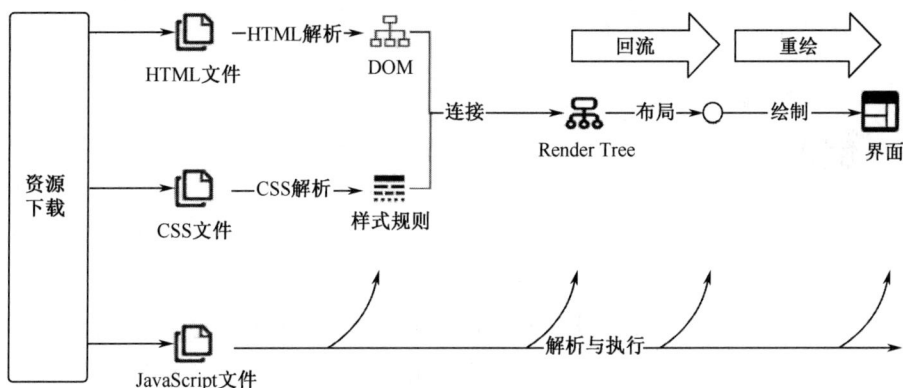

图 11.9　回流与重绘示意图

网页的页面默认采用流式布局方式，这意味着任何元素的大小、位置变动都会对后面元素、内部元素的位置造成影响。当某个元素的大小、位置信息发生变动后，重新计算全局各个元素位置的过程叫作回流。这个过程对性能的消耗很大。当回流发生时，后面一定紧跟着重绘。

当页面元素的位置、样式等发生变化时，需要重新将页面元素绘制和展示出来，这个过程叫作重绘，也会消耗很大的性能。

为了实现页面的动态响应，回流和重绘是不可避免的。当我们在页面中改变元素大小、边距、定位方式，使用脚本增删 DOM，触发伪类状态改变等操作时，都会引发回流与重绘。但是我们可以尽量减少它们发生的次数或者缩小它们的范围。

例如，在页面初始化时，尽量确保 HTML 和 CSS 给出的页面是正确的，而不要频繁使用 JavaScript 修改页面元素。如果页面中存在频繁变动的区域，则应保证该区域的大小、边距、定位方式不变，从而将回流和重绘限制在该区域内，而不是将其扩散到整个页面。当频繁变动一组元素时，可以先将其父级元素置为 "display:none"，从而将其从呈现树中剔除。而等变动结束后，再将父级元素置为可见，这样只会触发一次回流。

11.3.2　应用新型前端框架

当一个 DOM 发生变动时，一种更好的办法是直接将 DOM 修改成最新的状态，而不是将 DOM 删除后再重建。因此，设计一种高效的 DOM 的比较算法，并根据比较结果修改 DOM，对于提升前端的整体效率十分有意义。

基于这种思想，出现了虚拟 DOM（Virtual DOM）。虚拟 DOM 不是浏览器的真正 DOM，而是前端框架能够操作的 DOM。基于虚拟 DOM，前端框架可以采用更优的策略进行新旧 DOM 的对比、修正，然后将虚拟 DOM 的结果更新到视图上。大大提升了前端渲染的效率。

目前，众多新型前端框架都引入了虚拟 DOM，如 React、Vue、Angular 等。我们可以使用这些框架以获得前端性能上的提升。

11.4　懒加载

懒加载是提升前端性能的非常有效的手段，它既能够优化资源下载又能够优化页面解析。

具有懒加载功能的页面在首次加载时仅加载最基础的元素，之后则根据用户操作进行局部的加载。这将原本一次性下载的内容拆分成了多次，减少了每次下载资源的数量和耗时。

具有懒加载功能的页面展示的只是部分元素，当出现回流和重绘时只涉及展示出来的元素。这样，减少了操作的元素的数目，提升了页面的性能。

懒加载可以在很多场合使用，典型的是页面懒加载。在首次载入时，只载入部分长度的页面，而随着页面的滚动再不断载入后续界面。也可以用在树形组件、折叠面板、标签页等处，等到展开到对应的树节点、展开对应的面板、切换到对应的标签页时才展示其中的内容。

11.5 预操作

许多前端页面在逻辑上是连续的，即用户在访问某个页面时，大概率是通过某个页面跳转而来的。基于页面之间的这种相关性，我们可以进行预操作。

DNS 预解析（DNS prefetch）是一种常见的预操作。在 2.1.2 节中我们已经了解到 DNS 解析可能涉及多级 DNS 服务器的递归查询，是一个比较长的流程，可能会花费较长的时间。

如果某个页面的下一个页面会涉及一个新的域名（通常可能是图床等外部资源的域名），则我们可以在这个页面先完成对新域名的解析，而在下一页面直接使用预解析之后的结果。

在网页 Head 节点中嵌入下面代码所示的片段，可以为后续页面完成域名的预解析。

```
// 打开 DNS 预解析
<meta http-equiv="x-dns-prefetch-control" content="on">
// 预解析 DNS
<link rel="dns-prefetch" href="//yeecode.top">
```

更进一步地，我们可以进行资源的预加载，典型的有 preload 操作和 prefetch 操作，如下面代码所示。

```
<link rel="preload" href="about.js">
<link rel="prefetch" href="more.jpg">
```

这两者语法相似，但是场景却截然不同。

preload 针对于当前页面。如果当前页面有一个资源比较大，那么我们可以使用 preload 引用它。这样网页会在资源下载过程中优先下载它，从而提升该页面的加载速度。

prefetch 针对于下一页面。如果下一页面存在一个比较大的资源，那么我们可以在当前页面使用 prefetch 引用它。这样，浏览器在处理完当前页面的工作而闲置时会提前下载该资源。当我们进入下一个页面时，该资源便不需要下载。

所以，preload 操作可以缩短当前页面的资源下载时间，而 prefetch 操作可以缩短下一页面的资源下载时间。

预操作不仅可以针对资源下载操作开展，也可以针对页面解析开展。当存在一个复杂的显示界面时，我们可以在页面中以不可见的形式预先渲染绘制，而在需要时直接展示出来。

通过这些预操作，可以统筹协调资源下载和页面解析的时机，分散网络请求压力和计算压力，提升前端系统性能。

第 12 章

架构设计理论

在第 1 章中我们介绍了架构的概念，而基于架构的软件设计（Architecture-Based Software Design，ABSD）作为一种自顶向下、逐步细化的软件设计方法，便要求在软件开发之前对软件的架构进行设计。基于架构的软件设计保证了软件系统在开发、演化过程中有着清晰、稳定的架构。

架构设计的开展需要对信息系统与网络基础知识、软件架构风格及其特性、软件质量指标及其提升手段、软件开发生命周期等知识有比较全面的了解。其中软件架构风格描述了不同领域下软件系统的组织方式的惯用模式，这些模式将帮助我们高效地设计出成熟完善的系统；软件开发生命周期则让我们对软件开发的流程有着整体性的认识，指导我们进行软件系统开发的全过程。

在这一章，我们将对软件架构风格、软件开发生命周期进行详细的介绍。这些知识将为第 13 章的项目架构实践打下基础。

12.1 软件架构风格

软件架构风格描述了特定领域中系统组织方式的惯用模式，它包括了一组构件、连接件和这些构件、连接件之间的组织方式。根据软件架构风格的指导，我们可以将这些构件、连接件组织成一个完整的系统。

我们可以把软件架构风格理解为特定领域的架构重用经验。掌握好软件架构风格，能帮助我们在进行软件架构设计时解决一些问题和避免一些错误，提升软件系统的成熟度。

在架构设计中，每个软件可以同时采用多种架构风格。例如，软件系统的整体结构采用某种架构风格设计，而系统的几个模块却采用另一种风格进行组织，某个模块内部采用第三种架构风格完成搭建等，这都是十分普遍的。

能够在软件的不同模块选用不同的架构风格是软件架构师的一项基本技能。掌握这项技能的前提是熟悉常用的软件架构风格。下面我们对常见的软件架构风格进行介绍。

12.1.1 管道过滤器架构风格

管道过滤器风格中主要定义了一组包含输入输出和处理功能的构件。不同的构件接收的输入数据、给出的输出数据、进行的处理功能可能各不相同，但只要把它们串联在一起，便组成了一个具有完整功能的系统。

图 12.1 便展示了一个管道过滤器架构风格。输入数据经过各个构件的处理后最终输出。

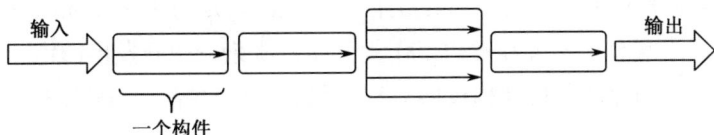

图 12.1 管道过滤器架构风格

管道过滤器风格十分适合完成模块化处理、流式处理等工作。UNIX 系统中的管道"|"就采用了这种风格，基于管道我们可以组建连接出处理能力丰富的函数。业务审批系统等众多系统也常采用这种架构风格。

12.1.2 面向对象架构风格

面向对象架构风格是目前应用十分广泛的一种架构风格，它将软件系统抽象为众多高内聚、低耦合的类，并可以实例化类得到对象，然后通过对象之间的连接组成完整的系统。

在这种架构风格中，每个对象都可以完成一定的功能，而对象之间也可以通过继承、调用等关系进行关联。最终，这些连接在一起的对象共同协作，完成一定的功能。图 12.2 给出了面向对象架构风格。

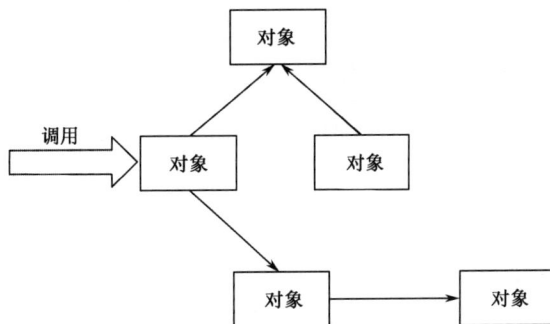

图 12.2 面向对象架构风格

面向对象架构风格通过将功能模块抽象为类和对象，并在类、对象之间引入继承、实现、重载、重写等手段，使得功能模块的管理更为清晰，有利于实现模块的高内聚、低耦合，十分适合实现庞大的系统。

12.1.3 基于组件的架构风格

基于组件的架构将应用拆分成为可重用的组件，每个组件具有极高的内聚性，仅对外暴露一些操作接口。然后通过类似搭积木的方式使用各个组件搭建出一个完整的系统。

使用这种架构风格时，组件不一定是自己开发的，还可以采用团队内部甚至互联网上成熟的组件，这减少了系统开发的工作量。而每次系统中开发出的组件可以整理后存档以备后续使用。因此，这种架构风格有利于积累组件以提升后续系统的开发速度。

12.1.4 事件驱动架构风格

事件驱动架构风格是指构件不去主动调用另一个构件，而是通过广播事件来触发其他构件。当一个构件被触发时，会根据触发事件的不同执行对应的操作。

事件驱动架构风格有助于简化复杂的调用关系。例如，HTML 中的 DOM 便使用了事件驱动架构风格，当一个按钮被点击时，其所有父级对象都会接收到对应的事件信息，然后各自触发不同的行为。

12.1.5 分层架构风格

分层架构风格是将软件系统划分为不同的层级，每个层级基于下层层级完成自身功能，并向上层层级提供服务，如图 12.3 所示。

图 12.3　分层架构风格

这种架构风格通过层级划分降低了每个层级的复杂度，实现了层级之间的职责分离。同时也便于实现下层层级功能的复用。OSI 模型就采用了分层架构风格，将整个信息系统互联参考模型自上而下划分为应用层、表示层、会话层、传输层、网络层、数据链路层和物理层。上层调用下层完成功能，而基于同样的网络层在传输层实现了 TCP、UDP、SPX 等多种协议。

12.1.6 C/S 架构风格

C/S 架构风格即客户端/服务器架构风格,这是一种十分基础的架构风格。在 C/S 架构风格中,多个客户端接入同一个服务端,共享服务端的服务,如图 12.4 所示。

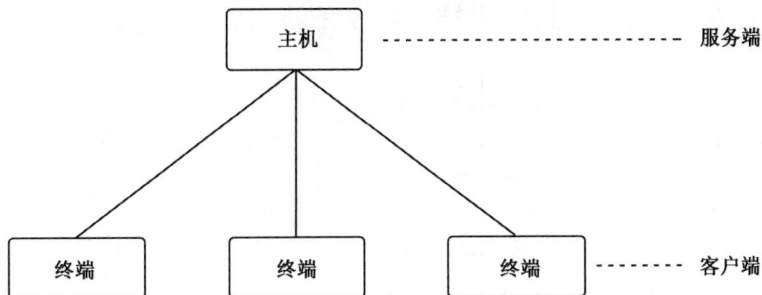

图 12.4 C/S 架构风格

C/S 架构风格为解决服务端核心资源稀缺问题而诞生,在这种架构风格下,系统分为服务端、客户端两层,服务端可以提供计算、存储等核心资源,而客户端则只需要提供输入和输出功能。

在 C/S 架构风格中,客户端完成的主要工作有:

- 向服务端发送数据,接收服务端发来的数据。
- 对用户输入的数据进行处理,对服务端发来的数据进行处理。
- 提供用户操作界面,展示服务端的数据,接收用户输入。

服务端完成的主要工作有:

- 接收客户端发来的数据。
- 根据客户端操作请求完成数据库的读写操作。
- 负责数据库的安全性、并发性等工作。

C/S 架构风格将一个软件系统分离为客户端、服务端,使得两者可以运行在不同的软硬件平台上,提升了系统的开发效率。但也存在一些弊端:

- 客户端程序开发复杂,且显示的内容枯燥,往往是数据库内容的直接展示。
- 客户端程序可能和运行平台绑定,难以迁移。
- 客户端程序升级复杂,往往需要维护人员人工逐个升级。

12.1.7 三层 C/S 架构风格

三层 C/S 架构风格是对 C/S 架构风格的升级。这种风格增加了一个应用服务器,从而组成了如图 12.5 所示的结构。

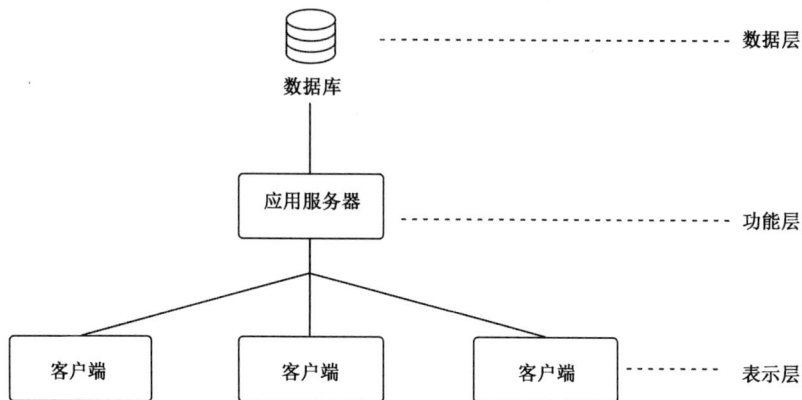

图 12.5　三层 C/S 架构风格

应用服务器的引入让原本两层的 C/S 架构风格变成了三层：数据层、功能层和表示层。这样，客户端作为表示层仅仅负责数据的表示、用户输入的接收即可，而功能层则可以完成应用中的逻辑计算处理。这种设计减小了客户端的功能负担，这种架构也被称为"瘦客户端"。而原来的两层 C/S 结构，客户端还要完成数据处理工作，也被称为"胖客户端"。

现在有许多的系统都采用这种三层 C/S 架构风格，常见的如 Android App、IOS App、众多桌面软件都是客户端，它们主要负责完成数据表示工作和提供用户操作界面，并通过互联网接入应用服务器。应用服务器完成主要的业务逻辑，服务器后方的数据库则作为数据层完成数据的持久化工作。

三层 C/S 架构风格中，数据层、功能层是集中部署的，可以很方便地进行升级。表示层由于简化了功能，其开发难度降低，操作界面也可以更为友好。但是，客户端的升级仍然需要逐个进行，实施成本较高。

12.1.8　B/S 架构风格

B/S 架构风格即浏览器/服务器风格，可以看作三层 C/S 架构风格的一种特例或者是一种升级。它的结构和三层 C/S 结构相似，只是客户端变成了浏览器，如图 12.6 所示。

B/S 架构风格带来的一个重大升级就是真正实现了无客户端运行。表示层以网页的形式存放于服务器上，当用户需要进行操作时，会从服务器上请求网页，然后网页会提供数据表示和用户界面。这带来了诸多优点：

- 如果要对表示层进行升级，只需要升级服务器上的网页即可，而不需要逐个升级客户端。这大大地降低了系统的升级成本。

- 网页的开发规范统一，实现难度较低。

- 网页有着很强的可迁移性，可以在桌面操作系统、Android 系统、IOS 系统及许多嵌入式系统上运行。

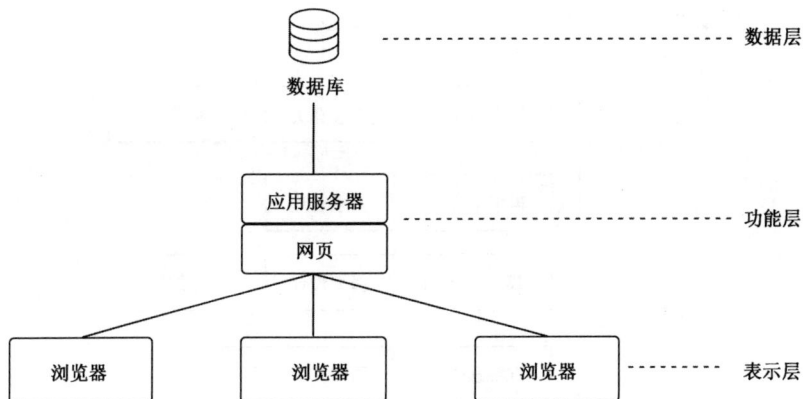

图 12.6　B/S 架构风格

当然，相比于两层或者三层的 C/S 架构风格，B/S 架构风格也有一些缺点。例如，其无法采用更强的安全校验手段，因而安全性较差、数据传输中包含网页元素从而使得响应时间较长等。在使用时，可以将 C/S 架构风格和 B/S 架构风格结合使用。例如，一些金融类软件，既基于 C/S 架构风格提供一些安全性较高的功能复杂的专业客户端，也基于 B/S 架构风格提供一些易用性高、功能简单的网页。

12.2　软件生命周期

软件的生命周期是指软件从需求产生到定义、设计、规划、开发、使用、废弃的全过程。软件生命周期的各个环节并不是单向流动的，一个进入设计阶段的软件可能重新进入需求阶段进行需求变更，一个进入使用阶段的软件可能重新进入设计阶段进行功能的增加或修正。

了解软件生命的全周期有助于把握清楚架构设计阶段的定位。而架构设计阶段也包含了许多子阶段，如模型设计、概要设计、详细设计（包含数据层设计、中间层设计、表现层设计、面向对象设计等）、可行性研究等，其间还穿插着功能性设计、效率设计、兼容性设计、易用性设计等各个质量指标的设计。

整个架构设计过程也是一个循环往复、螺旋上升的过程，而没有固定不变的执行步骤。

图 12.7 向我们展示了软件生命周期中的各个环节。图 12.7 只展示了软件生命周期的通用形式，不同领域内的软件可能有不同的生命周期，我们在进行软件设计开发时，需要根据实际情况选择并有侧重点地完成开展各个环节。

接下来我们将着重介绍几个和软件架构设计关联度较高的阶段。

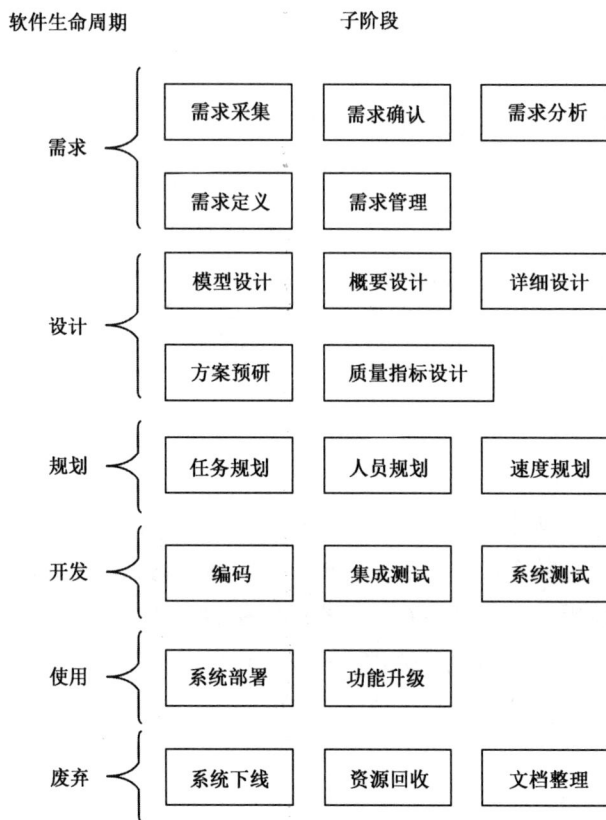

图 12.7　软件生命周期

12.2.1　需求阶段

需求阶段是用来确定要开发软件的各方面质量指标，包括软件的功能、性能、易用性、可靠性等各个维度。需求阶段具体可以分为需求采集、需求定义、需求确认、需求分析、需求管理等几个子阶段。

在需求采集阶段，可以从用户、原有旧系统、同类产品、领域专家等处获得对软件的需求，具体手段包括文档阅读、用户访谈、问卷调查、实地观察、会议讨论等。

采集到的需求需要通过编写软件需求说明书（Software Requirements Specification，SRS）的方式定义下来。编写软件需求说明书时，尽量保证描述清晰，使得各个干系人容易理解。在需求定义之后，可以再找各个干系人确认，以确保采集到的需求是正确的。

需求被确认之后，可以开展需求分析工作。从采集和确认的需求中提炼出项目的完整的需求信息。在这个阶段中，可以进一步地修改软件需求说明书，并再次找干系人确认需求。

在需求阶段结束之后，关于需求的工作却不能停止。在软件的定义、设计、开发等各个阶段还需要不断地对需求进行追踪、管理，以确保所有需求按照一定的优先级被完成。

12.2.2　模型设计

在软件的需求被定义和分析完毕之后，需要进入软件的模型设计阶段。

模型设计阶段是一个容易被忽视的阶段。当软件比较简单或者所涉及的领域十分成熟时，可以直接跳过该阶段进行软件系统的概要设计。而当软件比较复杂时，在概要设计之前进行模型设计是十分必要的。模型设计旨在为软件寻找合适的理论模型，并使用理论模型指导软件设计、开发、使用等各个阶段。

如果一个软件在设计之初就确立了模型，这意味着该软件的各个功能至少在理论上是可达成的，这会给后续的概要设计、详细设计、方案预研等各个阶段带来信心。同时，理论模型也可以帮助我们定位、解决软件设计开发过程中的问题，有助于提升软件的各个质量指标。

例如，关系数据库便是在关系代数的模型基础上发展而来的，这使得我们可以用关系代数的并、差、交、笛卡儿积、投影、选择、连接等运算来指导关系数据库的设计，并在遇到问题时使用这些关系代数知识来解决。大数据处理引擎 Spark 是以有向无环图（Directed Acyclic Graph，DAG）为模型设计出来的，这使得 Spark 从模型层面便具有了并行操作、容错等能力。

由于每个项目的特殊性，在进行模型设计时，可能很难找到一个完全合适的模型。这时便需要对模型进行演化，以使模型适应项目需求。因此，通常可以把模型设计分为模型调研和模型应用两步。

在模型调研阶段，我们需要从需求出发，尽可能对相关的模型展开全面调研。调研时着重分析各个模型的实现原理、异同、优缺点、实现难度、与需求的契合度。并根据以上分析选择一个或者几个合适的模型。

在模型应用阶段，我们要根据需求对选中的模型进行推导、演化、组合，用这些模型来解决需求中定义的问题。在这一步中，最关键的是要在模型的普适性简洁性和需求的特殊性之间寻找到一个合适的平衡点。

12.2.3　概要设计

概要设计阶段是在需求、模型的基础上，将软件系统抽象成模块，然后设计出各个模块及模块之间的关系。

在这一阶段中，可以首先根据需求和模型选择合适的软件架构风格，然后根据架构风格的指导展开设计。在设计的过程中还要不断地对已有方案进行可行性、操作性、经济性等各方面的分析，并根据分析结果不断修正概要设计方案。

概要设计阶段要在抽象化的基础上进行，而不要拘泥于实现细节。在整个过程中可以采用自顶向下的方式，并注意提升各个模块的内聚性，以便为后续的详细设计减少障碍。

12.2.4　详细设计

在概要设计结束之后，可以在此基础上展开详细设计。详细设计是为了完成模块内和模块间的细节设计。通常，详细设计包括数据层设计、中间层设计、表现层设计、面向对象设计等。

在数据层设计阶段需要进行数据库选型、数据库操作规划、数据表设计等。在这一阶段可以使用数据库设计范式来指导设计，也可以参照面向对象设计方案来不断地修改设计。在数据表设计过程中，还常常借助 E-R 图（Entity Relationship Diagram，实体—联系图）等工具作为设计过程的辅助。

中间层设计阶段包括编程语言与框架的选择、组件的选择、算法的设计等。在这一过程中，往往使用面向对象的编程方式，因此会需要进行面向对象设计。在进行面向对象设计时，可以借鉴各种设计模式，并使用 UML（Unified Modeling Language，统一建模语言）来辅助设计过程。

表现层设计阶段包括平台的选型、展现方式的选择、界面风格的确立、页面元素的设计等。在整个系统中，表现层与客户关系最为密切，而客户也能通过表现层直观地感受整个系统的功能。因此，在这一设计阶段可以邀请客户进行多轮的反馈。

详细设计阶段是概要设计阶段的进一步细化和延伸。在详细设计阶段如果遇到一些无法解决的问题，可以回溯到概要设计阶段，通过重新进行概要设计来解决，甚至可能回溯到模型设计阶段重新选择模型。

12.2.5　质量指标设计

质量指标设计是指针对各个质量维度指标不断修改设计方案，从而使软件在各个质量维度达到既定的要求。

软件质量的各个维度的指标可能是互相制约的。如功能性的完善可能会使得软件更为复杂，而导致易用性的下降；软件可移植性的提升可能会引入虚拟机，从而导致效率的下降。因此，软件质量指标设计的过程往往不是一个针对单一指标进行提升的过程，而是一个在多个指标间衡量取舍的过程。这时需要架构师根据需求在各个维度指标间做好抉择。

质量指标设计不是一个单独的步骤，而是贯穿在模型设计、概要设计、详细设计的各个环节中，并且随着设计阶段的推进不断往复修改。

12.2.6　方案预研

架构设计给出的软件系统方案应该是可实施的、可达到指标要求的。为了保证这两点，可能会需要在软件架构设计的过程中进行一些方案预研工作。

方案预研是对方案中的关键点进行预研，这些关键点如下所示。

- 技术难点：方案中的技术难点能否攻破是方案能否顺利实施的关键。对技术难点进行预研能够帮助我们判断方案是否可行，并给出可行性方案。
- 与核心质量维度指标相关的技术点：对这些技术点进行预研，能帮助我们判断当前方案是否能够达成质量维度指标的要求，有助于我们进行方案的选择。

方案预研的实施有助于降低软件开发失败的风险、衡量软件开发过程中所需的工作量、预知软件成品的质量维度指标，对软件开发的顺利、如期、达标完成提供了重要的保证。

12.2.7　软件开发

软件开发是在软件系统的部分模块详细设计完成后开始的，成熟的软件开发团队往往都可以做到这一点。然而当个人或者小团队进行软件项目开发时，则一定要压抑心头的冲动，不要在接到需求后跳过设计阶段直接进行开发。跳过设计阶段而直接开发往往会使得开发过程中不断返工，导致软件质量下降、工作量增加。

软件开发阶段主要以详细设计结果为依据展开，开发过程中要做好项目的进度、成本、范围管理，并将开发进度反馈到需求管理中。从而保证软件开发以预估的进度按照计划进行。

在软件开发的过程中还要贯穿测试，做到测试过程与开发过程同步规划和同步实施。

第 13 章
高性能架构实践

在前面的章节中，我们对提升软件性能的各种架构方式进行了介绍，包括分流、服务并行、运算并发、输入输出设计、数据库设计与优化、缓存设计、可靠性设计、应用保护、前端高性能等，还介绍了软件架构的基本概念和相关知识。

作为一本理论指导实践的架构书籍，我们将在这一章应用前面各章节的知识完成一个实际的项目。

在本章中，我们将首先提出一个高性能软件的需求，然后根据需求完成软件的架构设计工作。在架构设计中，将经历模型设计、概要设计、详细设计等各个阶段，并在各个阶段中着重提升系统的性能指标。最终给出一个符合需求的软件设计方案。

当然，作为一个单一的实践项目，不可能覆盖前面章节的各个知识点。因此，主要是希望大家通过这个项目学习到在实践中融汇、演化、应用高性能架构知识的方法和技巧。

13.1 需求概述

权限模块是许多系统的组成部分，它对进入系统的操作请求进行鉴权，并根据鉴权结果对请求进行放行或拦截处理，整个工作过程如图 13.1 所示。

权限模块往往需要有着极高的性能，这是由权限模块的工作性质决定的。

- 操作请求可能会触发不同的业务逻辑，因此不同的业务模块可以分流操作请求带来的压力。但是这些请求都会经过权限模块，这使得权限模块的并发很高。
- 任何请求在触发业务逻辑前都需要经过权限模块的鉴权，如果权限模块响应时间过长或者并发数过低，则会导致整个系统的响应时间变长、并发数变低。

可见，权限模块的性能高低直接影响整个应用的性能，因此需要对它进行高性能的架构设计。

既然众多应用都需要高性能的权限模块，那么我们能否将权限模块抽象出来，做成一个统一的、独立的、高性能的、便于业务应用接入的权限系统呢，如图 13.2 所示。

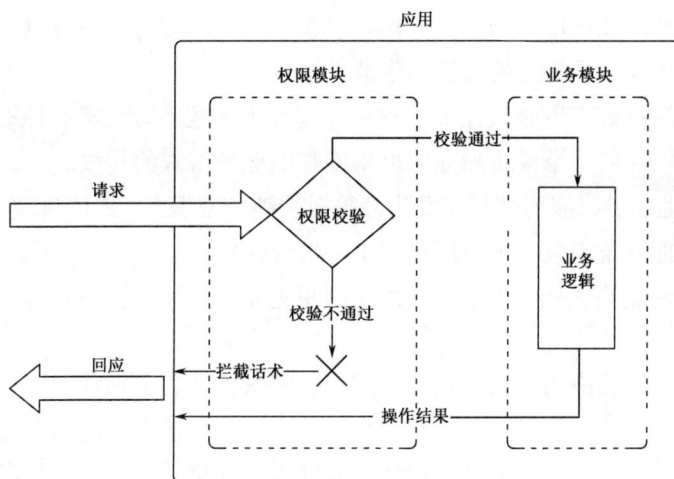

图 13.1　权限模块的工作过程

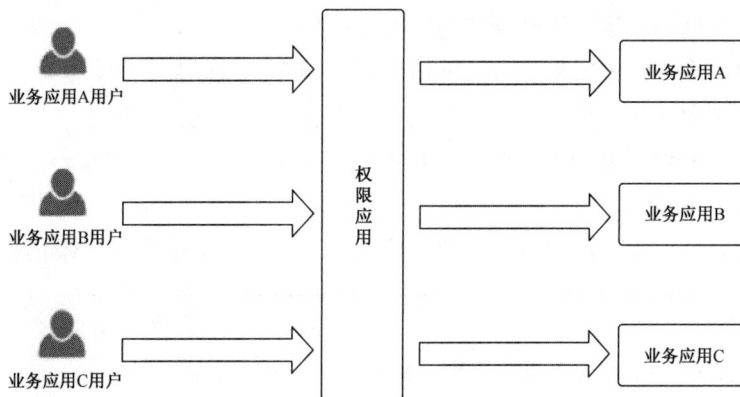

图 13.2　权限系统示意图

如果图 13.2 所示的权限系统可以实现，那么我们在设计业务应用时便不需要设计和开发权限模块，而只需要接入权限系统即可。这将大大提升我们的应用开发效率，也有助于提升我们应用的性能。

但同时我们也要意识到，一个权限模块的性能指标尚且非常高。要想实现一个统一的、独立的、高性能的、便于业务应用接入的权限系统一定更为复杂。

为了保证该应用有着高性能，我们为这个权限系统提出以下需求指标。

- 时间效率高：该应用必须在短时间内完成各个请求的判权工作。具体地，要求判权操作最多查询一次数据库。

- 容量高：该应用必须支持多个业务应用的接入、支持众多请求的并发、具有极高的吞吐量、承载大量的权限数据。具体地，要承担 100 个业务应用接入、支持每个应用每秒 10 万判权操作、每个应用 5 万个权限项。

- 可用性高：该应用应该极少宕机，以保证接入的业务应用可以正常对外提供服务。具体地，支持主备切换、集群扩展。
- 容错性高：该应用必须在部分软件、硬件出现故障时正常对外提供服务。具体地，应用任何一个模块独立宕机均不影响业务请求的判权。
- 可恢复性高：该应用必须在发生故障时快速恢复服务。具体地，只要外部硬件、基础软件系统恢复，则应用可在 1 分钟内恢复。

除了以上的性能要求外，为了使权限系统更为普适、易用，我们给出其他方面的要求，如下所示。

- 功能完善：该应用必须能够完成完善的权限管理和鉴别功能。
- 兼容性高：该应用必须要具有较强的兼容性，以适应不同需求的业务应用接入。
- 易用性高：该应用必须尽可能地容易使用，如可以快速部署和启动。
- 安全性高：该应用必须具有一定的措施，防止权限信息被篡改，防止鉴权操作被绕过、破解。
- 可维护性高：该应用必须容易修改可扩展。
- 可移植性高：该应用必须能够适用尽可能多的软硬件资源。

显然，要实现这样的权限系统必须要对它进行高性能的架构设计。

接下来，我们将用前面章节介绍的相关高性能架构知识，在本章一步步完成该权限系统的架构设计工作。

在开展高性能架构之前，我们先给该应用起一个合适的名字——MatrixAuth。

> **备注**
>
> 权限系统的工作涉及主体、客体、行为三个维度，如同一个矩阵；多个业务应用接入权限系统获取服务，纵横相连也组成了一个矩阵式的结构。以上两点是我们将这个系统命名为 MatrixAuth 的原因。
>
> 不仅仅是完成架构设计，我们也会开发实现这个系统，并将其源码在 GitHub 上开源共享，供大家交流、学习、使用。项目为：yeecode/MatrixAuth。

13.2 权限系统的相关理论

在开始 MatrixAuth 的设计之前，需要先对权限系统的相关理论进行调研学习。这有助于我们了解权限系统的实现原理，并给我们的架构设计提供指导。

权限系统的相关理论主要包括权限模型和访问控制方式。权限模型介绍了权限系统的数据结构、实现算法。访问控制方式介绍了权限系统中权限的管理、分发方式。

13.2.1　权限模型

在系统的设计、开发、使用中，我们经常会接触到权限系统。那么权限系统是如何开展工作的呢？我们从权限系统的三要素说起。

- 主体：某项操作的发起方，通常会被称为用户，但也可能是某个模块、子系统、系统。
- 客体：被操作的对象，可以是一条记录、一个数据、一个文件等。
- 行为：主体对客体展开的操作的具体类型，可以是执行、删除、复制、触发、读、写等。

以上三者构成了一个"主动宾"结构，从而可以完整地描述某件事情。而主体、行为、客体则分别对应了这件事情中的主语、动词、宾语。如"管理员删除记录 o"，在这个操作中，主体是"管理员"，行为是"删除"，客体是"记录 o"。

权限系统则是给上述"主动宾"结构描述的操作给出一个能否执行的判断。如果给出的判断是"是"，则代表鉴权通过，该操作可以执行；如果给出的判断是"否"，则代表鉴权不通过，该操作不可以执行。

如果用 m 表示主体，a 表示行为，o 表示客体，r 表示操作是否可以执行的判断结果，则权限系统的工作过程 f 可以用下面的式子表示：

$$r = f(m, a, o)$$

在实际使用中，上述式子可能会有很多变形，但是其本质是不变的。

权限模型就是从模型层面来解决如何表示、存储、实施上述 $r = f(m, a, o)$ 函数的问题。或者换一种说法，权限模型是在通过数据结构和算法给出一个问题的"是"或者"否"的答案，这个问题是：当前主体是否可以对当前客体展开当前的行为？如果权限模型给出的答案是"是"，表示该操作需要被放行；如果权限模型给出的答案是"否"，表示该操作需要被阻止。

有两种常见的权限模型，分别是访问矩阵（Access Matrix）和基于角色的访问控制（Role-Based Access Control，RBAC）。

1. 访问矩阵

访问矩阵是一个表示和管理主体对客体的操作权限的二维矩阵。如图 13.3 所示的矩阵中，行为主体，列为客体，而行列的交叉点则表示主体对客体的访问权限。这里的权限是指行为的集合，也就是 a 的集合，我们记为 P_a。

如图 13.3 中，主体 m_1 对客体 o_3 有读、执行权限，主体 m_2 对客体 o_2 有读、写权限。

使用访问矩阵时，求解一个主体对某个客体的权限的过程就是在二维矩阵中检索两者交点的过程。即找出某个主体 m 对某个客体 o 的允许的行为集合 P_a。

$$P_a = g(m, o)$$

客体	主体			
	m_1	m_2	m_3	m_4
o_1			读	
o_2		读、写		写
o_3	读、执行			
o_4			执行	
o_5	读			读、写、执行

图 13.3　访问矩阵示意图

如果当前主体 m 要对客体 o 展开的操作为 a，则只要判断：

$$a \in P_a$$

便可以得出是否要放行该操作。如果 $a \in P_a$ 为真，则权限系统要放行该操作；如果 $a \in P_a$ 为假，则权限系统要阻止该操作。

在实际应用中，并不一定真实存在一个访问矩阵。当主体数目和客体数目极大时，访问矩阵很有可能是一个稀疏矩阵，我们可以使用列表等方式来变相存储这个矩阵。甚至，这个矩阵可以是完全不存在的，而只要存在一个能够实现 $g(m,o)$ 操作的函数即可。

访问矩阵模型的一个维度对应了主体，一个维度对应了客体，而两者的交叉点则对应了权限。因此，访问矩阵模型可以对权限进行非常精细的控制。但这也使得该模型的管理和维护十分复杂。如我们存在一个具有 10000 主体和 50000 客体的系统，则整个矩阵中有 10000×50000 个权限设置点，如果需要为每个主体对某个客体增加一个操作权限，则要引发 10000 次变更。

2. 基于角色的访问控制

基于角色的访问控制（RBAC）通过引入"角色"这一概念使得用户（主体的一种通俗说法）不再和权限直接绑定，这使用户和权限的关系更容易管理。

角色的引入使用户和权限之间形成了"用户—角色—权限"的关系。其中用户和角色的关系是 $m{:}n$ 的，即每个用户可以被赋予多个角色，每个角色也可以被赋予多个用户；角色和权限之间的关系也是 $m{:}n$ 的，即每个角色可以拥有多个权限，每个权限也可以被赋予多个角色。

图 13.4 展示了"用户—角色—权限"的关系的实体—联系图（Entity Relationship Diagram，E-R 图）。

图 13.4　"用户—角色—权限"的关系 E-R 图

使用 RBAC 时，求解一个主体对某个客体的权限的过程需要通过角色进行映射。假设主体为 m，则首先要根据"用户—角色"关系找出主体的角色集合 R，我们用函数 h_1 表示这个过程：

$$R = h_1(m)$$

然后根据"角色—权限"关系找出角色集合 R 对应的权限集合 $P_{(a,O)}$，我们用函数 h_2 表示这个过程：

$$P_{(a,O)} = h_2(R)$$

在这里有一点要注意，在访问矩阵模型中，权限是行为的集合 P_a。而这里的权限则是指"行为—客体对"的集合 $P_{(a,O)}$。举例来说，在 RBAC 中我们见到的权限是"增加记录""删除用户"等这种形式的。在这种权限里，"增加""删除"是行为，而"记录""用户"则是客体的集合（某条具体的记录、某个具体的用户才是客体，而统称的"记录""用户"是一组客体的集合。如"学生易小哥"是一个客体，而"学生"则是一个客体的集合）。所以这里的权限不同于访问矩阵模型中的权限 P_a，我们把这里的权限记为 $P_{(a,O)}$，因为它既包含了行为 a，又包含了客体集合 O。

我们可以使用函数 h 将函数 h_1 和 h_2 进行整合，于是得到下面的式子。函数 h 完整地表述了求解一个用户（主体）的权限的过程。

$$P_{(a,O)} = h_2(R) = h_2[h_1(m)] = h(m)$$

如果主体 m 要对客体集合 O 展开的操作为 a，则继续判断：

$$(a,O) \in P_{(a,O)}$$

便可以得出是否要放行该操作。如果 $(a,O) \in P_{(a,O)}$ 为真，则权限系统要放行该操作；如果 $(a,O) \in P_{(a,O)}$ 为假，则权限系统要阻止该操作。

在关系型数据库中，"用户—角色—权限"的关系可以通过两张表来存储，而计算过程 h 则为两表级联查询的过程。其实现也十分简单。

相比于访问矩阵模型，RBAC 在管理上更为便捷。我们可以将多个权限赋予某个角色，然后通过为某个用户赋予角色的方式使用户获得多个权限。因此，RBAC 应用十分广泛。

RBAC 使用角色对用户进行管理，并且使用 $P_{(a,O)}$ 作为权限，相对于权限矩阵而言不够精细，可能会引发一些问题。关于这一点，我们会在下面详细分析。

上述的 RBAC 模型是最基本的 RBAC 模型，又称为 RBAC0 模型。在 RBAC0 模型的基础上对角色进行分层，便变成了 RBAC1 模型。这样，角色间就有了继承和父子关系，便于对角色进行统一管理。

在 RBAC0 模型的基础上引入了约束，变成了 RBAC2 模型。在 RBAC2 模型中可以设置一些互斥角色，用户不能同时获得互斥的角色。也可以设置一个用户可以拥有的角色的总数、设置权限的优先级关系、设置角色的动态激活等。

而 RBAC3 模型则整合了 RBAC1 和 RBAC2 这两种模型，既增加了角色分层，又增加了约束。

从 RBAC0 到 RBAC3，模型的复杂度逐渐提升。但 RBAC0 是这一类模型的基础，在 RBAC0 的基础上升级实现 RBAC1、RBAC2、RBAC3 并不困难。在进行系统设计时，我们可以根据需求选择具体的模型。两种权限模型之间的关系如下所示。

3. 两种权限模型之间的关系

访问矩阵模型和 RBAC 模型虽然略有差异，但是两者都是在求解 $f(m,a,o)$，其本质是一致的。接下来我们对这两种模型进行推导，探究其两者之间的一致关系。

RBAC 是在求解下面式子的真假：

$$(a,O) \in h_2(R)$$

我们可以把客体集合作为参数移到右侧，即认为客体在判断权限结果真假的过程中是已知的。这样的操作不会对权限判断的结果造成影响。于是得到：

$$a \in h_2(R,O)$$

在访问矩阵模型中，我们已经证明了权限模型是在求解下面式子的真假：

$$a \in g(m,o)$$

可见 RBAC 和访问矩阵模型十分相似。

在 RBAC 模型中，角色 R 实际上是一组同类主体的集合。因此，RBAC 模型将访问矩阵模型中的入参主体个体 m、客体个体 o 转变为了同类主体集合 R（也就是角色）、同类客体集合 O。所以可以将 RBAC 看作访问矩阵模型的简化。

然而，也正是因为 RBAC 对访问矩阵模型的简化，引入了一个新的问题。我们举例来描述这个问题。

假设校园管理系统规定只有每个班的班长有打开自己班级教室门的权限，而每位同学有擦自己班级教室黑板的权限。易哥是一班班长，陶普是二班班长，莉莉和露西则分别是一班和二班的普通学生，当我们使用访问矩阵模型时，可以得到如图 13.5 所示的访问矩阵。该访问矩阵可以完整地表示我们所述的权限设置。

客体	主体			
	易哥	莉莉	陶普	露西
一班教室门	打开			
一班黑板	擦	擦		
二班教室门			打开	
二班黑板			擦	擦

图 13.5　访问矩阵示意图

当我们使用 RBAC 模型时，可以得到如图 13.6 所示的"用户—角色—权限"关系。

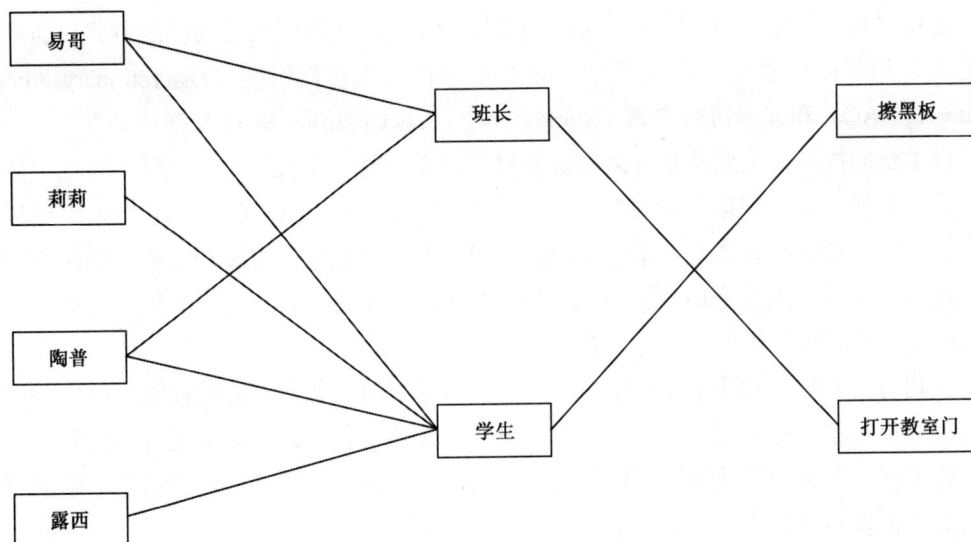

图 13.6　"用户—角色—权限"关系示意图

这时我们可以发现如图 13.6 所示的关系图中存在问题。根据图 13.6 所示的关系，易哥作为班长可以获得打开教室门的权限，那么易哥也可以打开二班的教室门。同理，二班的学生露西也可以擦一班的黑板。这与最开始的权限设置要求不一致，RBAC 中发生的这种错误叫作水平越权。

水平越权是一个很形象的称呼，它是说用户的权限并没有增加或者减少（垂直方向上没有发生变化），而只是从一个作用域扩展到了另一个作用域（水平方向上发生了跨越）。

发生水平越权的根本原因就是 RBAC 引入的简化操作。在访问矩阵模型中，$a \in g(m,o)$ 中的入参可以精确地区分每个主体和客体，因此易哥和陶普是不同的主体，一班教室门和二班教室门是不同的客体。而在 RBAC 模型中，$a \in h_2(M,O)$ 使用主体集合 M 和客体集合 O 作为入参，这使得易哥和陶普都被归类成了班长这一角色，而"打开一班教室门"和"打开二班教室门"的操作都被整合到"打开教室门"这一权限中。

在使用 RBAC 模型时，一定要特别注意水平越权问题，并在必要的时候引入额外的逻辑判断，作为栅栏对水平越权问题进行判断和阻隔。

在系统架构设计和实现中，我们可以将访问矩阵模型和 RBAC 模型结合起来使用。利用 RBAC 模型完成易用的、粗粒度的管理，而利用访问矩阵模型完成繁杂的、细粒度的管理，从而实现易用性和精细度上的统一。

13.2.2　访问控制方式

在权限系统的模型中，除了最重要的权限模型，还需要考虑访问控制方式。访问控制方式是指权限的管理与发放策略，它主要包括自主访问控制（Discretionary Access Control，DAC）和强制访问控制（Mandatory Access Control，MAC）两种。

自主访问控制方式允许具有某种访问权限的主体将自身权限的子集赋予其他主体。这种访问控制方式使权限的管理较为自由和灵活。如 Linux 和 Windows 均采用这种访问控制方式，在这些系统中，用户可以把自己针对某个文件的权限分享给其他用户，图 13.7 展示了 Linux 系统中用户 yeecode 将针对 top.sh 文件的权限授予同组其他用户，使得 top.sh 文件的权限从 755 变为了 775。

强制访问控制方式基于安全策略来判断主体是否对客体具有访问权限。而安全策略是由管理员集中进行控制的，主体无法覆盖安全策略，也无法将自身拥有的权限转授权给其他主体。典型的门禁系统就使用了强制访问控制方式。具有开启某扇门权限的用户并不能将该权限转授给其他用户。

```
root@vultr:~/yeecode# ll
total 8
drwxr-xr-x 2 root root 4096 Jan 26 05:34 ./
drwx------ 5 root root 4096 Jan 26 05:34 ../
-rw-r--r-- 1 root root    0 Jan 26 05:34 top.sh
root@vultr:~/yeecode# chmod 775 top.sh
root@vultr:~/yeecode# ll
total 8
drwxr-xr-x 2 root root 4096 Jan 26 05:34 ./
drwx------ 5 root root 4096 Jan 26 05:34 ../
-rwxrwxr-x 1 root root    0 Jan 26 05:34 top.sh*
root@vultr:~/yeecode# 
```

图 13.7　自主访问控制示例

自主访问控制方式比较灵活，减少了管理员的权限配置工作量；强制访问控制方式更为严格，可以实现高安全级别的权限控制。在实际使用中，也可以考虑将两者结合起来使用，即某些权限允许转授权，而某些权限不允许转授权。

一种常见的形式是"管理员"角色可以转授，即一个管理员可以设置其他人为管理员；但是管理员授出的其他权限不允许转授，如管理员授予某人修改某文件的权限，则某人不可以将该权限转授第三者。这种方式下，多个管理员分担了工作量，且管理员角色相对较少而易于管理，在安全性和易用性上可以取得一个较好的平衡。

13.3　模型设计

在了解了常见权限系统理论模型的原理和异同之后，我们可以开展 MatrixAuth 的模型设计工作。整个工作主要分为两部分。

在模型调研部分，我们要根据项目需求选择合适的模型。

在模型应用部分，我们要对理论模型进行变形，以应用到我们的实际项目中，并最终确定项目的模型框架。

13.3.1 模型调研

MatrixAuth 作为一个独立的第三方权限系统，需要确保所选的模型能够减少 MatrixAuth 与业务应用的耦合。

访问矩阵模型需要包含所有的主体、客体信息，因此当主体或客体发生增删时，访问矩阵必须随之变动。当访问矩阵作为系统的一个模块出现时，这种同步的变动是可以实现的。而当访问矩阵包含在另一个系统中时，这种同步的变动便会使两个系统的耦合度过高，带来很大的同步成本。

如果 MatrixAuth 采用访问矩阵模型，那么接入 MatrixAuth 的业务应用在出现主体、客体的增删时需要通知 MatrixAuth 同步完成变更。假设业务应用是一个仓库管理系统，那么当仓库中存入一批货物时，需要 MatrixAuth 为每个货物增加一条客体记录，而在仓库运出一批货物时，需要 MatrixAuth 删除每个货物对应的客体记录。这样的强耦合会给业务应用带来极大的接入成本和性能损耗。因此，使用访问矩阵模型作为 MatrixAuth 的主要权限模型是不可取的。

RBAC 模型需要包含用户、角色和权限信息。RBAC 包含用户信息意味着主体（用户是一种常见的主体）的增删必须通知 RBAC，但是 RBAC 不需要掌握客体个体的增删情况，只需要掌握客体类别的增删情况即可。

在一个系统中，主体往往是稳定的，而客体是易变的。如仓库管理系统中仓库管理员等操作人员往往是稳定的，而仓库中的货物是经常变动的。因此，RBAC 不需要掌握客体个体的增删情况，可以极大地降低 RBAC 模型与业务应用的耦合度，这正是 MatrixAuth 需要的。

因此，RBAC 模型更适合作为 MatrixAuth 的主要权限模型。

13.3.2 模型应用

在选定了 RBAC 模型作为 MatrixAuth 的主要模型后，我们并不能直接应用该模型。因为 RBAC 模型考虑的是用户、角色和权限处在同一个系统中的情况，而 MatrixAuth 作为一个独立的权限系统，并不满足这一点。因此，我们要进行适当的演化。

这次演化过程主要是解决业务应用和 MatrixAuth 信息割裂的问题。即讨论业务应用应该掌握哪些信息、MatrixAuth 应该掌握哪些信息，以及业务应用和 MatrixAuth 如何通信。

1. 用户、角色、权限的处理

采用 RBAC 模型后，MatrixAuth 的工作可以用下面的 h 函数表示。

$$P_{(a,O)} = h(m)$$

即 MatrixAuth 需要在接收一个用户的信息 m 后，返回该用户的权限信息 $P_{(a,O)}$。这个过程如图 13.8 表示。

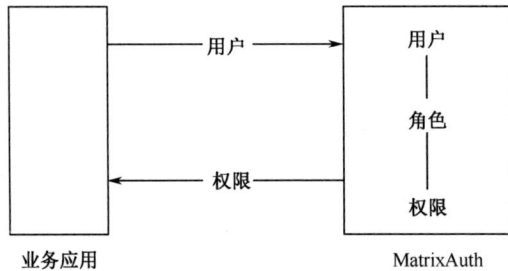

图 13.8　RBAC 模型对外接口

从图 13.8 中可以看出，用户信息和权限信息需要在业务应用和 MatrixAuth 之间传输，这意味着双方都必须保存和维护这两类信息。

双方同时保存一个信息，往往涉及主从划分问题，即一方负责维护信息，另一方只负责同步信息。具体到这一场景下，MatrixAuth 作为一个独立的权限系统，不应该管理业务应用的用户信息（而且不同业务应用的用户信息结构也不一样，如有的保存了用户的邮箱，有的则保存了用户的手机号）。因此，用户的增删和信息维护应交给业务应用负责，并在发生用户增删时通知 MatrixAuth 即可。权限信息则可以交给 MatrixAuth 统一维护，这样可以减少业务应用的工作量。

角色信息作为 RBAC 独有的信息，可以由 MatrixAuth 负责管理。

2. "用户—角色"关系

探讨完成用户、角色、权限三类信息的主从划分问题后，我们继续讨论它们之间关联关系的归属问题，即这些关联关系应该由业务应用和 MatrixAuth 中的哪一方负责。

在 RBAC 中存在两类关联关系，即"用户—角色"关系和"角色—权限"关系。我们先讨论"用户—角色"关系。

在 RBAC 模型中，可以直接为用户指派角色。在 MatrixAuth 中这种情况也是存在的，如我们可以直接通过 MatrixAuth 将某个用户指派为管理员角色。

然而，某些角色我们可能无法通过 MatrixAuth 指派给用户。假设业务应用是一个校园管理系统，那么通过 MatrixAuth 将某位老师指派为班主任角色则是不合理的。因为，将某位老师设置为班主任是校园管理系统这一业务应用要进行的操作，MatrixAuth 不能涉及这种业务。更进一步地说，某个学校可能规定教学经验低于一定年限的老师不能担任班主任。如果 MatrixAuth 负责指派班主任的操作，则 MatrixAuth 还要对这些学校规则展开判断，这会导致 MatrixAuth 的业务边界不断扩大，显然是不合理的。

所以，某些"用户—角色"关系的修改操作必须由业务应用展开，然后 MatrixAuth 再从业务应用获取这些关系。这再次涉及信息交互问题，即 MatrixAuth 应该在什么时机，通过什么方式获取业务应用中保存的"用户—角色"关系。

对于一个权限系统而言，其权限设置操作的频次一定远小于权限读取操作的频次，且权限设置操作的响应时间要求一定低于权限读取操作的响应时间要求。因此，"用户—角色"关系应该在权限设置阶段由业务应用推送给权限系统，而不是在权限判断阶段，由权限系统前往业务应用拉取。

解决了上述只能由业务应用设置的"用户—角色"关系后，我们还会发现一些更为复杂的"用户—角色"关系。我们举例来说明这一问题。

同样以校园管理系统作为业务应用。易哥所在的班级会在每周二下午上体育课，作为班级体育委员的易哥，会在周二下午获得"体育器材获取人员"角色，并凭借此角色赋予的"体育器材室准入"权限前往体育器材室获取体育器材。而该"体育器材获取人员"角色也会在器材归还后自动消失。那么"体育器材获取人员"这一角色便十分特殊，它不仅是由业务应用赋予的，而且是自动赋予的。

"体育器材获取人员"角色只是一个示例，但实际应用中可能存在这种角色，并且情况可能更加复杂。它的赋予与剥夺可能是更为高频的（如每个奇数秒被赋予，每个偶数秒被剥夺），或者它可能是机密的（如业务应用出于安全考虑并不能把谁具有这一角色的信息推送给 MatrixAuth）。此时，"用户—角色"关系并不是一个具象的从用户到角色的连接，而更像是一个由业务应用掌握的黑盒函数：以用户作为输入可以得到对应的角色输出，但是具体的逻辑不可告知。业务系统可能不方便将这种"用户—角色"关系推送给 MatrixAuth。

经过以上讨论，出现了多种"用户—角色"关系。而不同的关系又对应着业务应用和 MatrixAuth 间不同的职责划分。因此，我们从 MatrixAuth 的角度出发，将角色划分为以下三类。

- 全控角色："用户—角色"关系由 MatrixAuth 完全负责。如上文中举例的"管理员"角色。
- 半控角色："用户—角色"关系由业务应用负责并推送给 MatrixAuth。如上文中举例的"班主任"角色。
- 自由角色："用户—角色"关系由业务应用负责并提供给 MatrixAuth 查询，但不能将该关系直接推送给 MatrixAuth，如上文中举例的"体育器材获取人员"角色。

对于自由角色，对应的"用户—角色"关系由业务应用负责。因此，要想在 RBAC 模型中发挥作用，整个流程如下所示。

（1）业务应用针对"某个主体对某个客体的某行为"的权限向 MatrixAuth 发起查询请求。

（2）MatrixAuth 验证该用户涉及部分自由角色，向业务应用发起该用户的自由角色查询请求。

（3）业务应用根据业务逻辑返回该用户对应的自由角色列表。

（4）MatrixAuth 根据业务应用返回的自由角色列表查找对应的权限，并返回给业务应用。

自由角色的权限查询流程如图 13.9 所示。

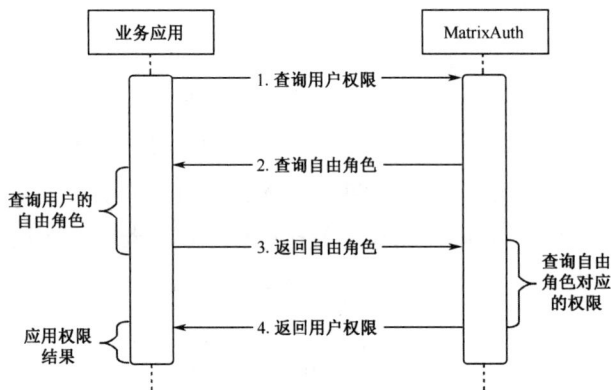

图 13.9　自由角色的权限查询流程

通过图 13.9 我们可以看出，在自由角色的查询过程中一共需要两次请求交互，其中 1 号请求和 4 号回应组成一次交互、2 号请求和 3 号回应组成一次交互。为了进行一次鉴权操作发起两次交互，将会对业务应用的性能造成巨大的影响。从性能维度考量，我们应该避免这种设计。

这两次交互的目的在于将业务应用持有的"用户—角色"信息和 MatrixAuth 持有的"角色—权限"信息整合到一起。而我们已经分析过，"用户—角色"信息必须由业务应用持有，因此我们可以将自由角色的"角色—权限"信息也交给业务应用持有。这样，业务应用不需要和 MatrixAuth 进行交互，便可以进行自由角色的权限判断。

3. "角色—权限"关系

"角色—权限"关系可以交由 MatrixAuth 负责。但对于自由角色，如前面讨论，其"角色—权限"关系由业务应用自身负责。

4. RBAC 各要素实现整理

通过对 RBAC 中各个要素、关联关系的分析，我们已经对 MatrixAuth 的模型有了大体把握。其中最重要的是对角色进行了分类，分为全控角色、半控角色和自由角色三类。

最终，各要素和关联关系在业务应用和 MatrixAuth 中的分布情况如图 13.10 所示。

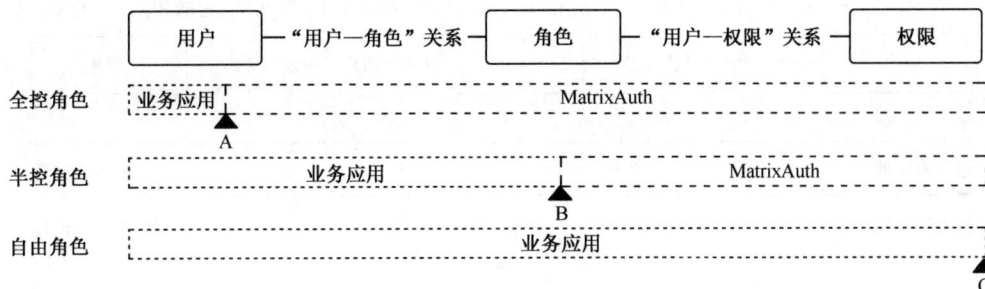

图 13.10　各要素和关联关系在业务应用和 MatrixAuth 中的分布情况

通过图 13.10 我们可以看出，业务应用和 MatrixAuth 的职责范围出现了 A、B、C 所示的三个分界点。

从业务应用的接入难度角度看，分界点的不同意味着业务应用的接入难度不同。

当分界点越靠左时，业务应用负责的要素越少，MatrixAuth 负责的要素越多。这意味着，业务应用只需要处理少量的工作，便可以将大多数工作交给 MatrixAuth 处理，因此 MatrixAuth 可以发挥更大的作用。这时，业务应用的接入难度较低。对于全控角色，就是这种情况。业务应用仅需要在发生用户增删时通知 MatrixAuth，然后在鉴权时，可以直接通过 MatrixAuth 查询用户的权限信息。

当分界点越靠右时，业务应用负责的要素越多，MatrixAuth 负责的要素越少。这意味着，MatrixAuth 的接入对业务应用的作用不大，大多数逻辑还是需要业务应用来处理的。这时，业务应用的接入难度较高。对于自由角色，无论是否接入 MatrixAuth，用户到权限的映射关系都需要业务应用自身来实现。对于这种情况，我们可以采用 C/S 架构，在业务应用中引入 MatrixAuth 客户端（我们将其命名为 MatrixAuthClient），由客户端处理相关权限操作，以减少业务应用的工作量。

对于半控角色，"用户—角色"关系由业务应用负责。每当"用户—角色"关系发生变动时，业务应用主动推送给 MatrixAuth。这样，当进行权限查询时，MatrixAuth 已经掌握了"用户—角色—权限"信息，可以很快给出权限查询结果，其接入难度适中。

从权限的控制粒度看，分界点的不同意味着权限控制的粒度不同。

当分界点越靠左时，业务应用能够提供的信息越少，只能提供粗粒度的权限控制。对于全控角色，业务应用能够提供的只有用户信息。MatrixAuth 只能根据用户信息进行权限计算。

当分界点越靠右时，业务应用能够提供的信息越多，可以提供与业务深度结合的细粒度的权限控制。对于自由角色，业务应用可以在进行用户、角色、权限的计算时融合业务逻辑，通过这种方式，可以避免水平越权问题。

因此，分界点的选择实际上是在接入难度和控制粒度这两个维度上取得一个平衡，如图 13.11 所示。在实施时，要选择一个能满足控制粒度要求，且接入难度最低的一种实现。

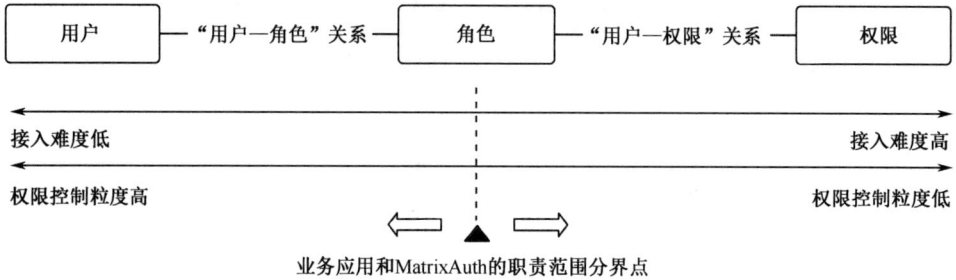

图 13.11　业务应用和 MatrixAuth 的职责范围分界点

整个适用于独立应用 MatrixAuth 的权限模型已经演化到可用状态，而且我们还在模型的基础上讨论了业务应用和 MatrixAuth 职责不同划分方式的影响。这样已经明确 RBAC 模型可以应用到独立的 MatrixAuth 应用中。

5. 控制方式设计

MatrixAuth 作为一个支持多个业务应用接入的权限控制系统，可以采用自主访问控制和强制访问控制结合的方式。

对于 MatrixAuth 系统管理员、业务应用管理员角色采用自由访问控制。即 MatrixAuth 系统管理员可以将自身角色分配给其他用户，也可以设置业务应用管理员。业务应用管理员可以将自身角色授予其他用户，也可以管理其所属业务应用内的用户、角色和权限。

对于业务应用内部的角色则采用强制访问控制，即某个业务应用内的用户获得业务应用管理员授予的角色后，不允许转授第三者。

MatrixAuth 的整个权限控制方式如图 13.12 所示。

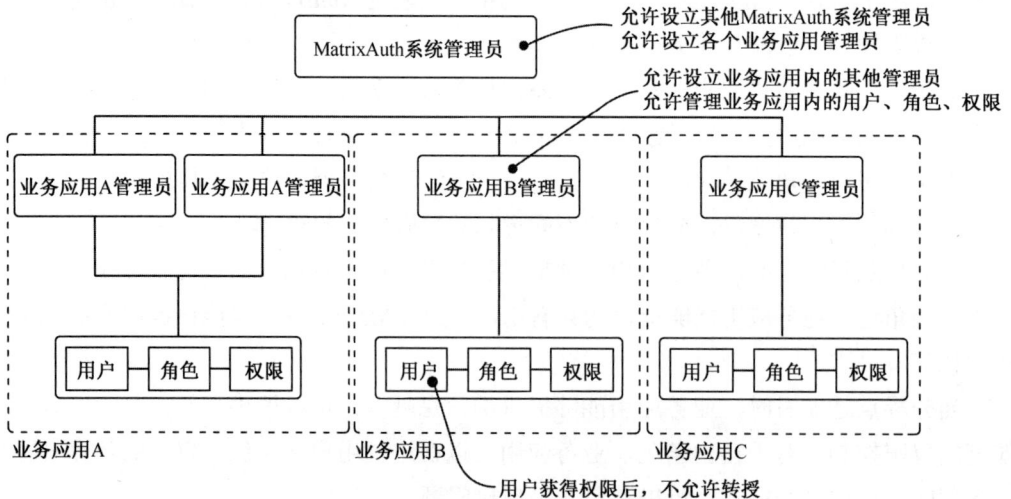

图 13.12　MatrixAuth 的权限控制方式

这种设计符合多租户模式的权限管理方式。MatrixAuth 系统管理员可以设立业务应用（租户）内的管理员。而每个业务应用管理员可以在自身负责的应用范围内进行权限的管理控制。这既保证了租户的管理权限，又避免了权限的无序扩散。

13.4　概要设计

MatrixAuth 作为一个权限系统，其主要工作便是对发往各个业务应用的请求进行权限判断。权限判断需要用户、角色、权限等信息的支持，因此需要配备数据库保存这些信息。据此我们可以得到如图 13.13 所示的 MatrixAuth 第一版结构图。

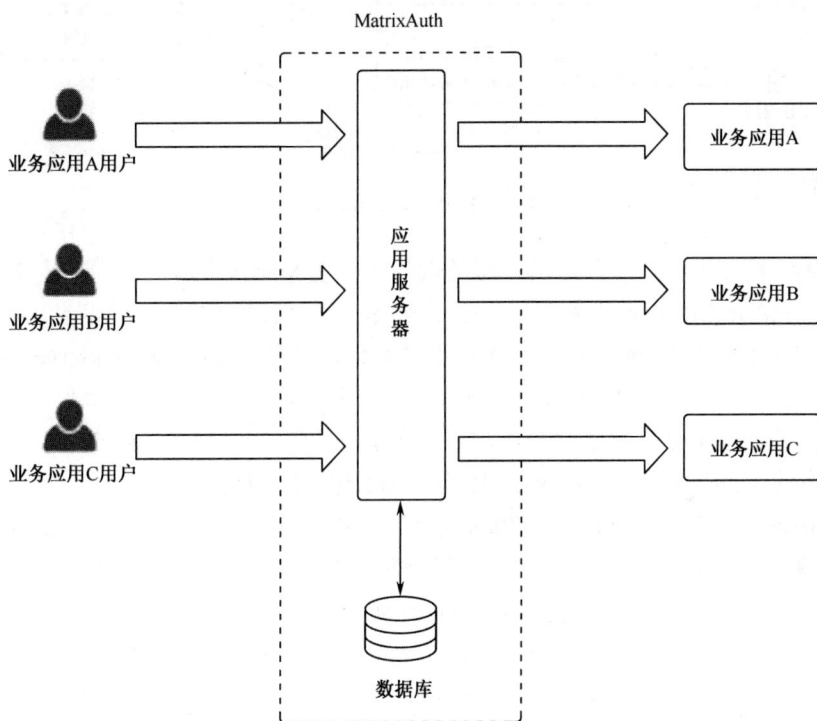

图 13.13　MatrixAuth 第一版结构图

但是这样的结构存在显而易见的缺点。所有用户请求必须发送给 MatrixAuth 的应用服务器，由它进行权限判断后再转发给业务应用，这对业务应用的侵入十分严重。并且，MatrixAuth 的应用服务器不仅接收业务应用的请求，还要处理角色增删、权限增删、"用户—角色"关系编辑、"角色—权限"关系编辑等操作，职责划分不清晰。

为了解决上述问题，我们可以采用 C/S 架构，让 MatrixAuth 应用包含客户端 MatrixAuthClient 和服务端 MatrixAuthServer 两部分。

- MatrixAuthClient：作为一个模块集成到业务应用内部，由它负责具体的权限判断工作，必要时可以前往 MatrixAuthServer 请求权限信息。
- MatrixAuthServer：作为独立应用，负责为各个 MatrixAuthClient 提供权限查询信息，并且负责处理角色增删、权限增删、"用户—角色"关系编辑、"角色—权限"关系编辑等操作。

整个结构演化为如图 13.14 所示的 MatrixAuth 第二版结构图。

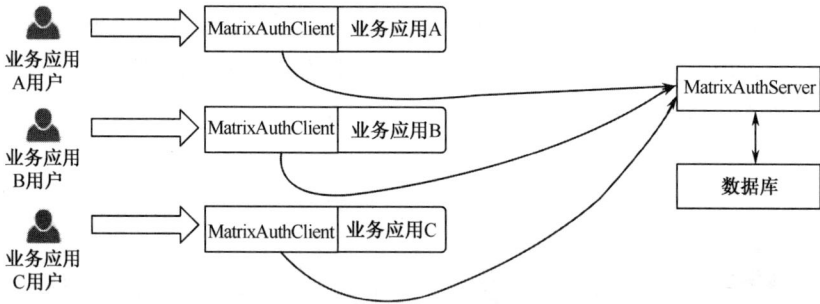

图 13.14　MatrixAuth 第二版结构图

第二版的设计不仅通过客户端和服务端的划分使 MatrixAuth 各部分的职责更为清晰，还使用 MatrixAuthClient 对业务应用屏蔽了权限验证、信息交互的细节信息。业务应用只需要引入 MatrixAuthClient 即可，而不需要关心何时需要向 MatrixAuthServer 请求信息，以及 MatrixAuthClient 和 MatrixAuthServer 交互信息的具体格式。

但第二版结构图也有明显的缺点，即存在单点故障。当 MatrixAuthServer 因故障宕机时，所有的 MatrixAuthClient 均会因为缺乏权限信息而无法工作。

各个业务应用通过 MatrixAuthClient 进行权限验证，我们可以让 MatrixAuthClient 直接从数据源中获取信息。这样的设计并不会损失 MatrixAuth 的易用性，因为所有的权限信息读取和判断逻辑都被封装在 MatrixAuthClient 内，业务应用不需要进行处理。而且这样的设计还减少了 MatrixAuthClient 到 MatrixAuthServer 的一次查询请求。我们得到如图 13.15 所示的 MatrixAuth 第三版结构图。

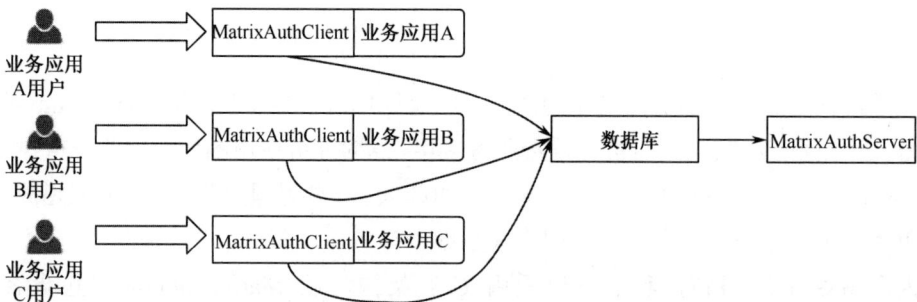

图 13.15　MatrixAuth 第三版结构图

图 13.15 所示的结构图已经比较完善，但从性能角度考量，仍然有提升空间。当多个业务应用接入 MatrixAuth 时，数据库中需要存放多个业务应用的权限信息，数据量可能很大；当业务应用变多时，对数据库的操作请求并发也会提升。单一的数据库可能无法承担大数据量的存储、高并发的访问，从而引发响应时间增加甚至宕机。

因此，我们可以采用多租户的设计思路，为 MatrixAuth 配备多个数据源。每个业务应用可以任选一个数据源使用，这样分散了 MatrixAuth 的数据存储压力和并发压力。而且，采用多租户还提升了系统的安全性，每个业务应用可以设置自身的权限数据库，从而减少了权限信息泄露的可能。

这样，我们再一次对 MatrixAuth 的结构进行改进，得出 MatrixAuth 第四版结构图，如图 13.16 所示。

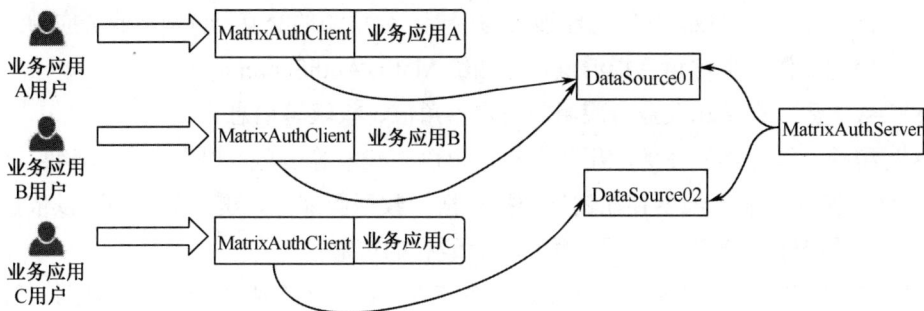

图 13.16　MatrixAuth 第四版结构图

第四版设计对数据库的存储压力和并发压力进行了分散，然而数据库受限于 IO 操作，其响应时间无法大幅提高。MatrixAuthClient 对每个业务请求鉴权时都需要前往数据源获取权限信息，因此对数据源中信息的读操作是一个高频的，且对业务应用性能影响极大的操作。鉴于此，我们可以为 MatrixAuth 的数据源增加缓存。同时从功能性、易用性角度考虑，是否选用缓存，以及具体选用哪一个缓存仍然交给业务应用来选择。

为了提升系统的可用性，我们需要确保缓存失效时 MatrixAuthClient 可以继续工作。因此，MatrixAuthClient 可以与缓存、数据源均保持连接，在数据查询时优先查询缓存，并在缓存失效时直接查询数据源。

这样，从性能、易用性、安全性、扩展性等多个维度考量，尤其是从性能角度考量，我们对 MatrixAuth 进行了多个版本的结构设计，最终得出了如图 13.17 所示的第五版结构图。

在第五版结构图中，MatrixAuth 一共分为了四个部分。各个部分的具体功能如下所示。

- 服务端 MatrixAuthServer：负责 MatrixAuth 的总体管理工作，包括数据源管理、缓存管理、业务应用接入管理；负责 MatrixAuth 中应用、角色、权限及它们之间关系的管理工作。

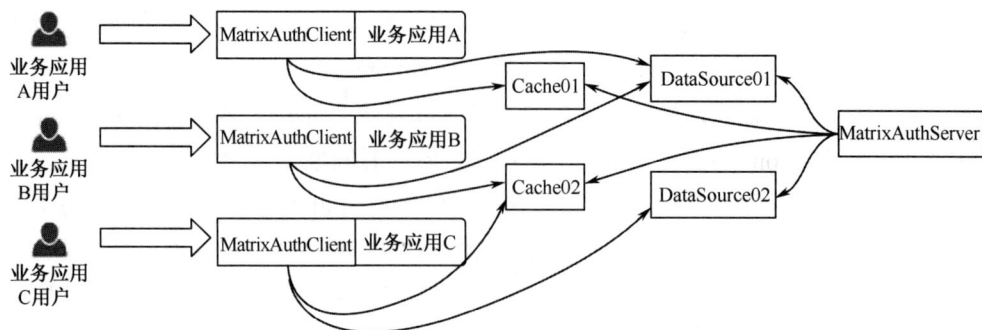

图 13.17　MatrixAuth 第五版结构图

- 客户端 MatrixAuthClient：负责业务应用接入 MatrixAuth 的具体实现；负责完成指定操作的鉴权，其间可能涉及与缓存、数据源的交互；负责将业务应用的用户增删操作、半控角色指派操作通知给 MatrixAuthServer。
- 数据源：存储相关业务应用的用户、角色、权限等信息。
- 缓存：缓存相关业务应用的用户、角色、权限等信息，以提升查询速度。

上述方案在可靠性维度存在良好的扩展性。数据源部分、缓存部分均可以依据业务应用的负载情况设置集群，以提升数据源、缓存的可靠性。

考虑到性能、易用性等各个维度并对系统模块进行多个版本的架构设计后，我们终于得到了最终的概要设计方案。接下来我们可以依据概要设计方案进行详细设计。

13.5　数据层详细设计

13.5.1　RBAC 数据表的范式设计

RBAC 模型包括用户、角色、权限及"用户—角色—权限"关系。我们可以使用图 13.18 所示的 E-R 图表示上述关系。

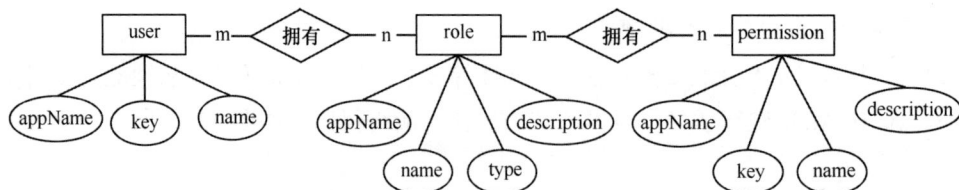

图 13.18　RBAC 模型 E-R 图第一版

对于用户表，key 是主键，一个 key 就代表了业务应用中的一个用户，通常可以使用业务应用中的用户编号、账户名等。name 是用户名，仅用来在进行"用户—角色"关联操作时辅助我们识别用户。

在角色表中，name 是主键，表示角色的名称。type 用来表示角色的类型，例如是全控角色、半控角色。需要注意的是，自由角色因为已经完全由业务应用管理，而不会在这里体现。description 字段用来对角色进行说明。

在权限表中，key 是主键，表示权限的编码，将来作为 MatrixAuthClient 进行权限判定的依据。name 是权限的名称，description 字段用来对权限进行说明。

考虑到 MatrixAuth 的每个数据源中可能存储多个业务应用的信息，为了进行应用间的区分，用户、角色、权限中可以增加 appName 字段。这样，上述三个表中的主键需要和新增加的 appName 字段组成联合主键。

主键确定后，我们也可以给出各个关系表的字段。

如图 13.19 所示，我们得到了 RBAC 模型 E-R 图第二版。图 13.19 所示的数据库设计十分规范，可以满足第五范式，即达到完美范式的要求，其具体论证我们不再赘述。

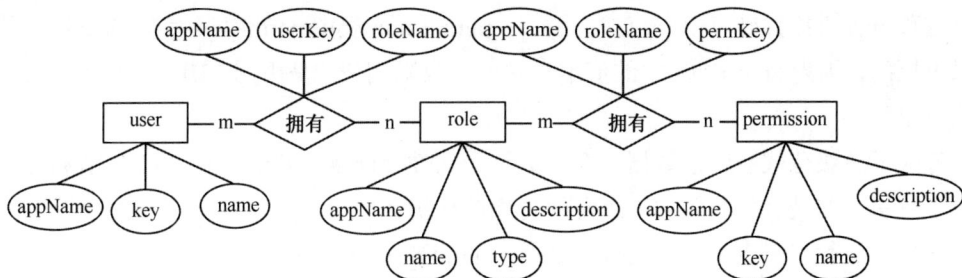

图 13.19　RBAC 模型 E-R 图第二版

13.5.2　RBAC 数据表的反范式设计

MatrixAuth 在工作过程中最高频的操作是查询某个用户的权限。即输入应用名 appName 和应用中的某个用户 key，查询得到该用户的权限列表。反映在数据层上，即执行如下所示的 SQL 语句：

```
SELECT permKey FROM role_x_permission WHERE appName = #{appName} AND roleName IN (
    SELECT roleName FROM user_x_role WHERE appName = #{appName} AND userKey =
#{userKey}
    )
```

其中的 role_x_permission 表指"角色—权限"关系表，user_x_role 表指"用户—角色"关系表。

上述查询操作涉及两表的级联查询，这是一个比较低效的查询操作。这将会对整个 MatrixAuth 的鉴权操作的性能造成影响。因此，我们需要对此进行优化。

此时我们可以考虑反范式设计。

我们可以增加一个全新的 user_x_permission 表，并在其中存储"用户—权限"关系，如图 13.20 所示。

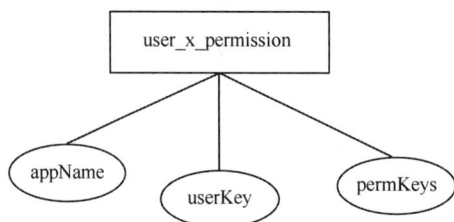

图 13.20　"用户—权限"关系表

图 13.20 所示 user_x_permission 表中的 permKeys 字段，可以存储该用户的所有权限拼接成的字符串，各权限之间可以使用固定的分隔符分割（如 "," 或者 ";" 等）。

在图 13.20 所示的 E-R 图中，我们可以直接通过 user_x_permission 表完成权限查询。但是这种设计直接打破了第一范式：user_x_permission 表中 permKeys 字段的属性显然是可以再拆的，因为 permKeys 中的值本身是一个权限列表，是由图 13.19 中的多个数据表级联得出的。

打破了各级范式会带来数据冗余、数据一致性等问题，我们将在 13.7.2 节通过应用逻辑来解决，这是我们获取性能提升而付出的代价。

这样，进行权限查询时只需要下面所示的 SQL 语句：

```
SELECT permKeys FROM user_x_permission
WHERE appName = #{appName} AND userKey = #{userKey}
```

只需要查询一个表便可以得出某个应用中特定应用的权限列表。

user_x_permission 表中包含三个字段，其中 appName、userKey 是键。这样的设计使得 user_x_permission 中的数据不容易在 key-value 结构的缓存中存储，因此我们可以将 appName、userKey 两个字段合为一个字段。我们将这个字段命名为 fullUserKey，其值的形式为 "appName-userKey"。显然这样的设计再次打破了第一范式，但却使得 user_x_permission 表成了 key-value 结构，便于使用 key-value 结构的缓存存储。

这样，通过两次反范式设计，我们获得了一个 key-value 结构的、一次查询可以给出某个用户所有权限的 user_x_permission 表。付出的代价是我们的数据表不再满足第一范式，需要通过业务逻辑确保冗余数据的一致。

通过这样的设计过程，也印证了我们在第 6 章中强调的内容，即范式设计是反范式设计的基础，反范式设计是在范式设计的基础上根据目的进行特定的违反操作，以获得某些维度的提升，而不应该将反范式设计当作随意设计的理由。

13.5.3　RBAC 数据表的最终设计

最终，经过范式设计和反范式设计，我们得到了六个表。各个表数据库模式定义语言（Data Definition Language，DDL）如下。

1. 用户表 user

```
create table user
(
        appName varchar(255) not null, --所属的业务应用名称，如"CampusManagementApplication"
        'key' varchar(255) not null, --该用户对应的标识符，可以使用业务应用中的用户编号等，如
"2080003"
        name varchar(255) null, --该用户的姓名或者昵称等，如"易哥"
        primary key (appName, 'key')
);
```

2. "用户—角色"关系表 user_x_role

```
create table user_x_role
(
        appName varchar(255) not null, --所属的业务应用名称
        userKey varchar(255) not null, --对应 user 表中的 key 字段
        roleName varchar(255) not null, --对应 role 表中的 name 字段
        primary key (appName, userKey, roleName)
);
```

3. 角色表 role

```
create table role
(
        appName varchar(255) not null, --所属的业务应用名称
        name varchar(255) not null, --角色的名称，如"班长"
        type varchar(255) not null, --角色的类型，可选全控角色、半控角色
        description text null, --角色的说明
        primary key (appName, name)
);
```

4. "角色—权限"关系表 role_x_permission

```
create table role_x_permission
(
        appName varchar(255) not null, --所属的业务应用名称
        roleName varchar(255) not null, --对应 role 表中的 name 字段
        permKey varchar(255) not null, --对应 permission 表中的 key 字段
        primary key (appName, roleName, permKey)
);
```

5. 权限表 permission

```
create table permission
(
      appName varchar(255) not null, --所属的业务应用名称
      'key' varchar(255) not null, --权限编码，例如"OPEN_ROOM_DOOR"
      name varchar(255) null, --权限名称，例如"打开教室门"
      description text null, --权限说明，例如"持有该权限的用户可以开启教室的前后门"
      primary key (appName, 'key')
);
```

6. "用户—角色"关系快速查询表 user_x_permission

```
create table user_x_permission
(
      fullUserKey varchar(255) not null primary key, --对应 user 表中的 appName 和 key，其值形
式为"appName-userKey",如"CampusManagementApplication-2080003"
      permissionKeys text null --对应用户的权限列表，如"OPEN_ROOM_DOOR,
CLEAN_BLACKBOARD"
);
```

13.5.4　MatrixAuth 管理类数据表设计

MatrixAuth 支持多个业务应用的接入，也支持多个数据源、缓存。MatrixAuth 需要对这些业务应用、数据源、缓存信息进行管理。

我们可以把这些信息放在配置文件中，但会使得业务应用、数据源、缓存的增删工作变得复杂，甚至要重启 MatrixAuth 才能生效。因此，我们直接将这些信息存放在数据库中，这样我们可以在 MatrixAuth 运行时动态增删业务应用、数据源、缓存。

从易用性和可扩展性角度考虑，我们让数据源和缓存独立存在。每个业务应用可以选择自身要使用的数据源、缓存。因此，业务应用、数据源、缓存之间形成了如图 13.21 所示的 E-R 图。

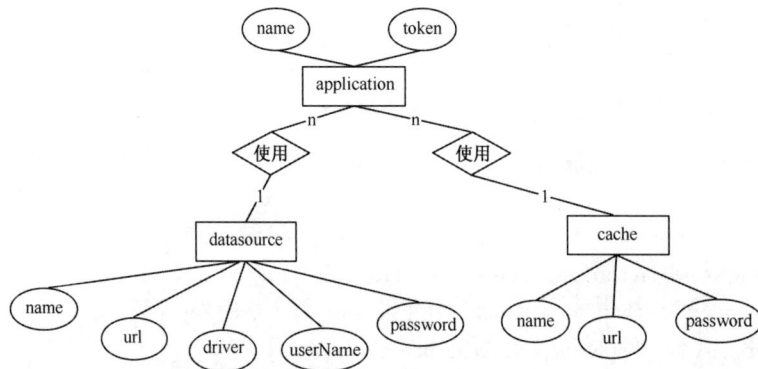

图 13.21　业务应用、数据源、缓存的 E-R 图

application 表是业务应用表。name 字段存储应用名，是该表的主键。token 字段存储该应用的操作口令，这是从安全性角度设置的。只有该业务应用的管理员才知道该应用的操作口令，从而操作该应用下的用户、角色、权限等信息，这保证了多个租户之间操作的隔离。

datasource 表是数据源表，name 字段存储数据源名称，是该表的主键。其他字段存储数据源的地址、驱动类型、用户名、密码信息。

cache 表是缓存表，name 字段存储缓存名称，是该表的主键。其他字段存储缓存的地址、密码信息。

每个应用最多可以使用一个数据源和一个缓存，而一个数据源或者缓存可以供多个业务应用共同使用。

根据图 13.21 所示的 E-R 图，我们可以得到下面所示的数据库 DDL 语句。

1. 业务应用信息表 application

```
create table application
(
      name varchar(255) not null primary key, --业务应用名，如"CampusManagementApplication"
      token varchar(255) null, --该业务应用对应的业务应用管理员密码
      dataSourceName varchar(255) null, --该业务应用所使用的数据源名，对应 datasource 表的
name 字段。也可以不填，表示使用 MatrixAuth 的默认数据源
      cacheName varchar(255) null --该业务应用所使用的缓存名，对应 cache 表的 name 字段。
也可以不填，表示不使用缓存
);
```

2. 数据源信息表 datasource

```
create table datasource
(
      name varchar(255) not null primary key, --数据源名称，如"mysql_01"
      url text not null, --数据源地址，例如"jdbc:mysql://localhost:3306/mysql_01"
      driver varchar(255) null, --数据源驱动类名称，如"com.mysql.cj.jdbc.Driver"
      userName varchar(255) null, --数据源用户名
      password varchar(255) null --数据源密码
);
```

3. 缓存信息表 cache

```
create table cache
(
      name varchar(255) not null primary key, --缓存名称，如"redis_01"
      url varchar(255) not null, --缓存地址，如"127.0.0.1:6379"
      password varchar(255) null --缓存密码
);
```

13.5.5　MatrixAuth 的数据层结构

MatrixAuth 的管理类数据表，只需要存在一份即可。而 RBAC 类数据表则需要在每个数据源中设置一份。我们把 MatrixAuth 的数据源分为以下两类。

- 默认数据源：包含了管理类数据表、RBAC 类数据表。MatrixAuth 只有一个默认数据源，当某个业务应用没有设置数据源时，则使用默认数据源中的 RBAC 表，为该业务存储"用户—角色—权限"信息。
- RBAC 数据源：只包含 RBAC 类数据表。业务应用可以选择该类数据源存储自身的"用户—角色—权限"信息。一个 RBAC 数据源可以供多个业务应用共用。

最终，MatrixAuth 的数据层包含一个默认数据源和多个 RBAC 数据源。图 13.22 展示了 MatrixAuth 的数据层结构。

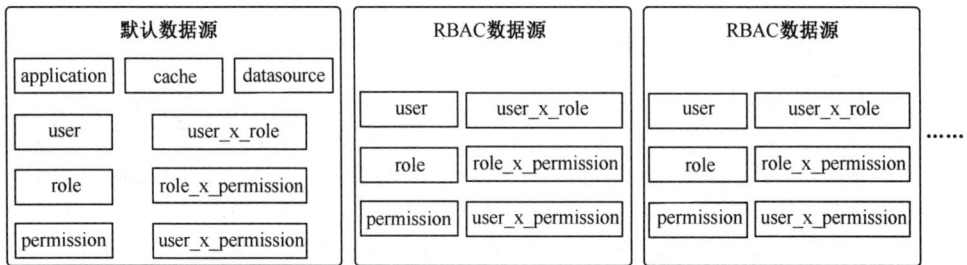

图 13.22　MatrixAuth 的数据层结构

MatrixAuth 的默认数据源只有一个，而 RBAC 数据源可以有多个。并且，每个 RBAC 数据源都将地址、驱动、用户名、密码等信息存储到默认数据源的 datasource 表中。

每个业务应用都可以通过 application 表中的 datasource 字段指定自身所用的 RBAC 数据源。如果不指定的话，则使用默认数据源存储该应用的 RBAC 权限数据。

MatrixAuthServer 在启动时会直接连接默认数据源，然后根据要操作的业务应用的不同，级联 application 表和 datasource 表查询出该业务应用的 RBAC 数据源并连接后展开读写操作。通过这种设计，MatrixAuth 允许用户在运行时增加、删除数据源和更改业务应用的数据源。这大大提升了 MatrixAuth 的可用性。当然，这期间要涉及数据源的动态切换问题，我们将在 13.7.1 节讨论。

13.6　缓存详细设计

缓存的目的是加速权限查询过程，我们可以采用 Redis 为代表的内存数据库。其中要存储的数据和 user_x_permission 表中的数据一致，即 fullUserKey 为键，permissionKeys

为值。这样，只要确定业务应用名称和用户编号，便可以直接查询出该用户在该应用中的权限列表。

缓存中存储的数据格式非常简单。接下来我们讨论缓存的更新机制。

在第 4 章我们介绍了时效性更新和主动更新这两种缓存更新机制。其中，时效性更新机制的缓存更新操作发生在数据查询操作前，对查询操作的性能存在一定影响，且缓存的更新存在一定的滞后性。主动更新机制的缓存更新操作发生在数据变更操作时，对更新操作的性能存在一定的影响，但是缓存更新不存在滞后性。

对于 MatrixAuth 而言，其权限查询操作是高频的，且对性能十分敏感。而权限编辑操作是低频的，且对性能不敏感。因此，采用主动更新机制更为合适。

在主动更新机制中，Read/Write Through 机制和 Write Behind 机制的缓存模块和数据提供方串联连接，其可靠性更差。而 Cache Aside 机制的缓存模块和数据提供方在串联连接的基础上提供了并联通路，可靠性更高，因此，MatrixAuth 缓存采用主动更新机制中的 Cache Aside 机制。

13.7 服务端详细设计

在数据层、缓存设计完毕之后，我们在此基础上进行服务端的设置。

在讨论服务端设计之前，我们先明确下 MatrixAuth 要服务的用户的类型。MatrixAuth 要服务的用户和他们要展开的操作如下所示。

- MatrixAuth 系统管理员：可以管理数据源和缓存，可以接入一个业务应用，并为业务应用设置数据源、缓存和密码。
- 业务应用管理员：负责某一个业务应用的用户、角色和权限配置工作，从而实现业务应用内的用户权限管理。
- 业务应用用户：使用某个业务应用。在使用业务应用时，其发起的操作要接收 MatrixAuth 权限校验。

MatrixAuth 的服务端即 MatrixAuthServer，它主要完成以下几方面的工作。

- 为 MatrixAuth 系统管理员提供数据源、缓存、业务应用的管理功能。
- 为业务应用管理员提供业务应用内的用户、角色、权限配置功能。
- 为业务应用提供增删用户接口、半控角色的"用户—角色"关系配置接口。

这就需要 MatrixAuthServer 具有提供接口的能力、读写数据库的能力。基于 SpringBoot 我们可以快速搭建一个具有上述能力框架的应用，且 SpringBoot 十分易用，只需要简单的配置便可以创建出能够直接运行的 jar 包（其内部带有嵌入式的 Tomcat）。

MatrixAuthServer 功能中大部分操作实现比较简单，不需要特殊设计。下面我们重点介绍几个需要特殊设计的点。

13.7.1　数据源动态切换

MatrixAuthServer 要为业务应用管理员提供业务应用内的用户、角色、权限配置功能。然而 MatrixAuthServer 支持多个 RBAC 数据源设置，不同业务应用的 RBAC 信息可能存放在不同的数据源中，这需要 MatrixAuthServer 能根据业务应用数据源的不同完成请求的路由操作。

假设应用 A、应用 C 使用了数据源 2，应用 B 使用了数据源 3。当 A、B、C 三个应用的应用管理员要进行"用户—角色—权限"管理时，MatrixAuthServer 必须将这些请求路由到对应的数据源上，如图 13.23 所示。

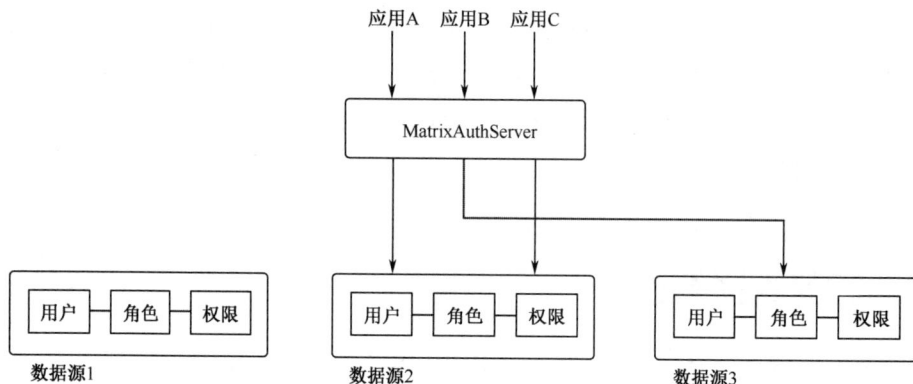

图 13.23　MatrixAuthServer 的请求路由操作

在实现上，图 13.23 所示的过程可以分解为以下操作。

- 通过默认数据源查询该业务应用的 RBAC 数据源信息。
- 根据查询到的 RBAC 数据源信息连接 RBAC 数据源。
- 在当前连接的 RBAC 数据源应用 RBAC 信息的编辑操作。

这就需要 MatrixAuthServer 能在应用运行时动态连接数据源。并且要注意，在 MatrixAuthServer 的运行过程中，可能有多个业务应用管理员同时在不同的 RBAC 数据源上开展操作，因此需要实现数据源的动态连接、多连接、动态切换。

对此我们可以通过动态修改当前线程的数据源来实现。从而让不同业务应用管理员的操作落在不同的线程上，并确保各线程独立连接和操作自身对应的数据源。

> **备注**
>
> 本书主要介绍高性能架构过程，受篇幅所限没有对相关技术细节展开详细介绍。我们将数据源的动态连接、多连接、动态切换功能封装成了一个独立且易用的项目 DynamicDataSource，并在 GitHub 上开源，其项目为 yeecode/Dynamic DataSource。感兴趣的读者可以通过开源代码了解其细节。

13.7.2　数据冗余的一致性保证

在 13.5 节我们在 RBAC 数据表的设计中引入了反范式设计，并导致数据出现了冗余。因此，必须在业务应用管理员进行编辑用户、角色和权限配置操作时，使用业务逻辑保证数据的一致性。

RBAC 数据表中，user 表、user_x_role 表、role 表、role_x_permission 表和 permission 表是主表，而 user_x_permission 表则是在主表基础上建立的从表。user_x_permission 表类似于一个视图，应该实时与主表中的数据保持一致，而不能接受其他的编辑操作。

所以，我们需要在编辑主表时同时编辑从表，并将这两个编辑动作封装为一个事务。此外，我们也不能为从表暴露任何的直接编辑接口。这样，便确保了从表数据与主表数据的一致性。

考虑到 MatrixAuth 中的缓存使用了 Cache Aside 机制，因此，缓存的清理操作也应该封装在这一事务中。为了尽可能地降低权限查询的响应时间，我们可以将缓存清理工作替换为缓存更新操作，即直接将最新的权限信息推送到缓存而不仅仅是删除缓存中的旧信息。

最终，RBAC 中数据编辑操作的过程如下所示。

① 开启事务。
② 修改主表信息。
③ 根据主表信息修改从表 user_x_permission 的信息。
④ 将从表 user_x_permission 的信息推送到缓存中。
⑤ 结束事务。

这样，我们使用事务保证了主表信息、从表信息和缓存信息的一致性。而且这一事务发生在权限编辑过程中而不是权限查询过程中，不会增加权限查询的平均响应时间。

13.7.3　服务端的操作接口

MatrixAuthServer 要为 MatrixAuth 系统管理员用户提供一些数据源、缓存、业务应用管理接口，如图 13.24 所示。

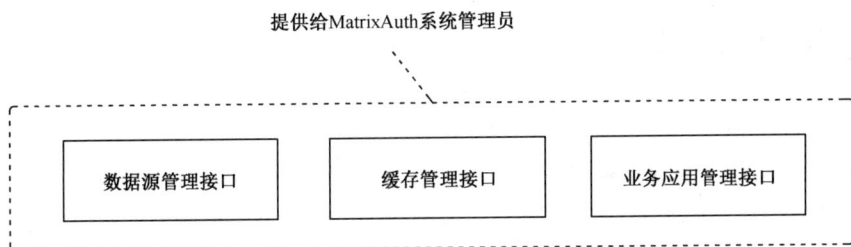

图 13.24　MatrixAuth 的 MatrixAuth 系统管理员接口

MatrixAuthServer 还要提供一些 RBAC 管理类接口，这些接口因为角色类型的不同，要提供给不同的对象来调用。

在 13.3.2 节我们将角色划分为了全控角色、半控角色、自由角色。其中自由角色的所有权限处理由业务应用全部负责，不需要 MatrixAuthServer 处理。我们主要讨论全控角色和半控角色。

对于全控角色，MatrixAuthServer 需要为业务应用提供用户编辑接口，为业务应用管理员提供"用户—角色"关系编辑接口、角色编辑接口、"角色—权限"关系编辑接口、权限编辑接口。

对于半控角色，MatrixAuthServer 需要为业务应用提供用户编辑接口、"用户—角色"关系编辑接口，为业务应用管理员提供角色编辑接口、"角色—权限"关系编辑接口、权限编辑接口。

RBAC 接口的设置与服务对象划分如图 13.25 所示。

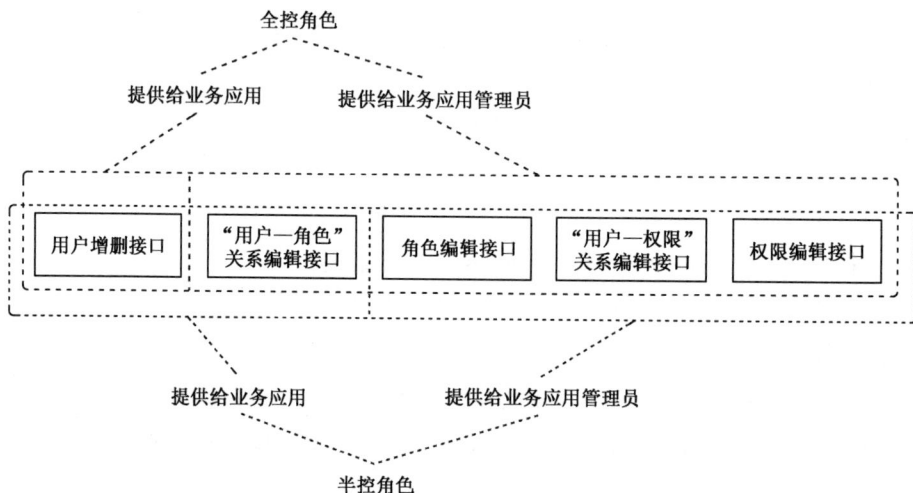

图 13.25　RBAC 接口的设置与服务对象划分

至此，服务端 MatrixAuthServer 的所有接口及其服务对象也已经划分和整理清楚。

13.8　客户端详细设计

MatrixAuthClient 是 MatrixAuth 中要嵌入到业务应用中的部分，它的设计对整个 MatrixAuth 的易用性有着重要的影响。它必须尽量保持高内聚性，减少与业务应用的耦合。因为每增加一个耦合点都会带来业务应用引入 MatrixAuthClient 时的配置工作量。

MatrixAuthClient 所要完成的主要工作如下所示。

- 全控角色与半控角色的权限验证，其间可能需要查询 MatrixAuth 数据源、缓存中的 RBAC 信息。

- 自由角色的权限验证。
- 将业务应用中的用户信息、"用户—角色"关联信息（仅限半控角色）推送到 MatrixAuthServer。

接下来我们逐一进行设计。

13.8.1　可控角色的权限验证

全控角色和半控角色的区别在于"用户—角色"关联关系由谁控制。对于全控角色，由业务应用管理员控制；对于半控角色，由业务应用控制。在权限验证阶段，全控角色和半控角色并无不同，我们可以将它们统称为可控角色。

对于可控角色，MatrixAuthClient 需要基于缓存或者数据源中的信息，根据用户查询出该用户的权限编码列表。然后，MatrixAuthClient 要在这些信息的基础上完成鉴权工作。

为了尽可能减少 MatrixAuthClient 对业务应用的侵入，我们可以借助注解来完成上述的鉴权功能。

定义一个适用于方法的 "@Perm" 注解，注解中写入进入该方法所需的权限编码列表，如下所示。

```
@RequestMapping("/openDoor")
@Perm({"OPEN_ROOM_DOOR","MANAGE_ROOM"})
public Result openDoor() {
    return ResultUtil.getSuccessResult("OpenDoor successfully");
}
```

这样，当某个用户进行操作时，只有当前用户具有 "OPEN_ROOM_DOOR" 或者 "MANAGE_ROOM" 的权限时，才能够执行 openDoor 方法。这样便实现了方法层面的权限验证。

具体地，MatrixAuthClient 需要在某个方法执行前判断该方法是否具有 "@Perm" 注解。如果没有该注解，则表示该操作不需要权限，直接放行；如果具有该注解，则需要通过下面伪代码所示的逻辑鉴权后，根据鉴权结果决定是否可以放行。其实现伪代码如下所示：

```
获取当前应用的应用名 appName;
取出当前用户的 userKey;
fullUserKey = "appName-userKey";
permissionKeys = null;
if(当前 MatrixAuthClient 设置有缓存){
    permissionKeys = 从缓存中获取 fullUserKey 对应的 permissionKeys;
}
if(permissionKeys == null) {
```

```
        permissionKeys = 从数据源中获取 fullUserKey 对应的 permissionKeys;
        在缓存中新增一条记录，键为 fullUserKey，值为 permissionKeys;
    }

    permissionKeysInMatrixAuth = 将 permissionKeys 转化为 set。
    permissionKeysInAnnotation = 从@Perm 注解中读取设置的权限 set。
    if(permissionKeysInMatrixAuth 和 permissionKeysInAnnotation 的交集不为空) {
        权限验证通过;
    } else {
        权限验证不通过;
    }
```

在上述操作中，需要连接和读写缓存、数据源，这些操作都被封装在 MatrixAuthClient 内部，业务应用只需要在引入 MatrixAuthClient 时配置缓存、数据源地址即可。这样的设计保证了 MatrixAuth 的易用性。

MatrixAuthClient 会首先尝试从缓存中获取用户的权限列表，如果失败的话，才会从数据源中获取，这样操作提升了权限列表的获取速度。同时，无论从数据源中获得的权限列表是否为空列表，我们都将其在缓存中设置一份，这种操作避免了缓存穿透现象。

上述操作需要 MatrixAuthClient 获知当前应用的 appName 信息，可以通过配置实现。还需要 MatrixAuthClient 获知当前用户的 userKey，这需要业务应用提供支持。通常，业务应用可以通过 Session 信息或者用户 HTTP 请求中的 cookie 信息得到当前用户的 userKey。

这样，可控角色的权限验证相关的设计便全部完成了。

13.8.2　自由角色的权限验证

对于自由角色，我们也可以设计一个注解"@LocalPerm"。其使用形式和"@Perm"注解类似，如下所示：

```
@RequestMapping("/enterEquipmentRoom")
@LocalPerm({"ENTER_EQUIPMENT_ROOM"})
public Result enterEquipmentRoom() {
    return ResultUtil.getSuccessResult("EnterEquipmentRoom successfully");
}
```

只有当用户具有 ENTER_EQUIPMENT_ROOM 权限时才能操作 enterEquipmentRoom 方法。因为是处理自由权限，所有的判断逻辑需要业务应用自主实现。MatrixAuthClient 可以为业务应用处理一些外围操作。

具体地，MatrixAuthClient 需要在某个方法执行前判断该方法是否具有"@LocalPerm"注解。如果没有该注解，则表示该操作不需要权限，直接放行；如果具有该注解，则需要通过下面伪代码所示的逻辑鉴权后，根据鉴权结果决定是否可以放行。

其实现伪代码如下：

```
permissionKeysInAnnotation = 从@LocalPerm 注解中读取设置的权限集合;
functionName = 获取当前方法的方法名;
className = 获取当前方法所在类的类名;
args = 获取当前方法被调用时的所有入参;
permissionKeysInMatrixAuth = 从缓存或者数据源获取当前用户所具有的所有 permissionKeys
并转化为集合;

result = 将以上各个信息作为入参传给 handleLocalPerm 抽象方法处理，返回 handleLocalPerm
方法的 boolean 结果;
if(result){
    权限验证通过;
} else {
    权限验证不通过;
}
```

在上述伪代码中，MatrixAuthClient 只是完成了信息的收集工作，具体的权限判断交给了 handleLocalPerm 抽象方法。而该抽象方法需要由业务逻辑实现。业务逻辑在实现 handleLocalPerm 抽象方法时，可以汇总融合各类业务信息，实现更为细粒度的权限控制，包括避免水平越权等，这是自由角色鉴权的优点。

当然，自由角色鉴权的缺点也是明显的，即业务应用要实现 handleLocalPerm 抽象方法，比较烦琐。

13.8.3　用户信息、角色关联信息推送

业务应用还需要将用户的增删操作、"用户—角色"的关联操作（仅限半控角色）推送给 MatrixAuthServer。这些推送操作也可以由 MatrixAuthClient 负责，业务应用只需要为 MatrixAuthClient 配置 MatrixAuthServer 的地址即可。这样的设计也可以确保 MatrixAuth 的易用性。这方面的实现十分简单，此处不再赘述。

13.9　MatrixAuth 项目实践总结

经过模型设计、概要设计和详细设计，我们终于完成了 MatrixAuth 的架构设计。整个架构设计方案包括数据层、缓存、服务端和客户端，基于目前的设计方案便可以规划和完成项目的开发工作。

在架构设计过程中，我们考虑了功能性、效率、兼容性、易用性多个软件质量维度，并详细讲述了设计过程中的架构演进过程。相信能给大家的软件架构工作提供一些参考。

受篇幅所限，本节着重介绍项目的高性能架构过程，而不能继续详细地展现

MatrixAuth 项目的实现细节。我们会将该项目开源，供大家学习、交流和使用，项目为 yeecode/MatrixAuth 。

接下来，我们首先总结 MatrixAuth 项目中提升性能的设计点，然后介绍 MatrixAuth 项目的使用，以便于大家对最终设计出的软件产品有一个清晰的认识。

13.9.1 MatrixAuth 的高性能设计

在 1.2 节我们介绍了高性能主要是指软件在效率维度、可靠性维度有着良好的表现。而效率维度又包括时间效率、资源利用率、容量三个子特性，可靠性又分为成熟度、可用性、容错性、可恢复性四个子特性。

接下来我们介绍体现 MatrixAuth 高性能的各个设计点。

1. 数据层（含缓存）

采用 RBAC 模型完成权限信息的存储。RBAC 是一种应用广泛，且在实践中被不断论证的模型，这提升了系统的成熟度。

使用反范式设计，通过增加数据冗余直接存储了"用户—权限"关系，避免了连表查询，提升了系统的时间效率。

支持为数据源增加内存数据库作为缓存，缩短了权限查询的时间，提升了系统的时间效率。

采用多数据源、多缓存架构，分散了数据量、访问量，提升了系统的时间效率、容量。

每个数据源、缓存均可以供多个业务应用共享使用，这提升了系统的资源利用率。

使用主动更新机制中的 Cache Aside 机制更新缓存，避免了在缓存查询时更新缓存，加快了缓存查询的响应速度，提升了系统的时间效率。

缓存与数据源并联，"用户—权限"信息在缓存、数据源中均有存储。因此，缓存、数据源各自独立宕机、重启均不会造成服务的中断，提升了系统的容错性。

缓存宕机并丢失所有数据后，可以通过数据源补足信息。提升了系统的可恢复性。

2. 服务端

业务应用中的用户信息、"用户—角色"关联信息发生变动时，采用推送机制发送给服务端。避免了权限查询时服务端的拉取操作，加快了权限查询的响应速度，提升了系统的时间效率。

MatrixAuthServer 在启动时会直接连接默认数据源，然后根据操作业务的应用不同，选择不同的 RBAC 数据源连接后，展开读写操作。通过这种设计，MatrixAuth 可以在不停机的情况下增加、删除数据源和更改业务应用的数据源，提升了系统的可用性。

服务端仅提供应用、数据源、缓存、RBAC 信息的编辑功能，不参与鉴权过程。当服务端宕机时，不会影响业务应用的鉴权操作。这种设计提升了系统的容错性。

3. 客户端

客户端直连缓存、数据源，不经过其他中间系统。这种设计使得鉴权操作不受中间系统宕机影响，也避免了浪费中间环节的运行时间，既提升了系统的时间效率，又提升了系统的容错性。

13.9.2　需求完成度分析

在 13.1 节我们对系统的性能提出了一些具体的指标。现在，我们来验证指标的完成度。

- 时间效率高：要求判权操作最多查询一次数据库。最终，在正常工作时，MatrixAuthClient 只需要查询一次内存数据库便可以完成判权工作，在内存数据库宕机时才需要查询一次数据库。
- 容量高：要求承担 100 个业务应用接入、支持每个应用每秒 10 万判权操作、每个应用 5 万个权限项。我们可以通过多数据源配置实现这一要求，如配置 10 个 RBAC 数据源，每个 RBAC 数据源存储 10 个应用的 50 万条数据信息。使用 Redis 作为缓存的情况下，可以支持 10 万次每秒的判权操作。
- 可用性高：要求支持主备切换、集群扩展。MatrixAuth 支持数据库的扩展、主备切换。可以以 MyCat 作为 MatrixAuth 的默认数据源和 RBAC 数据源，并在 MyCat 后方部署数据库集群。Redis 缓存也支持集群扩展和主备切换。
- 容错性高：要求应用任何一个模块独立宕机时，均不影响业务应用正常工作。在 MatrixAuth 中，服务端、数据源、缓存各自独立宕机均不影响业务应用持有的客户端正常工作。
- 可恢复性高：要求外部硬件、基础软件系统恢复，则应用可在 1 分钟内恢复。在 MatrixAuth 中，数据源会跟随数据库的恢复而恢复，缓存会跟随内存数据库的恢复而恢复。服务端的恢复只需要直接启动 SpringBoot 的 jar 包，十分迅速。

可见，我们最终给出的架构方案能够满足需求中提出的各项指标。

13.9.3　MatrixAuth 的使用简介

接下来我们简要介绍下 MatrixAuth 系统的使用，以便于大家了解该设计方案最终给出的软件成品。当然，这部分内容配合 MatrixAuth 项目的源码进行阅读更容易理解。

按照我们给出的架构方案，MatrixAuth 最终将包含数据源（含缓存）、MatrixAuthServer、MatrixAuthClient 三部分。接下来我们从这三个部分介绍 MatrixAuth 的使用。

1. 数据源配置

使用 DDL 语句初始化一个包含管理类数据表和 RBAC 数据表的数据源作为默认数据源，默认数据源一共包含 9 张表；使用 DDL 语句初始化零个或者多个包含 RBAC 数据表的数据源作为 RBAC 数据源，每个 RBAC 数据源包含 6 张表。

准备一个或者多个内存数据库。这是可选项，但是强烈建议使用，因为内存数据库能够极大地提升权限查询的时间效率。

2. MatrixAuthServer 配置

MatrixAuthServer 使用了 SpringBoot，因此只需配置完默认数据源信息后便可直接启动 MatrixAuthServer 的 jar 包。

如果有 RBAC 数据源或缓存，可以调用 MatrixAuthServer 的数据源管理接口、缓存管理接口增加 RBAC 数据源和缓存的信息。如果没有 RBAC 数据源则省略这一步。

调用 MatrixAuthServer 的业务应用管理接口增加业务应用，并可以为业务应用指定数据源和缓存。

3. MatrixAuthClient 配置

在业务应用中引入 MatrixAuthClient 的 jar 包，并配置当前业务应用的应用名、该业务应用使用的数据源信息（可能是默认数据源，也可能是 RBAC 数据源）、缓存信息（没有则不需要配置）。

在业务应用中激活 MatrixAuthClient 提供的切面，从而让 MatrixAuthClient 能在方法执行前基于"@Perm"注解，或"@LocalPerm"注解开展鉴权操作。

为 MatrixAuthClient 中获取当前用户 userKey 的抽象方法提供的一个实现；为 MatrixAuthClient 中处理自由角色权限的抽象方法（handleLocalPerm 抽象方法）提供的一个实现，以实现自由角色的鉴权操作。

业务应用需要在进行用户增删时，调用 MatrixAuthClient 提供的方法通知 MatrixAuthServer；在为用户指派或者剥夺半控角色时，调用 MatrixAuthClient 提供的方法通知 MatrixAuthServer。

4. 鉴权操作

完成以上配置后，MatrixAuth 的配置就全部完成了。

MatrixAuth 支持多个业务应用的接入。在使用时，我们只需要在要鉴权的方法上增加"@Perm"注解或者"@LocalPerm"注解即可，并且可以通过 MatrixAuthServer 提供的 RBAC 接口，对业务应用的"用户—角色—权限"关系进行管理。

虽然 MatrixAuth 的架构经历了模型设计、概要设计、详细设计等多个环节众多版本，但其最终的架构设计方案并不复杂，甚至十分简单。

由繁至简，往往是高性能架构的共性。只有模块少、连接简单的应用才可能在效率维度、可靠性维度上有着出色的表现。

> **备注**
>
> 　　当你读到这里时，我们共同架构设计的 MatrixAuth 项目已经完成开发并在 GitHub 上开源了。
>
> 　　你可以阅读该开源项目的源码详细了解 MatrixAuth 的实现细节，使用甚至参与改进该项目。

反侵权盗版声明

电子工业出版社依法对本作品享有专有出版权。任何未经权利人书面许可，复制、销售或通过信息网络传播本作品的行为；歪曲、篡改、剽窃本作品的行为，均违反《中华人民共和国著作权法》，其行为人应承担相应的民事责任和行政责任，构成犯罪的，将被依法追究刑事责任。

为了维护市场秩序，保护权利人的合法权益，我社将依法查处和打击侵权盗版的单位和个人。欢迎社会各界人士积极举报侵权盗版行为，本社将奖励举报有功人员，并保证举报人的信息不被泄露。

举报电话：（010）88254396；（010）88258888

传　　真：（010）88254397

E-mail：　dbqq@phei.com.cn

通信地址：北京市万寿路 173 信箱

　　　　　电子工业出版社总编办公室

邮　　编：100036